刘粉荣 郭慧卿 编著

煤中硫的热转化迁移行为

Thermal Transformation Behaviors of Sulfur during Coal Pyrolysis

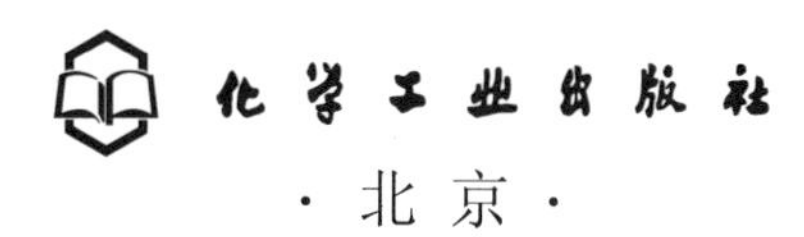

·北京·

内容简介

《煤中硫的热转化迁移行为》为煤科学领域关于煤中不同形态硫热转化行为的学术专著，集中了作者团队多年来在该领域的科研成果，并参考了部分国内外文献。全书共分为七章，第1章综述了煤中硫的存在形式、测定方法、析出规律及脱硫影响因素；第2章通过X-射线光电子能谱研究了煤热解过程中硫的迁移行为；第3章通过程序升温热解还原-质谱考察了硫在热解过程中的变迁行为；第4章研究了含硫模型化合物热解过程中硫的迁移行为；第5章通过X-射线吸收近边结构光谱讨论了黄铁矿在不同气氛下的热解迁移行为；第6章利用热解-质谱和X-射线吸收近边结构光谱分析了煤热解过程中硫的迁移行为；第7章通过模拟计算讨论了噻吩类模型化合物在惰性和氧化性气氛下的脱硫机理。

本书可作为化学工程与工艺专业、煤化工专业师生的参考用书，同时也可供煤化学领域煤脱硫、固硫的科技人员参考使用。

图书在版编目（CIP）数据

煤中硫的热转化迁移行为/刘粉荣，郭慧卿编著．—北京：化学工业出版社，2022.7

ISBN 978-7-122-41859-3

Ⅰ.①煤…　Ⅱ.①刘…②郭…　Ⅲ.①燃煤系统-硫-迁移-研究　Ⅳ.①TK223.2

中国版本图书馆CIP数据核字（2022）第128952号

责任编辑：汪　靓　宋林青　　装帧设计：史利平

责任校对：刘曦阳

出版发行：化学工业出版社

（北京市东城区青年湖南街13号　邮政编码100011）

印　　装：大厂聚鑫印刷有限责任公司

787mm×1092mm　1/16　印张10¼　字数241千字

2022年7月北京第1版第1次印刷

购书咨询：010-64518888　　售后服务：010-64518899

网　　址：http://www.cip.com.cn

凡购买本书，如有缺损质量问题，本社销售中心负责调换。

定　　价：68.00元

前言

“凿开混沌得乌金，藏蓄阳和意最深”，煤炭自古以来就是我国重要的矿产资源，关乎着国计民生，新中国成立以来累计生产原煤960亿吨以上，为国民经济和社会发展提供了可靠的能源保障。近年来，新能源的发展和技术进步带来煤耗下降，天然气、非化石能源在国内一次能源消费中的占比逐年提升，同时，为实现2030年碳达峰、2060年碳中和的承诺，能源减排及低碳转型势必会对能源结构有一定影响。但是在2050年前我国以煤炭为主体的能源结构不会改变，煤炭在可预见的未来仍将是我国重要的能源和化工原料。习近平总书记2021年9月在陕西榆林考察时谆谆叮嘱：“我们要用新发展理念来指导发展，在相当一段时间内，煤作为主体能源是必要的，否则不足以支撑国家现代化。”可见，煤炭资源关系到我国的能源安全，因此中短期内煤炭作为能源支柱的地位不会动摇。

“双碳”目标对煤炭工业的发展提出了新要求，但“双碳”并不是简单的“去煤化”，煤炭清洁高效利用是摆在我们面前的一个大难题，燃煤产生的排放物如SO_x、NO_x、烟尘等成为我国大气污染的主要来源，编者多年来致力于研究煤中硫的脱除与固硫方法，旨在降低煤中的硫含量，提高煤的半焦产率，本书汇编了课题组多年的研究成果，将实验方法与理论计算相结合，系统介绍了煤和煤基含硫模型化合物中硫的热转化迁移行为。实验方法既包括传统的分析技术又包括近年来比较先进的测试与分析手段，可作为煤化工相关领域科研工作者的参考书目。

全书由内蒙古大学刘粉荣、内蒙古医科大学郭慧卿统稿。同时，本书的出版得到各方面的帮助。感谢硕士研究生谢丽丽、王鑫龙、杨暖暖、张福荔对于文献的收集与整理、实验数据与内容的提供以及图表的绘制等。特别感谢硕士研究生刘浩在本书图表、文献编辑及全文校对等方面所做的大量工作。同时向化学工业出版社工作人员为本书的出版付出的辛勤劳动表示衷心的感谢。

书中涉及的研究结果得到了以下项目的资助：国家自然科学基金青年科学基金项目（21006042）；国家自然科学基金地区科学基金项目（21466025；21865018；22168029）；内蒙古自然科学基金项目（2009BS0606；2013MS0205；2018MS02005；2019MS02001）。

本书在编写过程中参阅了部分文献和参考书，在此谨向有关作者表示感谢。限于作者水平，书中不当或疏漏之处在所难免，敬请同行和读者批评指正。

编著者

2022年4月

前言

目录

第1章 综述

本章从我国能源结构特点出发介绍了我国煤炭资源的特点及现状。重点从煤中硫的赋存形式及其测定方法展开论述，详细阐述了煤中硫在热解转化过程中的析出规律及煤在热解过程中影响硫迁移转化的影响因素。

1.1 我国能源结构概况

我国是一个能源生产与消费大国。如表1.1所示，2016年，石油探明地质储量35.01亿吨，天然气54365.46亿立方米，煤炭15980.01亿吨[1]。“十三五”以来，我国加快新能源的研发进程，虽然技术上取得了明显的进步，但由于我国能源消费量大，化石燃料仍然在我国能源结构中占据主导地位[2]。化石燃料的大量使用会破坏生态环境，因此化石燃料的洁净利用迫在眉睫。

表1.1 化石燃料查明情况

矿产	单位	2015年	2016年	增减情况/%
煤炭	亿吨	15663.1	15980.01	2.0
石油	亿吨	35	35.01	0.1
天然气	亿立方米	51939.5	54365.46	4.7
煤层气	亿立方米	3062.5	3344.04	9.2
页岩气	亿立方米	1301.8	1244.13	−6.0

我国化石能源储量丰富。截至2016年，石油新增探明地质储量9.14亿吨，主要集中在准噶尔、塔里木、鄂尔多斯和四川等[3] 中西部地区。鄂尔多斯盆地陇东地区发现南梁和环江两个油田，继续保持储量高增长趋势[4]。新疆塔里木盆地、准噶尔盆地以及渤海海域新发现石油储量达到数亿吨[5]。天然气新增探明地质储量7265.59亿立方米，苏里格气田和四川盆地安岳气田新增天然气探明地质储量共4639亿立方米，占全国新增天然气储量的一半以上[6]。全国煤炭新增探明地质储量606.8亿吨，新发现矿产地10处，主要分布在新疆、内蒙古、陕西和贵州等中西部省区[7]。

我国大力发展新能源技术，不断优化和完善能源结构，降低化石类能源的利用比重。

这些年来，化石类能源的比重连年下降，尤其以煤炭为主，水能、风能、地热能、核能等能源在能源消费中的比重增加。2017 年煤炭在能源消费结构中的比重为历年最低，预计未来几年依旧会不断下降[8]（图 1.1）。

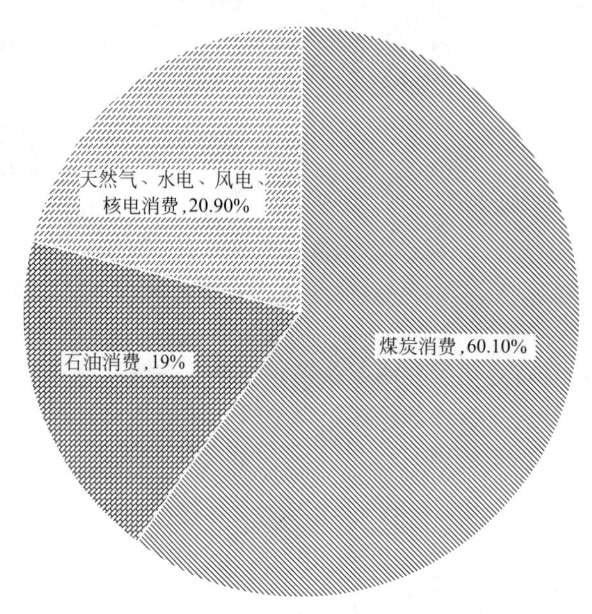

图 1.1　2017 年能源消费结构

能源资源的结构特点决定了煤是我国的主要能源，同时也体现了我国“富煤、贫油、少气”的能源组成特点[9]。煤的不合理利用和利用技术的相对落后使其作为能源的主要提供者，在促进经济、社会发展的同时，也成为主要的污染源向环境发起了严峻的挑战。大力发展和应用洁净煤技术是合理、洁净、高效利用煤炭资源的根本途径。煤炭的直接燃烧对于环境的污染最为严重，因此大力发展煤化工成为人们关注的焦点。

1.1.1　我国煤炭资源的特点及其现状

我国地大物博，物产丰富，煤炭资源储量庞大，是我国的主要能源。随着我国新能源开发力度的加大，煤炭的使用量也不断降低，但也保持在 50%以上。而目前，我国对这部分煤炭的利用方式仍是直接燃烧，由于直接燃烧排放出大量的有害物质 SO_x、NO_x 等，而且热效率低，这不仅浪费能源，还给环境带来了严重的污染。在我国 SO_2 的排放量居世界第一，而 90%是来源于煤炭的直接燃烧[10-13]。

随着经济的快速发展，我国对能源的需求也越来越多。长期以来煤炭一直作为主要一次能源，占全国能源供应总量的约 $\frac{2}{3}$。然而，煤的传统的利用带来了严重的环境问题。几年前在全国大面积爆发的雾霾，就是燃煤直接燃烧产生的 SO_x 与 NO_x 造成的[14-16]。因此如何合理与高效地利用煤炭资源，提高煤炭的热效率，减低煤中硫、氮等杂原子在燃烧中的释放，增加煤炭转化为清洁能源的使用率，成为目前研究的新课题[17,18]。

针对我国煤炭资源现状调查，我国煤炭资源人均占有量远远低于国际平均水平，不足国际平均水平的$\frac{1}{3}$。与此同时，我国的煤炭资源分布极不均匀，经济发达、煤炭资源需要较高的地区，煤炭资源储量较少，形成了西煤东运，北煤南运的格局。我国煤炭资源呈“井”字形分布[19,20]，可根据东西走向的天山山脉、阴山山脉等和南北走向的兴安岭山脉等，将我国的煤炭资源分布分为9个区，如图1.2所示，其中晋陕蒙宁区中煤炭资源最为丰富，约占我国煤炭总资源的55%，这些地区是我国煤炭的主要产区，也是煤化工行业发展的新的重点。

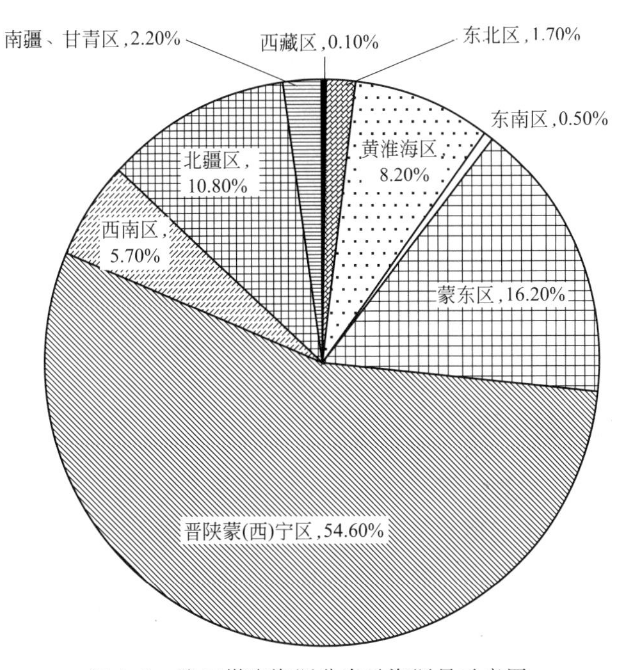

图1.2　我国煤炭资源分布及资源量示意图

图1.3为我国煤炭资源量及分类，烟煤含量占74%、无烟煤含量占8%、褐煤含量占7%、未分种类的煤占12%。而在烟煤中，不黏煤和长焰煤的储量占据前两位，分别占25%和21%；肥煤、焦煤、瘦煤、气煤等炼焦用煤储量较低，总储量只占20%，优质炼焦煤只占总储量的8%[21-24]。烟煤的最大特点是低硫、低灰，原煤的灰分大都低于15%，并且，硫分小于1%。一些煤田，如东胜煤田，原煤中的灰分仅占总质量的3%～5%，人们称之为天然精煤。第二个特点是烟煤的煤岩组分中隋质组含量比较高，一般在40%以上，所以中国的烟煤大多为优质的动力煤。我国一般用中灰、中硫煤来炼焦。我国老年无烟煤和典型的无烟煤较少，大多数为三号的年轻的无烟煤，这些煤的主要特点是，硫分和灰分含量较高，主要是用于动力用煤，也有部分可作气化反应的原料煤。

近年来，我国致力于开发将煤炭转化为二次能源的新工艺，如煤的炼焦、气化、液化等。但是现阶段，煤中的硫严重制约着煤化工行业的发展，煤中硫可使催化剂失活，降低产品的品质。而通过热解，可以使煤中挥发分析出，提高煤质的同时可以使煤中有害的氮、硫化合物分解逸出于气相，从而使我国的煤炭资源得到更加合理地利用。

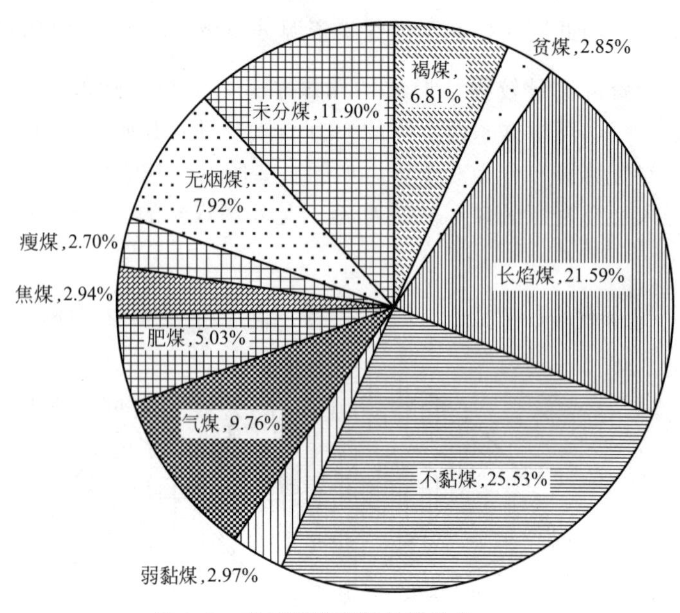

图 1.3　我国煤炭资源量及分类

1.1.2　我国各地方煤特点

我国地势西高东低，地理位置不同，各个地方的煤也具有不同的特点。内蒙古是煤储量较多的省份，主要有神东基地和蒙东基地。神东基地主要产不黏煤和长焰煤等，还有弱黏煤、气煤和低灰、低磷、低硫、高发热量的优质动力煤；蒙东基地包括 4 大矿区，其中褐煤产自霍林河，褐煤的特点是水分含量高，发热量比较低，是中等灰分低硫的煤。山西同样是产煤较多的省份，平朔矿区属于晋北基地，出产的煤种主要是气煤，煤灰的氧化铝含量较高，在 40%～48%之间。晋北基地的煤是优质动力煤；晋东基地则产无烟煤。山东兖州煤硫含量低，河南义马则出产褐煤。

1.2　煤中硫的存在形式

煤中的有机质主要是由碳、氢、氧、氮、硫等元素组成，其中前三种元素的总和一般能占到 95%以上。而硫是煤中的一种杂质元素，根据其含量不同，煤可分为低硫煤（<1%）、中硫煤（1%～2%）和高硫煤（>2%）。一般海陆交替相沉积的煤的含硫量高，陆相沉积的总硫量较低，北方地区的煤含硫量低，往南含硫量逐渐升高[1,2]，即东北三省煤中的硫含量低，而西南区煤中平均硫分最高（2.43%），贵州省大部分为高硫煤，较为典型的就是六枝矿区的煤，平均硫分为 2%～6%。

煤中的硫大体上可分为无机硫和有机硫。无机硫又可细分为硫化物、硫酸盐类硫及少量的元素硫。其中硫化物的含量最高，主要以黄铁矿（FeS_2）的正方晶系为主，以少量的聚集或分散态的形式存在于煤中。另外白铁矿（FeS_2，斜方晶系）、磁铁矿（Fe_7S_8）、方铅矿（PbS）、闪锌矿（ZnS）和黄铜矿（$CuFeS_2$）也是煤中常见的硫化物类型，但含量较低。硫酸盐类硫主要有石膏（$CaSO_4$）和硫酸亚铁（$FeSO_4$）两种形式，其含量不会超过0.1%。而元素硫的含量非常低，许多研究表明：元素硫是由黄铁矿在风化过程中氧化产生的，在煤中以S6、S7和S8形式存在[25,26]。如图1.4怀泽煤的化学结构所示，一般情况无机硫是以游离的状态夹杂或者伴生在煤的大分子结构中。高硫煤的硫含量中黄铁矿占的比例较大，去除难度与煤中黄铁矿的颗粒大小和分布有关，粒度小且分布均匀的十分难选[27]。

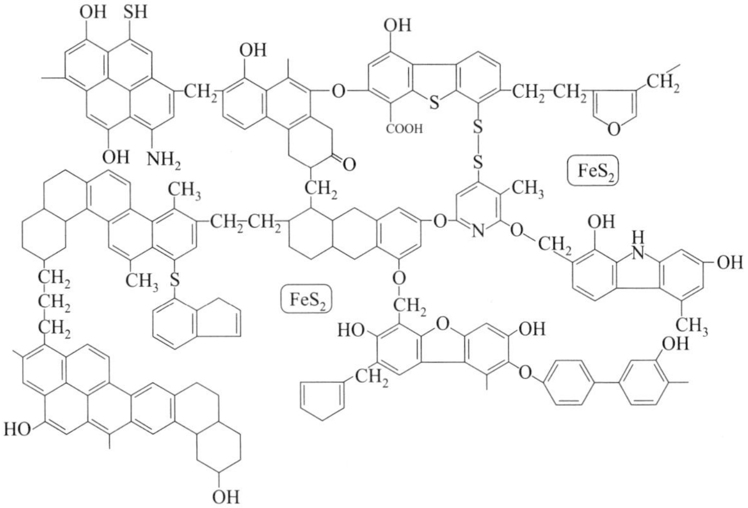

图1.4 怀泽煤的化学结构

有机硫与煤中的有机质结合在一起，来源于成煤植物且分布很均匀。它的分类较为详细：脂肪和芳香硫醇（R-SH、Ar-SH）；脂肪、芳香和混合硫醚（R-S-R′、Ar-S-Ar′和R-S-Ar）；脂肪、芳香和混合二硫化物（R-S-S-R、Ar-S-S-Ar′和R-S-S-Ar）；噻吩类（单环和复杂稠环）；硫酮和硫醌等。煤中有机硫的含量与煤阶有着很大的关系，随着煤阶的升高，脂肪类硫的含量逐渐降低，噻吩类硫的含量逐渐升高[28,29]。

我国煤中全硫、黄铁矿硫和有机硫含量有一定的依存关系[30-32]：大部分高硫煤中黄铁矿硫占多数，而多数低硫煤中有机硫含量超过其他形式硫含量。一般对于全硫含量在0.5%以下的煤来说，多数以有机硫为主，它们主要来自原始植物中的蛋白质。对于全硫含量大于2%的高硫煤来说，硫的赋存形态大部分为黄铁矿硫（约60%～70%），一部分为有机硫（30%～40%），硫酸盐含量一般不超过0.2%，且近于常数。

按煤在空气中能否燃烧，可将煤中硫分为可燃硫和不可燃硫[12]，如表1.2所示。硫酸盐硫不能在空气中燃烧，为不可燃硫。有机硫、单质硫和硫铁矿硫都能在空气中燃烧，都为可燃硫。按挥发分又可分为固定硫和挥发硫。煤在空气中燃烧后灰渣中的硫或热解后留在焦炭中的硫称为固定硫。煤在燃烧过程中逸出的硫或在热解中随煤气和焦油析出的硫称为挥发硫。随着燃烧或热解温度、升温速率和矿物质组成的变化，煤中的固定硫和挥发硫的含量并不固定。

硫是一种有害元素，含硫量高的煤在燃烧、运输、炼焦、气化等煤化工过程中带来很多的危害[33-37]。高硫煤作为燃料时，燃烧后产生的SO_2气体，不仅污染环境，而且会腐蚀设备；黄铁矿高的煤，在堆放时容易发生氧化与自燃，使煤中灰分增加，热值降低；在炼焦行业里，直接影响钢铁的质量。

表 1.2　煤中硫的分类[12]

分类		名称		化学式	分布情况
无机硫(S_i)	不可燃硫	硫酸盐硫	石膏	$CaSO_4 \cdot 2H_2O$	在煤中分布不均匀
			硫酸亚铁	$FeSO_4 \cdot 7H_2O$	
	可燃硫	元素硫			
		硫化物硫	黄铁矿	FeS_2,正方晶体	
			白铁矿	FeS_2,斜方晶体	
			磁铁矿	Fe_7S_8	
			方铅矿	PbS	
有机硫(S_o)		硫醇		R-SH	在煤中均匀分布
		硫醚类	硫醚	R1-S-R2	
			二硫化物	R1-S-S-R2	
			双硫醚	$R1\text{-}S\text{-}CH_2\text{-}S\text{-}R2$	
		硫杂环	噻吩		
			硫醌		
		其他	硫酮		

1.3　煤中硫的测定

煤中的硫分对热解、气化、燃烧都有十分严重的影响，所以硫分是评价煤质的重要指标之一，能够准确可靠地测定煤中的硫含量和形态是研究煤在一切处理过程中的先决条件。

1.3.1　煤中总硫的测定

目前，国家标准中有三种方法可用于总硫的测定：

（1）重量法（艾氏卡法）

本法是德国艾氏卡于 1874 年制定的一个经典方法。到目前为止，它仍然是各国测定煤中全硫含量的标准方法。方法要点是艾氏混合剂与煤样混合后，缓慢燃烧，使煤中的硫分全部转化为硫酸盐，加热水溶解，在一定酸度下，加入氯化钡溶液，使可溶性硫酸盐全部转变为硫酸钡沉淀，称出硫酸钡的质量，即可换算出煤中的全硫含量。此法的特点是精确度高，适于批量测量，但是所用周期长，不能迅速得到结果。

（2）高温燃烧中和法（煤中全硫快速测定法）

此法的要点是煤样在高温氧气流中燃烧，其中有机硫和无机硫化物硫均氧化成二氧化硫和三氧化硫（少数）气体，通过过氧化氢溶液，即被完全氧化成硫酸（三氧化硫被水吸收也变为硫酸）。用氢氧化钠滴定生成的硫酸，再加入一定量的羟基氰化汞，生成氢氧化钠，用标准硫酸进行滴定，从上述滴定的总酸量中减去相当于含氯量的标准硫酸溶液后，所得的结果，就是煤中的全硫含量。此法的特点是快速（20～30 分钟）即能得出化验结果。但在成批测定时，高温法效率不如艾氏卡法。

（3）库仑滴定法

煤样在催化剂作用下，于空气流中燃烧分解，煤中的硫生成二氧化硫并被 KI 溶液吸收，以电解 KI 溶液所产生的碘进行滴定，根据电解所消耗的电量计算煤中全硫的含量。

后两种测硫方法的特点是能在很短的时间得到分析结果，但精确度不如第一种高。

1.3.2 硫酸盐硫的测定

煤中的硫酸盐主要是以石膏（$CaSO_4 \cdot 2H_2O$）为主，也有少量的硫酸亚铁（$FeSO_4 \cdot 7H_2O$）。测定硫酸盐的方法是基于硫酸盐能溶于稀盐酸，而硫铁矿硫和有机硫不受影响。因此在稀盐酸的作用下，可直接测定硫酸盐硫。

1.3.3 硫铁矿硫的测定

煤中硫铁矿硫大部分均以硫铁矿的形态存在，因此常把硫化物硫简称为硫铁矿硫。测定煤中的硫铁矿硫的方法有氧化法、还原法和灰化法。

其中氧化法是指用氧化剂把硫铁矿硫完全氧化成硫酸盐，而硫铁矿中的铁则氧化成二价铁盐，然后用测定的总铁量减去盐酸可溶铁含量，再由铁硫比（1.148）换算可得煤中硫铁矿硫含量。

1.3.4 有机硫的测定

目前为止，煤中有机硫的测定还是一个很难解决的问题，一般采用差减法得到：有机硫＝总硫－黄铁矿硫－硫酸盐硫。

但是这种方法不能更详细、准确地了解有机硫在处理过程中的变化（例如热解过程），这就限制了有机硫的脱除方法的发展。目前，人们研究有机硫的方法还有程序升温还原法（TPR）[15,16]、程序升温氧化法（TPO）[17,18]、程序升温热解法（TPD）和快速热解法等。但是这几种方法都是基于有机硫在特定的温度范围内有特征的逸出峰。

在还原性气氛下，煤中含硫官能团逸出 H_2S 的顺序是[33-35,38]：烷基硫醇＜芳基硫醇＜二硫化物＜二烷基硫化物＜烷基芳基硫化物≈烷基芳基亚砜类≈烷基芳基砜类＜黄铁矿＜二芳基硫化物≈二芳基亚砜类＜二芳基砜类＜单环噻吩＜硫化亚铁＜无机硫酸盐和复杂噻吩结构。Lacount 等[41] 利用 TPO 方法将煤中的有机硫形态划分为噻吩硫和非噻吩硫两种。而 Miura 等[42] 将此法加以改进，根据 SO_2 的逸出曲线将有机硫确定为三种形态：脂肪硫、芳香硫和噻吩硫，并且用这种方法确定煤中的有机硫分布与其他方法的测定结果相近。但是由于有时煤中的几种有机官能团能够在同一温度区间内同时逸出，或者是黄铁矿与一部分有机硫也在分解过程中同时逸出，这些都给有机硫的分析带来了困难。另外利用这些方法在对硫进行分析时，对煤样本身也产生了影响，并遭到了破坏。近代物理技术的发展，为煤样在原位进行硫形态检测奠定了基础，如扫描电子显微镜（SEM）[30]、电子显微探针（EMP）[39]、透射电子显微镜（TEM）[40] 等被用于测定煤中有机硫的含量。但这些方法效果也不是很理想，所需设备投资又很大，而且需要对样品特殊处理，因此未被普遍使用，仅适合于煤的微观结构和某一显微组分中硫含量的研究。因所用样品量少以及煤的不均一性，所以要做许多样品分析，根据统计平均结果方能对一个煤样得出有代表性的结果。目前经常被用于煤中硫形态及含量的测定的物理方法还有：

（1）X-射线光电子能谱（X-ray photoelectron spectroscopy，XPS）[40-47]

X-射线光电子能谱是近年来发展起来的最有效的测定元素的方法之一。各种元素都有它的特征电子结合能。其中，硫元素是通过 2P 电子跃迁的结合能来测定硫元素的种类。

煤中的硫形态的结合能大致在162.1～170.8eV之间，S2p信号峰根据高斯拟合，可以把煤中的硫元素细分为黄铁矿硫、硫化物硫、噻吩类硫、亚砜类硫、砜类硫、磺酸盐和无机硫酸盐硫[47-49]。Yperman[44]等把煤中的硫形态在163.3eV的信号峰归属于无机和有机硫化物硫，164.1eV的峰归属于噻吩类硫，168.4eV的峰归属于硫砜类硫，170.4eV的峰归属于硫酸盐硫，并考察了这些硫在脱矿物质和水蒸气处理后的变化情况。另外陈鹏[56]也应用XPS法研究了兖州煤显微组分中有机硫的存在形态，是基于把164.1～164.4eV范围内的峰认为是噻吩类硫，162.9eV属于硫化物硫、硫醚、硫醇或PH-S-S-PH等二硫苯系物的特征峰，168.8eV视为硫砜类硫，165.6eV视为R-O-S-S-R等硫氧化物的峰，169eV以上的峰是无机硫存在的特征峰。经过研究表明噻吩型硫在兖州煤各显微组分中，随着密度的增加，含量有所减少；硫醚、硫醇及二硫化物的含量也有类似的趋势。Kozlowski[62]对Mequinenza和Illinois No.6煤进行了XPS和化学分析，发现Illinois No.6煤表面的硫和体相中的硫含量基本相同，而Mequinenza煤表面的硫含量稍低于体相中的。且经过脱矿物质和还原处理，Illinois No.6煤表面的硫含量与体相中的仍是基本相同的，Mequinenza煤表面的硫含量还是稍低于体相中的，而其他几种元素在体相和表面的含量相差不大，因而认为是所采用的实验方法不同所致，这两种煤在体相和表面的结构应该是一致的。胡浩权等[63]用XPS研究了煤表面硫碳比与体相的硫碳比对热解脱硫的影响，发现当煤表面的比值大于体相时，脱硫率就高。从而可看出用XPS测得的煤表面硫含量与化学法测得的煤体相中的硫含量是否相近，与煤种有很大的关系，对于低变质程度的煤，这两者更相近，反之亦然。

对于一个给定的样品，XPS能够同时测出样品中所含的不同元素，像煤中的C、N、O和S就可同时测出。而通过对一个具体元素的XPS谱图进行解析，就可知这种元素的不同存在形态。XPS虽然可详细地分析出煤中的硫形态，但它只是表面分析技术，只能分析0～5nm的表层，因此可能与实际煤中的硫含量有很大的差别。另外，煤中的灰分和黄铁矿的氧化对硫含量的测定也有很大的影响，所以在实际应用中也有一定的限制。因此在本论文中，我们采取XPS和化学法结合的方法考察煤中的硫在热解过程中的迁移行为。除XPS外，X-射线吸收光谱也能对煤中的有机硫形态进行分析。

（2）X-射线吸收光谱

根据能量的不同，X-射线吸收光谱又可分为：X-射线吸收近边谱（X-ray absorption near edge spectroscopy XANES）和X-射线吸收精细结构能谱（X-ray absorption fine structure spectroscopy，XAFS）。前者在吸收边缘上20～50eV，后者在吸收边缘上30～50eV并达到500～1000eV。

Gorbaty等[55]用XANES法测定煤中有机硫官能团的存在形态及含量，并与XPS得到的结果进行比较，发现两种方法取得了较好的一致性。Huffman等[53]运用XAFS和最小二乘法对XANES峰进行拟合的方法定量分析煤中主要的含硫基团，黄铁矿硫的分析结果与穆斯堡尔谱一致。Kasrai等[66]开发了基于硫的L-边即包含更丰富信息的硫p-d电子跃迁XANES谱来研究煤中硫形态的方法。XANES对煤中硫形态及含量的测定要优于XPS，可以进行样品的全貌分析，但是L-边谱在高真空下才能获得，所以限制了它的使用，只有二者结合使用才会对煤中硫的形态提供更进一步的解析。Olivella等[51]利用PY-GC-MS、XPS和XANES技术对风化褐煤中腐植酸的性质和其中的含硫化合物进行了研究，结果表明：被氧化的含硫官能团，如有机磺酸盐和无机硫酸盐，代表着风化褐煤中的主要硫形态。

以上每一种方法在测硫时都有一定的限制，只有几种方法综合使用，才能对煤中的硫形态及含量给出精确的结果。因此只有合理地利用这些技术，才能清楚认识煤在处理过程中硫形态及含量发生的一切变化。

除此之外，测定煤中硫的方法还有扫描电子显微镜（SEM）、透射电子显微镜（TEM）、电子显微探针（EMP）等方法。

1.4 煤中硫热解转化过程中的析出规律

由于煤中的硫无论对利用过程中的设备，还是对环境都有很大的危害。我国 SO_2 的排放量居世界第一，而 90%是来源于煤炭的直接燃烧。目前我国约有 65%的城市处于中度或严重污染状态，受酸雨影响的地区约占国土面积的 30%。因此如何有效控制 SO_2 的排放，减少环境污染，是人与自然和谐发展的关键。因此在利用煤炭的过程中，脱硫是非常必要的。

1.4.1 煤的脱硫

目前为止，有关脱硫方法大体可分为：燃前脱硫、燃中固硫和燃后脱硫。燃前脱硫的方法又可分为：物理法、化学法和生物法[59]。物理法是根据煤中有机质和黄铁矿的密度、表面性质、电和磁性质的差异，使用高频选择性加热煤，使非磁性的黄铁矿转化为磁黄铁矿，再用磁场分离，黄铁矿的脱除率在 60%～80%。此法只能脱除部分黄铁矿硫，不能脱除有机硫。微米级的硫铁矿和白铁矿晶体和亚微米级的黏土颗粒常常分散在整个煤基质中，用物理分离就比较困难。

化学方法脱硫多数针对煤中有机硫，主要利用不同的化学反应，将煤中的硫转化为不同形态而使之分离。相对物理方法而言，化学脱硫法的效率较高，能除掉有机硫，如氯解法（Cl_2 分解）、Meyers 过程［$Fe_2(SO_4)_3$］和氧化法 KVB（NO_2 选择氧化）等。多数的化学脱硫法在高温高压下进行，有的使用不同的氧化剂，操作费用和设备投资费用高。此外，此反应条件也比较强烈，可能会导致煤质发生变化。

生物脱硫是在 pH 2～3.5，室温 35℃时将煤粒在含有氧化铁硫杆菌的水中放置多天。此法只能脱除黄铁矿硫，对煤中的有机硫脱除率很低。且这种生物反应过程反应太慢，微生物对温度也很敏感；煤又不溶于水，为了增大界面反应，迫使煤粒必须非常细，这又增大了能耗。

燃后脱硫的方法也有很多种，如湿式石灰石/石膏法、烟气循环流化床干法、NID 干法、旋转喷雾半干法、炉内喷钙-尾部加湿活化法等[60]。湿式石灰石/石膏法投资高，占地面积大；烟气循环流化床干法具有廉价、简单、可靠等优点，脱硫率至少可达 90%，但只适用于中等机组；NID 法具有投资低，方便可行的特点，但也只适用于中小型容量组，当煤中的硫含量低于 2%时，脱硫效率至少可达 80%，且原料消耗和能耗都比喷雾干燥法大幅度下降；旋转喷雾半干法的特点是系统简单，投资较少，厂用电低，无废水排放，占地较少，但是脱硫剂利用率低，脱硫效率一般在 70%左右；炉内喷钙-尾部加湿活化法的特点也是系统简单，投资较少，厂用电低，无废水排放，占地较少，且对锅炉效率和磨损积灰有一定的改善，但缺点也是脱硫剂利用率低，脱硫效率一般在75%左右。燃中固硫投资少，运行费用低，不产生废气，但脱硫效率比较低，对炉膛温度也有一定的限制。

综上所述，目前虽然脱硫方法很多，但要选择技术上可行、经济上合理且脱硫率很高的方法还是有很大的困难。热解作为煤燃烧、气化和液化等利用过程中的一个重要中间步骤，又由于在热解过程中，煤中的硫能够随着挥发分的析出而析出，能同时脱除无机硫和有机硫。因此近年来研究者对热解脱硫的研究工作仍在于煤中的硫究竟如何在热解过程中析出，但是目前对热解脱硫机理尚缺乏清晰的认识。

1.4.2 煤的热解

要了解煤中硫在热解过程中的逸出规律，首先要对煤自身的热解有一个清楚的认识。煤的热解是指在隔绝空气条件下加热至较高温度而发生的包括一系列物理现象和化学反应的复杂过程。煤的热解分为三个阶段[61,62]：

(1) 第一阶段（室温～300℃）

在这一阶段，煤的外形无变化，主要是煤干燥、脱析阶段。褐煤在200℃以上发生脱羧基反应，近300℃开始热解，生成CO_2、CO、H_2S，同时释放出热解水及微量焦油。烟煤和无烟煤在这一阶段一般没有明显变化。

(2) 第二阶段（300～600℃）

这一阶段以解聚和分解反应为主，煤变成半焦，并发生一系列变化。

(3) 第三阶段（600～1000℃）

这是半焦变成焦炭的阶段，以缩聚反应为主。在这个阶段，析出的焦油量极少，主要是烃类、氢气和碳氧化物，同时分解残留物进一步缩聚，芳香碳网不断增大，排列规则化，半焦转变成为具有一定强度和块度的焦炭。

伴随着煤的组成和结构在热解过程中的变化，煤中的硫也在固相、气相和液相中进行了分配。在气相中，主要是以H_2S形式存在，还有少量的COS、SO_2、CS_2及小分子硫醇和易挥发的单环噻吩；液相焦油中，硫主要以噻吩官能团、缩合芳基硫化物及大分子硫醇等形式存在。Thomass[72] 等发现了焦油中有69种噻吩的衍生物，从苯并噻吩到C_8H_6S直到$C_{20}H_{10}S$。半焦中硫主要以非挥发性无机硫化物和高度缩合的平面噻吩及芳基硫化物官能团的形式靠化学键与碳结合。半焦中的硫含量取决于热解工艺参数、原料煤中的硫形态及含量、煤的性质等。

1.4.3 煤热解过程中的硫迁移

由于煤中的硫与有机质结合或者与其伴生，因此其在热解过程中的迁移规律极其复杂，很难对其做出确切的解释。目前对于煤中的硫在热解过程中的迁移机理还没有一个统一的结论。部分学者[64] 认为煤在热解过程中，煤中的含硫化合物首先裂解成含硫自由基，然后含硫自由基再与内部氢、外部氢或者煤中的有机质等结合，通过进一步的热解，使硫在各相中进行分配。也有学者[65] 认为煤中的含硫化合物在热解过程中首先裂解生成硫自由基，而其随后的反应与前面所述类似。

基于煤在热解过程中的硫迁移机理的复杂性，很多研究者[65-69] 采用模型化合物进行硫迁移行为的研究，为深入了解煤中的硫在热解转化过程中变迁规律奠定了一定的基础。

1.4.4 含硫模型化合物热解过程中的硫迁移

对模型化合物的选择研究是基于煤中的硫的分类：脂肪类含硫模型化合物、芳香类含硫模型化合物、噻吩类含硫模型化合物、黄铁矿硫、硫酸盐硫等。

1.4.4.1 脂肪类含硫化合物的热解迁移行为

闫金定[76] 选择了苯甲基硫醚和二苯甲基二硫作为脂肪类含硫模型化合物进行了TPD-MS/TPO-MS研究。研究表明：在氦气气氛下，这两种化合物在215℃开始逸出气体，逸出范围窄，并在310℃左右气体逸出结束。在此过程中，检测到的含硫气体主要是H_2S，还有COS和SO_2。且它们的峰形相似，这也说明含硫自由基不仅能与内部氢结合生成H_2S，还能与煤中的氧结合成COS和SO_2。热解的机理可能是首先生成苄基硫自由基，而后苄基硫自由基再与焦中的氢结合生成苄基硫醇，苄基硫醇在TPD的条件下再次发生裂解生成苯甲基和硫氢自由基。在随后的TPO-MS检测中，在高温阶段也检测到SO_2，这说明硫氢自由基在热解过程当中与煤基结合生成稳定的含硫化合物，在TPD实验中不能分解。但是由于热解产生的苄基很稳定，这与纯脂肪类的含硫化合物还是有一定的差异。

1.4.4.2 芳香类含硫模型化合物的热解迁移行为

闫金定[76] 也对2-萘硫酚进行了TPD-MS研究，发现含硫气体要比脂肪类含硫化合物逸出晚大约65℃，且在315℃时的逸出速率最大，与此同时也检测到萘的单峰，而检测到没有其他的烃类气体，这表明此模型化合物中C_{ar}-S键断裂生成萘自由基和硫氢自由基，然后这些自由基再与焦中的氢结合生成萘和H_2S。比脂肪类含硫化合物逸出晚是由于两者所处的化学环境不同，2-萘硫酚在热解过程中是C_{ar}-S发生了断裂，而脂肪类含硫化合物在热解过程中是C_{al}-S发生了断裂。

对甲苯基二硫的TPD-MS研究表明：与2-萘硫酚相似，有两个含硫气体逸出峰，除315℃外，在400℃左右也有一个逸出峰，这与脂肪类的模型化合物不同，后者只有一个逸出峰，这可能是由于所处的化学环境不同。芳香类含硫模型化合物所处的是280℃的焦样，而脂肪类模型化合物所处的周围环境是215℃的焦样，前者生成的硫氢自由基与焦样结合成的硫化物，一部分能在400℃逸出，另一部分也在TPO实验中才能反应；而后者生成的硫氢自由基与焦样结合只能生成稳定的硫化物，不能在TPD热解过程中分解，只能在随后的TPO实验中随着碳结构的破坏以SO_2的形式释放出来。

1.4.4.3 噻吩类含硫模型化合物的热解迁移行为

闫金定[76] 把二苯并噻吩负载在半焦上进行了TPD-MS/TPO-MS研究，发现二苯并噻吩没有分解，也没有与煤半焦进行结合，在TPD过程中全部挥发出去，通过FTIR分析，对比原样与在反应管口收集到的样品，谱图基本相同。Mullens[77] 等把苯甲基噻吩和二苯并噻吩经过处理担载在石英砂上，对其进行了AP-TPR-MS分析，前者在545℃处H_2S的逸出达到了最大，与此同时也检测到了单环噻吩和甲基噻吩，这说明在还原噻吩环的同时，还存在着氢化裂解的竞争反应。而后者在690℃处 H_2S 和苯的逸出峰达到了最大，除了 H_2S，没有检测到其他的含硫气体。对二者的残样也进行了TPO-MS分析，前者的 SO_2 逸出峰要低于后者，这也说明复杂、稳定结构的含硫化合物无论是还原峰温，还是氧化峰温都要高于非稳定的含硫化合物。

1.4.4.4 有机磺酸盐模型化合物的热解迁移行为

Mullens等[77] 对十二烷基苯磺酸（DBS）进行了AP-TPR-MS分析，在265℃和540℃处有两个很强的 SO_2 逸出峰，其中第一个峰是磺酸基团直接分解得到的，而第二个峰是DBS在热解过程中缩合成磺酸酯（R-Ar-SO_2-O-Ar-R或R-Ar-SO_2-O-R）或者是磺酸酐（R-Ar-SO_2-O-SO_2-Ar-R）再进一步分解得到的。在此过程中，H_2S 的逸出峰很小，这说明在热解过程中只有一小部分 SO_2 被还原成 H_2S，绝大部分硫以 SO_2 的形式逸出。在随后的TPO实验中也没有检测到 SO_2，这说明DBS在还原热解过程中，其中的硫可以完全释放出来。

1.4.4.5 黄铁矿硫在热解过程中的迁移行为

Maes[79,80] 等对纯黄铁矿（FeS_2）和FeS进行了TPR-MS的研究，发现黄铁矿在热解过程中首先转变为FeS，并且纯黄铁矿和FeS在750℃时，无论是峰温的位置，还是峰的形状都表现出很大的相似性。闫金定[76] 等对纯黄铁矿（FeS_2）和FeS也进行了研究。通过XRD分析，FeS在氦气气氛下，热解到850℃的分解产物中主要是 $Fe_{(1-x)}S$；在氢气气氛下，热解到850℃的分解产物是Fe和 $Fe_{(1-x)}S$。黄铁矿在氦气气氛和氢气气氛下表现出与FeS相同的分解结果，同样在氦气气氛下是 $Fe_{(1-x)}S$，在氢气气氛下是Fe和 $Fe_{(1-x)}S$。通过以上的分析可以看出，黄铁矿在热解过程中首先转变成FeS，其后的反应与纯的FeS类似。

1.4.4.6 无机硫酸盐在热解过程中的迁移行为

闫金定等[76] 对一系列无机硫酸盐（硫酸亚铁、硫酸铁、硫酸钙、硫酸锌）的热解行为进行了研究。在氦气气氛下，发现负载在煤半焦上的硫酸盐要比纯的硫酸盐分解温度低很多，这说明煤半焦对无机硫酸盐的分解起到了一定的催化作用。其中硫酸钙是最稳定的，无论是纯的硫酸钙，还是与煤半焦一起热解，在800℃以前都不能分解。其次是硫酸锌，纯的硫酸锌在750℃才开始分解，而在煤半焦作用下，在350℃就能分解。而硫酸亚铁、硫酸铁在煤半焦作用下，能在500℃分解完全。

Mullens[77] 在对硫酸钙进行AP-TPR-MS分析时，只有6%的硫酸钙被还原为 H_2S，并且没有检测到 SO_2，H_2S 的峰温在855℃。而在随后的TPO-MS的实验过程中，SO_2 的最大逸出峰在1185℃，这再一次也证明了硫酸钙是非常稳定的。在对硫酸锌进行AP-TPR-MS分析时，有13%的硫酸锌被还原成 H_2S，同时也检测到了 SO_2，且 H_2S 和 SO_2 的峰温在570℃。再经过随后的AP-TPO-MS的检验，SO_2 的逸出峰在1100℃达到了最大，这也说明硫酸锌也是较稳定的，仅次于硫酸钙。在对硫酸铁和硫酸亚铁进行此过程的研究时发现，这两种硫酸盐是不稳定的，在氢气气氛下，SO_2 的逸出前者在550℃时结束，后者在500℃就能结束，同时也检测到了少量的 H_2S，这说明氢气在此温度范围内的还原能力较低。而在750℃检测到了一个很强的 H_2S 逸出峰，这可能在此过程中，这两种硫酸盐被还原成了 FeS，通过以前的研究知道 FeS 在氢气气氛下在 750℃左右分解。而对其进行 TPO-MS 检验时，发现所有的硫在氢气气氛下可以逸出，没有检测到 SO_2 的逸出峰。虽然他们采用的气氛不同，但是得到的结论却是相同的，对于这几种硫酸盐，在热解过程中，硫酸钙最稳定，其次是硫酸锌，而硫酸铁和硫酸亚铁是不稳定的，在热解过程中可以 H_2S 和 SO_2 或只有 SO_2 的形式脱除。

通过对以上这些模型化合物的分析，大体上可知道哪些含硫化合物在热解过程中易于脱除，而哪些又难于脱除。这些为研究煤在热解过程中硫的变迁奠定了基础。可是煤中的含硫化合物是非常复杂的，有的与煤中的有机质结合，有的与其伴生，因此要想详细地了解煤热解过程中含硫化合物是如何变迁的，还需要对不同的煤种在不同的条件下进行研究，方可清楚煤中硫的变迁规律。在热解过程中，硫的变迁受很多因素的影响，有煤的自身因素，也有其他的因素。下面将讨论这些影响因素。

1.5 热解脱硫的影响因素

在热解过程中，影响煤热解的因素很多，除了煤阶、硫形态以及矿物质等煤的自身因素外。还有热解过程所用到的条件，这些对煤中的硫变迁也有很大的影响。

1.5.1 煤自身的因素

煤自身因素对硫变迁的影响主要包括煤阶的影响和煤中矿物质的影响。

1.5.1.1 煤阶的影响

煤阶直接影响煤的热解开始温度、热解产物、热解反应活性和黏结性、结焦性等。随煤化程度增加，热解开始温度逐渐升高，热解反应活性不断降低。与此同时硫的脱除率也降低，这是由于煤中有机硫的含量与煤阶有着很大的关系，随着煤阶的升高，脂肪类硫的含量逐渐降低，难脱除的噻吩类硫的含量逐渐升高[76]。中等变质程度烟煤的黏结性和结焦性最好，而越是年轻或者年老煤种，其黏结性和结焦性越差。由于煤的黏结性和结焦性阻止了含硫气体的逸出，因此对于高黏结性的煤种，由于高温时煤的黏结性和孔结构的塌陷反而使得脱硫率下降[46]。而对于年轻煤种，热解时煤气、焦油和热解水产率高。随着这些挥发分的析出，煤中的硫也很容易脱除。对于高变质程度的煤种，由于挥发分含量低，而煤中的有机硫主要是以噻吩硫形式存在，因而硫很难脱除。

1.5.1.2 煤中矿物质的影响

煤中含有丰富的矿物质，按照与硫化物的反应能力，可分为以下三种[47]：

① 惰性矿物质，如石英等；

② 有催化活性的矿物质，如高岭土和蒙脱石等；

③ 能与硫反应的矿物质，如方解石、白云石等。

其中后两种对煤热解脱硫的影响很大。一般人们通过脱除矿物质（HCl-HF、HNO_3）或者是加入矿物质的方法考察矿物质对煤热解脱硫的影响。

陈皓侃[74] 等研究了矿物质对煤热解和加氢热解过程中含硫气体生成的影响，研究表明煤中矿物质的碱性组分具有在热解过程中减少 H_2S 气体的逸出的固硫作用，酸性组分则能使加氢催化煤中的有机硫分解释放出更多的 H_2S；另外煤中矿物质还可以减少 COS 的生成，也可以促进 CH_3SH 进一步分解。Karaca[84] 研究了矿物质对土耳其褐煤在不同气氛下热解脱硫的影响，发现当煤样用 HCl 处理过时，煤中的黄铁矿脱除率提高，而有机硫的脱除率降低，这说明碳酸盐类对有机硫的脱除有着催化作用。由于用 HCl 处理时，主要是 $CaCO_3$、$FeCO_3$、$MgCO_3$ 和部分亚氯酸盐被脱除，这可能表明铁、钙、镁阳离子对有机硫的热解脱除有一定的催化作用[78]。而当煤样用 HCl-HF 处理后，煤中的黄铁矿和有机硫脱除率都增加。有机硫的脱除率的增加可能是由于脱除了煤中的黏土类矿物质，也有可能是由于除去了煤中硅酸类矿物质，因为硅酸类矿物质能使易脱除的有机硫化物转化为稳定的、不易脱除的有机硫化物，如噻吩或者是多聚噻吩化合物。而 HCl 处理过和用 HCl-HF 处理脱除矿物质后，黄铁矿的脱除率的增加可能是由于脱灰后煤的传热和传质效果要好于原煤样。管仁贵[86] 等对大同煤和义马煤采用 HCl-HF 处理方法脱除矿物质后，并对其进行热解实验研究。发现矿物质对硫在热解产物中的分布有一定的影响，脱除矿物质后硫分配到焦油中的比例大幅度上升，逸出到气相的比例也有少量上升，但分配到半焦中的比例却有较大幅度的下降。

闫金定[76] 等通过原位担载的方式考察了几种典型的金属离子对苯甲基硫醚热解过程的影响。发现 Na^+、K^+ 的引入使得含硫气体的逸出温度升高，但在随后进行的 TPO 检验中，没有发现 SO_2，这说明在这两种离子的作用下，硫没有向焦中迁移；Ca^{2+} 离子对苯甲基硫醚的热解基本没有催化作用，无论是含硫气体的逸出温度，还是峰形都与没催化剂的热解结果一致；Fe^{2+}、Fe^{3+} 的引入使得苯甲基硫醚的初始热解温度提前，这说明这两种离子对有机硫的热解脱除有催化作用；Ni^{2+} 的引入，阻止了含硫气体的逸出，并在随后的 TPO 检验中，发现有新的含硫结构生成，这说明 Ni^{2+} 对有机硫的脱除有阻碍作用。

碱土金属矿物质能与煤中含硫化合物热解生成的 H_2S 气体在 700℃以上发生反应，从而把煤中的硫固定下来，使得脱硫率下降[52]。齐永琴[122] 对义马煤和大同煤进行流化床热解脱硫的研究发现，义马煤在 700℃以后脱硫率下降，而大同煤在 750℃以后脱硫率也下降，下降原因同样归结于碱土金属矿物质的下列固硫作用[79]：

$$MgCO_3 + H_2S = MgS + CO_2 + H_2O \quad (>500℃热力学有利)$$

$$CaCO_3 + H_2S = CaS + CO_2 + H_2O \quad (>480℃热力学有利)$$

$$CaO + H_2S = CaS + H_2O \quad (在室温\sim1200℃都是热力学有利)$$

$$MgO + H_2S = MgS + H_2O \quad (<1200℃热力学不利)$$

Cypres 等[89] 研究发现，碱性矿物质不仅能够与气相中的 H_2S 反应生成金属硫化物滞留在半焦中，而且能够降低硫在焦油中的含量。Baumann[90] 等认为生成的固体硫化物对有机硫的热分解可能有阻碍作用。Khan[91] 在煤热解过程中加入碱性无机矿物组分（CaO、Fe_2O_3、MgO 等），同样发现碱性矿物质显著降低了气体硫化物的含量和焦油中的硫含量。矿物质尤其是铁、钙矿物质能够选择性催化焦油中含硫化合物的分解[57]。管仁贵等[86] 采用加入固硫剂的方法研究了煤在热解-燃烧过程中的硫分配情况，同样也发现钙基固硫剂的加入使部分逸出到气相中的硫以 CaS 的形式固定在半焦中，并且能够催化焦油中含硫官能团的分解，从而降低了硫分配到气相和焦油中的比例。通过对比几种碱性矿物质的固硫作用发现，CaO 和 $Ca(OH)_2$ 的固硫效果较明显，而 $CaCO_3$ 的效果较差。可见矿物质对煤中硫的脱除的影响非常复杂，不同矿物质对不同硫的逸出具有不同的影响，即使是相同的矿物质由于煤结构的不同，对硫的迁移的影响也是不同的。

黄铁矿既是煤中的一种硫形态，也是煤中一种特殊的矿物质。而有关黄铁矿对硫变迁的影响目前还不是很清楚。Cernic-Simic[93] 把放射性 ^{35}S 标记的黄铁矿加入次烟煤中，研究了不同热解温度下硫的分布，提供了硫化物硫能够转化为更稳定的有机硫，从而更加难以脱除的证据。

1.5.2 金属氧化物对硫化物的影响

人们对于金属氧化物脱硫剂已经有几十年的研究，但是由于对高温脱硫剂的要求比较高，致使工业化的进程受到严重的影响。目前世界上许多研究机构经过大量的研究工作，得到了许多实质性的结论。

金属氧化物添加剂可以促进硫的脱除，阳离子外电子层比较容易得失电子而具有较强的氧化性，在与外来轨道相遇时因其内层具有原子轨道特性形成晶体场，将影响化学吸附进而影响催化反应。金属氧化物在煤热解过程中一方面降低热解的活化能，使金属离子与不饱和官能团生成配合物，从而形成更多的小分子自由基；另一方面金属氧化物的氧化性可以使低价态的硫氧化分解，从而提高脱硫率。在化工领域，金属氧化物常被应用于重油裂解催化[85,86]。如 Andersen 等[96] 开发的重油裂解催化剂，以 Ti 为活性组分，活性氧化铝为载体，同样取得了良好的催化效果。

氧化铁天然资源十分丰富，许多工业废料如制铝赤泥、硫铁矿焙烧渣转炉炉渣等也含有大量氧化铁。氧化铁脱硫时硫容和脱硫率较高，目前氧化铁脱硫剂广泛应用于煤气脱硫[52]。美国摩根城能源技术中心早在 1975 年开发出二氧化硅与飞灰负载的氧化铁脱硫剂，硫化后的脱硫剂可在 950℃下用空气再生，生成二氧化硫气体[88]。Schrodt 等[99] 用气化炉煤灰制成脱硫剂脱除 H_2S、COS 和 CS_2。Xie 等[100] 用氧化铁制备高温煤气脱硫剂，用于脱去 H_2S 和 COS，并在含 5%氮气的情况下再生。太原理工大学用钢厂赤泥制备的铁系脱硫剂广泛应用于城市煤气、化工等行业[90]。樊惠玲[102] 向赤泥中加入砖瓦土制备粗脱硫剂，在多次循环使用后仍具有较好的脱硫稳定性。

Jothirmurugesan[103] 等进行氧化锌脱硫对比实验，发现氧化锌脱硫剂可以使煤气中的 H_2S 降低到 10×10^{-6}，制成的脱硫剂虽然可以循环再生，但在循环中活性失去 50%以上。Brook[104] 等用沸石做成氧化锌的载体制成脱硫剂，结果发现氧化锌/沸石在 500～650℃，可将硫化氢的含量降至 10^{-6} 数量级。Tamhankar[105] 等用合成法制备出孔隙发达的脱硫剂，对硫化氢具有较好的脱除效果。

碱土金属钙基化合物与煤中硫形成 CaS、$CaSO_4$ 等稳定的硫化物，有利于煤炭的洁净利用，且价格便宜、简单易得[94-96]。氧化钙脱硫剂主要由石灰石和白云石煅烧而成[64,65]。氧化钙与硫化氢反应硫容高且速率快，并且与二氧化硫也有较高的反应速率[97]。Yrjas[112] 等用热重法在 2MPa、950℃条件下研究了石灰石和白云石吸收硫化氢的过程，硫化产物为硫化钙。研究表明 CaO 与 H_2S 反应很快，80%～90%的 Ca 都被转化为 CaS。$CaCO_3$ 与 H_2S 反应的速度较慢，只有 20%的 Ca 转化为 CaS。Diego[113] 等在常压温度为 600℃～850℃对三个非煅烧石灰石和一个半煅烧白云石进行硫化实验，脱硫剂粒度为0.4～0.6mm。当反应温度增加及粒度减小时白云石的硫化率增加，而石灰石的硫化率与颗粒大小无关。Garcia-Lbiano[114] 等研究了高温和还原条件下12种不同钙系固硫剂，表明乙酸钙和乙酸钙镁具有较高的脱硫性能。

1.5.3 反应条件的影响

影响煤热解过程中的脱硫因素很多，如温度、气氛、压力、反应器、加热速率和停留时间等操作条件对脱硫也有很大的影响。

1.5.3.1 温度的影响

一般来说，随着温度的升高，脱硫率是升高的，不同温度下的热解产物也不尽相同。Ibarra[115] 曾研究一种高硫烟煤的低温热解脱硫效果，脱硫率为36%，认为这是一种有效的脱硫方法。此外，通过对11种Turkish褐煤在440℃恒温热解所得半焦热值和硫分布进行分析，认为低温热解可以有效脱除煤中的硫。Gryglewicz[116] 等对一种低阶煤进行热解研究表明，在500℃时所得半焦中硫含量最高，因此低温热解脱硫作用不大。他发现在1700℃时FeS可进一步分解从而使挥发性硫产物增加。这些结论的差异可能缘于煤质的不同及热解条件和反应器的不同。于宏观[117] 等人通过对热解过程中硫析出规律的研究指出，1100℃时烟煤中难析出硫可进一步分解析出，而在低温热解条件下，只有一小部分不稳定有机硫分解，大部分有机硫滞留在固相中，这说明较高温度有利于有机硫的析出。周仕学[118] 等对高硫强黏结性煤与生物质在回转炉内进行了共热解，研究了热解温度和煤种对无机硫、有机硫脱除率的影响，结果表明800℃时硫铁矿硫虽然分解成$FeS_{(1+x)}$，但脱除率仍然很低，无机硫的脱除率在25%～45%；在1200℃左右脱硫率明显增大，1600℃时煤中无机硫的脱除率达93%～98%，有机硫的脱除率达80%～95%。随着煤化度的升高，有机硫的脱除难度增大，脱硫率降低。Patrick[119] 等考察了无机硫/矿物硫的作用和随后的高温处理对其硫的析出的影响，结果表明在1000～1800℃范围内，通过热处理，硫逐渐析出，最后残渣中硫含量低于0.1%。同时他们也发现了一起加热非石墨碳和黄铁矿也能在炭中固定一些有机硫，这些有机硫在很高的温度才能分解，且比石墨和硫化亚铁体系的分解温度高，炭的存在有利于硫化亚铁的分解，而炭固定有机硫在一定程度上依赖于炭自身的性质，固定后的有机硫的分解温度要比无机硫/矿物硫更高。齐永琴[122] 等对不同煤种进行流化床热解脱硫研究，发现温度是影响煤热解脱硫的重要因素，不同煤种有最佳的脱硫温度，且因煤种而异。从以上可以看出不同煤种中不同的形态硫，对于温度表现出不同的逸出规律，所以温度只是其中一个影响因素，还有许多其他因素共同影响着煤中硫的变迁。

1.5.3.2 压力的影响

压力也是化学反应中的一个重要影响因素，氢气压力的增高对加氢热解脱硫有两方面的影响，一方面，压力的升高有利于黄铁矿、难分解噻吩类有机硫加氢反应的发生，从而增加了脱硫率；另一方面，压力的升高也使生成的H_2S与半焦之间的反应加强，增加了硫被固定在半焦中的概率，从而影响脱硫率。陈皓侃[40] 的研究结果表明，当氢气压力高于3MPa时，前者就成为影响加氢脱硫的主导因素，黄铁矿和难分解的噻吩类有机硫加氢分解的趋势超过热解产生的 H_2S 与半焦之间反应的趋势，因此脱硫率随压力的升高而增加。

1.5.3.3 停留时间的影响

Ceylan[120] 等通过考察热解时间对脱硫效果的影响时发现，随着热解时间的增加，脱硫效果越明显，但同时由于接触时间的增加，热解逸出硫的二次反应导致其在焦中滞留，使得固相中硫含量增加。通过考察热解时间对 Turkish 褐煤在固定床反应器脱硫效果发现：在不同温度下，在反应开始 15min 内脱硫反应基本结束[121]。齐永琴[122] 通过对大同煤、义马煤和兖州煤考察热解停留时间对脱硫率的影响时发现，单纯地延长停留时间并不利于提高脱硫率，对不同的煤种而言，也存在适宜的停留时间，时间长短与煤本身的性质有关。

1.5.3.4 加热速率的影响

升温速率同热解终温一样，在热解脱硫过程中起着重要作用。按升温速率的高低，一般可分四类[75]：(a) 慢速加热，$<5K/s$，(b) 中速加热，$5\sim100K/s$，(c) 快速加热，$100\sim10^6K/s$，(d) 闪激加热，$>10^6K/s$。

根据 Sugawara[123] 等人的研究，在 100K/min 升温速率下所得到的半焦中硫含量低于 20K/min 下的，加热速率影响不同有机硫之间、有机硫与黄铁矿硫之间的相互作用以及气相中的二次反应，较快的加热速率可以减少接触时间，从而在一定程度上避免气相中的二次反应[124]。Miura[125] 等对加热速率对热解过程中含硫气体生成的影响进行了研究，结果表明快速升温热解过程中硫的逸出总量稍大于程序升温热解或者相差不多，但含硫气体的种类有所不同，在快速热解过程中有相当量的 CH_3SH、C_2H_5SH 生成，这是气相中二次反应被减弱的原因。在程序升温热解（慢速热解）气相中产生的 SO_2 是 H_2S 被热解产生的 H_2O、CO_2 氧化所形成的。Tan[126] 等对澳大利亚褐煤分别在慢加热速率（1K/s）和快加热速率（2000K/s）热解，结果表明加热速率对脱硫的影响很小，脱硫效果只与温度有关。

1.5.3.5 反应器的影响

根据加热速率不同，研究者们一般采用固定床[106]、流化床[103,106,107]、自由下落床[107-115] 等反应器类型对煤热解脱硫进行研究。固定床具有加热速率较慢、传热和传质效果不好等特点，使得逸出的气体能够与煤半焦发生二次反应生成稳定的有机硫，从而导致脱硫率下降，因此在实际应用中，主要应用流化床来进行处理。与固定床相比，流化床克服了这些缺点，使得脱硫率提高。但是对于黏结性强的煤种，在温度较高时（700℃以上），由于煤的黏结性而影响流化床操作，所以对于黏结性很强的煤种，不适宜进行流化床操作。如果要进行操作，需要进行预氧化破黏处理[103]。而自由下落床[78] 可以控制热解温度、加热段长度和气体流速，因此可控制半焦的产率和脱硫率。

1.5.3.6 气氛的影响

在众多影响因素中，气氛也是影响煤热解脱硫的重要因素之一。关于煤热解脱硫的研究始于 20 世纪 30 年代。气氛可分为惰性气氛、还原性气氛和氧化性气氛三种。不同气氛下，煤的热解脱硫机理不同，其热解产物和脱硫效果也大不相同。

（1）惰性气氛下的热解脱硫

早期对热解脱硫的研究主要集中在惰性气氛下，其中氮气又是用得最多的气氛。从热力学角度上讲，氮气气氛对噻吩硫的分解是不利的，而对芳香硫醚、硫醇和环状硫醚的分解是有利的，但是需要较高的分解温度，因此这些难分解的有机硫热解后仍残留在热解半焦或者焦油中，使得惰性气氛下的脱硫很不彻底。李世光等[78]利用自由下落床研究了煤在惰性气氛下的快速热解，在快速热解过程中，煤中易分解的有机硫在500℃～800℃区间内被脱除，其中超过一半的有机硫以有机物的形式转移到焦油中，而黄铁矿在此区间内大量分解，煤中的有机质促进了黄铁矿硫分解。Sugawara[123]等研究了煤在氮气气氛下自由下落床中终温为980℃的快速热解，然后利用XANES分析发现热解焦渣中含有大量的噻吩硫。齐永琴[122]等对几个不同煤种在流化床中进行了惰性气氛下的热解脱硫的研究，发现在高温阶段，由于内部氢源的不足，生成的大量的含硫自由基不能与氢结合，只能相互聚合或者与煤中的有机质结合生成新的有机硫，从而更难脱除，这也是煤中有机硫在高温阶段增加的一个原因。徐龙[127]等在固定床中考察了兖州煤热解过程中的硫迁移行为，同样也认为在惰性气氛下煤中有机质自身产生的活性氢不能满足硫逸出的要求，已分解的硫还可能被芳香结构稳定而生成噻吩结构固定在半焦中。

总而言之，在惰性气氛下，热解脱硫很不彻底，脱硫率很低，只是煤中的不稳定有机硫和黄铁矿硫被脱除，而黄铁矿硫也只能转变为硫化亚铁，因为硫化亚铁分解需要更高的温度。随着煤阶的升高，煤中不稳定有机硫的含量下降，稳定有机硫的含量上升，所以在惰性气氛下，随着煤阶的升高，脱硫率下降。Edwards[132,133]等考察了Ballkaya和Bolu-Mengen两种褐煤在氮气气氛下的快速热解脱硫，实验温度在450～750℃之间，前者的全硫脱除率在750℃为42.2%，而后者为57%，两者有机硫只有少量的脱除。

（2）还原性气氛下的热解脱硫

还原性气氛又可分为纯氢气气氛和富氢气气氛（焦炉气和合成气）。而煤加氢热解脱硫工艺是20世纪七八十年代发展起来的新型的洁净煤技术，通过加氢热解，煤在转化为液体燃料或化工原料的同时，实现了煤的深度脱硫净化，得到了低硫半焦很好的固体燃料。由于氢气能够与煤中的硫形态发生反应，能高效脱除无机硫和有机硫，所以煤在氢气气氛下脱硫要比惰性气氛下容易得多。

Chen[17]等考察了热解和加氢热解过程中煤中硫的迁移行为，发现加氢热解是一种比惰性气氛下热解更有效的脱硫方法。对于兖州煤而言，在650℃、3MPa条件下，加氢热解可脱除68.2%的全硫和68.2%的有机硫，而在惰性气氛下，脱硫率分别为50.9%和53.7%。他的另一篇文章报道[137]，煤在加氢热解过程中硫脱除率可达90%以上，其中无机硫脱除率几乎为100%，有机硫的脱除率视煤种不同也可高达70%～80%，并主要以H_2S的形式释放出来。

Attar[128]等的研究表明，黄铁矿在氢气气氛下更易脱除，而煤中的脂肪类硫化物几乎可以全部脱除。氢气气氛下，煤中黄铁矿与H_2发生还原反应，煤中的有机物能促进该还原反应，在250～300℃的低温，FeS_2就可被还原成FeS，比单纯FeS_2的反应温度低200℃左右，生成的FeS在低于700℃时即可被还原成Fe。Libiano[114]、Ibarra[115]等人则认为当温度高于550℃时，煤中的黄铁矿才开始分解，在600～800℃范围内大量析出。这种差异可能是由于煤种的不同以及黄铁矿在煤中的不同赋存状态造成的。朱子彬等[129]

采用 XPS 技术分析了我国以烟煤为主的七种原煤样以及对应的快速加氢热解后所得半焦中的有机硫的化学形态，结果表明：热解过程中全部脂肪硫和部分噻吩类硫被脱除，而且脂肪类硫表现出很高的加氢反应活性。刘德军等[130] 对阜新等地的煤进行了快速加氢热解后指出：快速加氢热解法对于煤中难以用洗选和物理方法脱除的硫的脱除较为有效，有机硫能在 0.25s 的反应时间内迅速还原，而黄铁矿硫在 0.5s 内就能全部还原成 FeS。Attar[128] 认为煤中 C-S 键的断裂生成含硫自由基是加氢热解和热解脱硫速率的决定步骤，在氢气气氛下，含硫自由基能够被氢气迅速稳定，并在随后的加氢热解过程中进一步裂解脱除；而在惰性气氛下，煤中内部氢与自由基结合生成硫醇，由于氢气的不足，只有少量的 H_2S 生成，大部分以硫醇或其他稳定形式存在于焦油或半焦中。当在加氢热解过程中加入催化剂时，脱硫率会显著提高。Garcia[124] 曾采用硫化钼作催化剂用于西班牙烟煤的加氢热解，发现脱硫率超过了 90%。

由于制氢过程价格昂贵，成本高，加之气体净化、分离及循环过程设备费用高，投资大，煤加氢热解工艺在经济上阻力很大，因此寻求廉价的氢源是煤加氢热解工艺发展的基础。结合我国焦炭工业和化肥工业的实际情况，采用廉价易得而又富含有氢气的焦炉煤气和合成气代替纯氢气进行加氢热解可大大降低成本和投资费用。廖洪强等[135] 采用焦炉煤气和合成气对煤的加氢热解特性进行了研究，结果表明用焦炉煤气和合成气代替纯氢进行加氢热解切实可行且具有相当的优越性。Braekman-Danheuxl 等[131] 在模拟焦炉气气氛下考察了温度及焦炉气组分对煤加氢热解产品收率及半焦特性的影响，结果也证实了用焦炉煤气代替纯氢的可行性。

廖洪强等[135] 也用焦炉气和合成气考察了煤在热解过程中的脱硫情况，在焦炉气气氛下，煤热解过程中有较高的液体产率和脱硫率，在 3MPa 的压力下，以 5K/min 的加热速率加热到 650℃，煤的脱硫率可达 86.4%，硫在固、液、气相中所占的比例分别为：20%，10%和 70%。在考察温度范围内，脱硫率随温度的升高而升高。在总压相同的情况下，焦炉气、合成气和氢气对脱硫率的影响基本相同；而在氢分压相同的情况下，脱硫率的顺序为：焦炉气＞合成气＞氢气。可见用焦炉气和合成气代替氢气作为反应气不仅可以得到低硫洁净半焦，还可以得到高质量的液体燃料。

在还原性气氛下，相对于惰性气氛，不仅煤中的不稳定有机硫和黄铁矿可以分解，而一些稳定的有机硫（部分噻吩类）和黄铁矿分解成的 FeS 也可以与 H_2 发生反应而分解，所以，还原性气氛下的脱硫率比惰性气氛下的提高了许多。

(3) 氧化性气氛下的热解脱硫

氧化性气氛应当属于最早被用作脱硫的气氛，早在 1884 年 Scheerer 就发现在炼焦工艺中煤经水蒸气处理后，煤中的硫含量降低。可是到目前为止，关于氧化性气氛下的热解脱硫理论仍不完善。而应用于煤热解脱硫的氧化性气氛主要是空气和水蒸气，也有人[120] 用 CO_2 对 Turkish 褐煤进行了热解脱硫的研究，结果表明：在 CO_2 气氛下，有机硫的脱除率在 250～450℃之间升高，而在 450～550℃范围内又下降，在 600℃以后有机硫的脱除率又上升，在 700℃和 800℃有机硫脱除率明显升高。在惰性气氛下，在 700℃和 800℃有机硫脱除率基本不变。在 800℃时 CO_2 气氛下，有机硫的脱除率可达 96%，而在惰性气氛下仅为 62%，可见 CO_2 对有机硫的脱除有很好的促进作用，且认为 CO_2 能够脱去煤中噻吩硫或者是多聚噻吩类硫。煤用空气和水蒸气处理是最便宜的工艺，它投资少，所用试剂无毒，又可以在常压进行，但是如果空气含量太高，不仅煤中的硫被氧化脱除，煤中有机质也被氧化，从而大大降低了焦炭的质量。

关于氧化性气氛下的热解脱硫国外的学者[116,121-127]做得比较多。Garcia[124]等将煤用三氧化钨处理后，在含氧10%的氩气流中程序升温至1000℃进行热解，测得FeS_2在430℃脱除，非芳香硫在320℃脱除，而芳香硫和噻吩硫在480℃就能脱除。Sydorovych[136]等对三种不同变质程度的煤在350～400℃、空气和水蒸气混合气（空气体积分数为8%）下等温热解，测得脱硫率分别为58.2%、79.8%和81.4%，但FeS_2的脱除率很高，分别为96.8%、98.4%和99.4%，可见在氧化性气氛下，黄铁矿很容易脱除，且在较低的温度下就有较高的脱硫率。Sinha等[128]发现在400～600℃范围内对煤进行等温热解中，脱硫能力顺序为：空气＞水蒸气＋一氧化碳＞一氧化碳＞氮气。

近年来，国内的学者[129]也对氧化性气氛下的热解脱硫进行了研究。齐永琴等[122]对几种不同煤种进行了微量氧气氛下的流化床热解脱硫研究，结果表明，在微量氧存在下，煤热解脱硫率可提高30%以上，而半焦收率下降并不明显，每一种煤样都存在最佳的脱硫温度，与煤种有很大的关系。且认为微量氧能够选择性断裂煤中的C-S键而不是C-C键，这是脱硫率提高的主要原因。李世光等[78]在自由下落床中对煤进行了氧化性气氛下的快速热解，研究表明煤中易分解的有机硫在550～700℃范围内能被有效地脱除，煤中的黄铁矿在600℃以下就大量分解，在600℃左右，氧化性气氛能有效控制黄铁矿硫向有机硫的转化。且与惰性气氛相比，这些硫的脱除温度降低了大约200℃。

在氧化性气氛下，煤中的部分黄铁矿转化成Fe_3O_4[130]，反应式如下：

$$(1-x)FeS_2+(1-2x)O_2 \longrightarrow Fe_{(1-x)}S+(1-2x)SO_2$$

$$2Fe_{(1-x)}S+(3-x)O_2 \longrightarrow 2(1-x)FeO+2SO_2$$

$$3FeO+\frac{1}{2}O_2 \longrightarrow Fe_3O_4$$

这些反应要比黄铁矿在惰性气氛下的分解容易得多。

关于有机硫在氧化性气氛下热解脱除的机理尚不清楚，一些研究者[138]认为氧气在较低的温度下能够选择性地断裂煤中的C-S键，而不是C-C键。因此在氧化性气氛下，相对于惰性气氛和还原性气氛，在较低的温度下可得到较高的脱硫率。

参考文献

[1] 中华人民共和国自然资源部. 中国矿产资源报告［M］. 北京：地质出版社，2017.

[2] Farah P，Tremolada R. A comparison between shale gas in China and unconventional fuel development in the United States：Health，Water and Environmental risks［J］. Social Science Electronic Publishing，2013.

[3] 郭威，潘继平，娄钰. "十三五"全国油气资源勘查开采规划2016年度目标执行情况评估［J］. 天然气工业，2017，37（8）：125-131.

[4] 侯启军，何海清，李建忠，等. 中国石油天然气股份有限公司近期油气勘探进展及前景展望［J］. 中国石油勘探，2018，23（1）：1-13.

[5] 雷德文，陈刚强，刘海磊，等. 准噶尔盆地玛湖凹陷大油（气）区形成条件与勘探方向研究［J］. 地质学报，2017，91（7）：1604-1619.

[6] 卢涛，刘艳侠，武力超，等. 鄂尔多斯盆地苏里格气田致密砂岩气藏稳产难点与对策［J］. 天然气工业，2015，35（6）：43-52.

[7] 高天明，沈镭，刘立涛，等．中国煤炭资源不均衡性及流动轨迹 [J]. 自然资源学报，2013，28 (1)：92-103.
[8] 肖宏伟．2017 年我国能源形势分析及 2018 年预测 [J]. 科技促进发展，2017 (11)：902-908.
[9] 刘利军，关晓吉．浅谈我国煤炭物流的发展模式 [D]. 烟台：山东工商学院，2009.
[10] Zhang D K. Interactions between sodium，silica and sulphur in a low-rank coal during temperature programmed pyrolysis [J]. Journal of Fuel Chemistry and Technology，2005，33 (5)：7.
[11] 刘育平，邹波，周盈，等．燃煤电厂电煤分布均衡性分析 [J]. 华北电力大学学报（自然科学版），2013，6：83-90.
[12] 罗陨飞，李文华，姜英，等．中国煤中硫的分布特征研究 [J]. 煤炭转化，2005，3：14-18.
[13] 毛翔，李江海．全球石炭纪煤的分布规律 [J]. 煤炭学报，2014，1：198-203.
[14] Spiework W，Trojanowska J C. Sulfur speciation in hard coal by means of a thermal decomposition method [J]. Analytical and Bioanalytical Chemistry，2001，372 (3)：356-366.
[15] Vishnubhatt P，Thome T，Lee S. Effect of pyritic sulfur and mineral hatter on organic sulfur removal from coal [J]. Petroleum Science and Technology，1993，11 (7)：150-155.
[16] Vishnubhatt P，Lee S. Effect of filtration temperature on organic sulfur removal from coal by perchloroethylene coal cleaning process [J]. Petroleum Science and Technology，1993，11 (8)：1124-1133.
[17] Chen L，Bhattacharya S. Sulfur emission from victorian brown coal under pyrolysis，oxy-fuel combustion and gasification conditions [J]. Environmental Science & Technology，2013，47 (3)：1729-1734.
[18] Song X，Parish C A. Pyrolysis mechanisms of thiophene and methylthiophene in asphaltenes [J]. The Journal of Physical Chemistry A，2011，115 (13)：2882-2891.
[19] 田山岗，尚冠雄，唐辛．中国煤炭资源的“井”字形分布格局——地域分异性与资源经济地理区划 [J]. 中国煤田地质，2006，3：1-5.
[20] 宋洪柱．中国煤炭资源分布特征与勘查开发前景研究 [D]. 北京：中国地质大学（北京），2013.
[21] 孙然，冷云伟，李浩，等．煤炭中硫的存在特征及脱硫 [J]. 燃料化学学报，2010.
[22] 尤先锋，刘生玉．煤热解过程中氮和硫化合物分配及生成机理 [J]. 煤炭转化，2001，24 (3)：1-5.
[23] 郑瑛．煤燃烧过程中硫分析出规律的研究进展 [J]. 煤炭转化，1998，21 (1)：36-40.
[24] 刘斌，曹晏．煤热解和气化过程中硫分析出规律的研究进展 [J]. 煤炭转化，2001，24 (3)：6-11.
[25] Duran J E，Mahasay R，Stock L M. The occurrence of elemental sulphur in coals [J]. Fuel，1986，65 (8)：1167-1168.
[26] Hackley K C，Buchan D H，Coombs K，etc. Solvent extraction of elemental sulfur from coal and a determination of its source using stable sulfur isotopes [J]. Fuel Processing Technology，1990，24：431-436.
[27] Wang T，Zhu X. Sulfur transformations during supereritical water oxidation ofachinese coal [J]. Fuel，2003，82 (18)：2267-2272.
[28] 李斌，曹晏，张建民，等．煤热解和气化过程中硫分析出规律的研究进展 [J]，煤炭转化．2001，24 (3)：6-11.
[29] Calkins W H. The chemical forms of sulfur in coal：A review [J]. Fuel，1994，73 (4)：475-484.
[30] 黄文辉，杨起，唐修义，等．中国炼焦煤资源分布特点与深部资源潜力分析 [J]. 中国煤炭地质，2010，22 (5)：1-6.
[31] 王鑫龙．模型化合物及煤在 CO_2 气氛下热解过程中硫释放行为的研究 [D]. 呼和浩特：内蒙古大学，2016.
[32] 张慎．浅析煤中硫的分布特征与煤炭燃前脱硫研究现状 [J]. 能源技术，2014，19：62-68.
[33] Li S，Xu T，Sun P，et al. Nox and sox emissions of a high sulfur self-retention coal during air-staged combustion [J]. Fuel，2008，87 (6)：723-731.
[34] Zhang L，Sato A，Ninomiya Y，et al. Partitioning of sulfur and calcium during pyrolysis and combustion of high sulfur coals impregnated with calcium acetate as the desulfurization sorbent [J]. Fuel，2004，83 (7-8)：1039-1053.
[35] Zhou S，Yang J，Liu Z，et al. Effect of temperature on the reaction of h2s with a coke [J]. Fuel Processing Technology，2009，90 (7-8)：879-882.
[36] 樊永山，石耀祥，潘莹，等．我国炼焦煤资源的合理开发与保护 [J]. 山西焦煤科技，2008，03：1-3.

［37］ 黄文辉，杨起，唐修义，等．中国炼焦煤资源分布特点与深部资源潜力分析［J］．中国煤炭地质，2010，05：1-6.

［38］ 吴优福．循环流化床锅炉 SO_2 超低排放技术研究［J］．洁净煤技术，2017，23（2）：7.

［39］ Ismail K，Mitchell S C，Brown S D，et al. Silica-immobilized sulfur compounds as solid calibrants for temperature-programmed reduction and probes for the thermal behavior of organic sulfur forms in fossil fuels［J］．Energy Fuels，1995，9（4）：707-716.

［40］ Van Aelst J，Yperman J，FrancoD V，et al. Study of silica-immobilized sulfur model compounds as calibrants for the AP-TPR study of oxidized coal samples［J］．Energy & Fuels，2000，14（5）：1002-1008.

［41］ Lacount R B，Anderson R R，Friedman S，et al. Sulfur in coal by high pressure temperature-programmed reduction［J］．Fuel，1993，72：367-371.

［42］ Miura K，Mae K，Shimada M，et al. Analysis of formation rates of sulfur-containing gases during pyrolysis of various coals［J］．Energy & Fuels，2001，15：629-636.

［43］ Majchrowicz B，Yperman J，Mullens J，et al. Automated potentiometric determination of sulfur functional groups in fossil fuels［J］．Anal. Chem，1991，63：760-763.

［44］ Yperman J，Maes H，Van del Rul H，et al. Sulphur group analysis in solid matrices by atmospheric pressure-temperature programmed reduction［J］．Anal Chem Acta，1999，395：143-155.

［45］ Van Aelst J，Yperman J，Franco D，et al. Atmospheric-pressure temperature-programmed reduction study of high-sulfur coals reduced in a Potassium/Liquid Ammonia System［J］．Energy Fuels，1998，12（6）：1142-1147.

［46］ Majchrowicz B B，Yperman J，Reggers G. Characterization of organic sulfur functional groups in coal by means of temperature programmed reduction［J］．Fuel Processing Technology，1987，15：363-376.

［47］ 李文．直接测定煤中有机硫的方法评述［J］．煤炭转化，1993，16（4）：41-46.

［48］ 葛运培，王景禹，陈鹏．煤中有机硫直接测定及脱硫率计算方法［J］．煤炭科学技术，1992，10：55-58.

［49］ Kelemen S R，George G N，Gorbaty M L. Direct determination and quantification of sulfur forms in heavy petroleum and coals part Ⅰ：the X-ray photoelectron spectroscopy（xps）approach［J］．Prep. Pap. Am. Chem. Soc. Div. Fuel Chem，1989，34：729-737.

［50］ Kelemen S R，George G N，Gorbaty M L. Direct determination and quantification of sulphur forms in heavy petroleum and coals：1. The X-ray photoelectron spectroscopy（XPS）approach［J］，Fuel，1990，69（8）：939-944.

［51］ Olivella M A，Palacios J M，Vairava M A，et al. A study of sulfur functionalityes in fossil fuels using destructive-（ASTM and Py-GC-MS）and non-destructive-（SEM-EDX，XANES and XPS）techniques［J］．Fuel，2002，81：405-411.

［52］ Kelemen S R，Gorbaty M L，George G N，et al. Thermal reactivity of sulphur forms in coal［J］．Fuel，1991，70：396-402.

［53］ Huffman G P，Huggins F E，Mitra S，et al. Investigation of the molecular structure of organic sulfur in coal by XAFS spectroscopy［J］．Energy& Fuels，1989，3（2）：200-205.

［54］ Wallace S，Bartle K D，Perry D L. Quantification of nitrogen functional groups in coal and coal derived products［J］．Fuel，1989，68（11）：1450-1455.

［55］ Gorbaty M L，Kelemen S R. Characterization and reactivity of organically bound sulfur and nitrogen fossil fuels［J］．Fuel Process Technology，2001，71（1/3）：71-78.

［56］ 陈鹏．鉴定煤中有机硫类型的方法研究［J］．煤炭学报，2000，25：174-181.

［57］ Brown J R，Kasrai M，Bancroft G M，et al. Direct identification of organic sulphur species in Rasa coal from sulphur L-edge X-ray absorption near-edge spectra［J］．Fuel，1992，71（6）：649-653.

［58］ Gorbaty M L，George G N，Kelemen S R. Chemistry of organically bound sulphur forms during the mild oxidation of coal［J］．Fuel，1990，69（8）：1065-1067.

［59］ Pietrzak R，Wachowska H. The influence of oxidation with HNO_3 on the surface composition of high-sulphur coals：XPS study［J］．Fuel processing technology，2006，87：1021-1029.

［60］ Marionv S P，Tyuliev G，Stefampva M，et al. Low rank coals sulphur functionality study by AP-TPR/TPO coupled with MS and potentiometric detection and by XPS［J］．Fuel Process Technology，2004，85：267-277.

[61] 陈鹏．用XPS研究兖州煤中各显微组分中有机硫存在形态［J］．燃料化学学报，1997，25（3）：238-241.
[62] Kozlowski M. XPS study of reductively and non-reductively modified coals [J]. Fuel，2004，83：259-265.
[63] Hu H Q，Zhou Q，Zhu S W，et al. Product distribution and sulfur behavior in coal pyrolysis [J]. Fuel Process Technology，2004，85：849-861.
[64] Gorbaty M L，George G N，Kelemen S R. Direct determination and quantification of sulfur forms in heavy petroleum and coals part Ⅱ：the sulfur k-edge X-ray absorption spectroscopy approach [J]. Prep. Pap. Am. Chem. Soc. Div. Fuel Chem，1989，34：738-741.
[65] Huffman G P，Mitra S，Huggins F E，et al. Quantitative analysis of all major forms of sulfur in coal by X-ray absorption fine structure spectroscopy [J]. Energy & Fuels，1991，5：574-581.
[66] Kasris M，Brown J R，Bancroft G M，et al. Characterization of sulfur in coal from sulfur L-edge XANES spectra [J]. Fuel，1990，69：411-414.
[67] Brown J R，Kasris M，Bancroft G M，et al. Direct identification of organic sulfur species on rasa coal from sulfur L-edge X-ray absorption near-edge spectra [J]. Fuel，1992，71（6）：649-653.
[68] Olivella M A，Del Ril J C，Palacios J，et al. Characterization of humic acid from Leonardite coal：an integrated study of PY-GC-MS，XPS and XANES techniques [J]. Journal of Analytical and Applied Pyrolysis，2002，63：59-68.
[69] 朱之培，高晋生．煤化学［M］．上海：上海科学技术出版社，1984.
[70] 谭云松，张雪滨．几种脱硫技术特点简介［J］．锅炉制造，2005，195：31-32.
[71] 钟蕴英，关梦嫔，崔开仁，等．煤化学［M］．徐州：中国矿业大学出版社，1989.
[72] Lao R C，Thomass R S，Monkman J L. Canada Dept Environm [J]. Journal of Chromatography A，1975，112：681.
[73] Vogel A I. Textbook of pratical organic chemistry [M]. 3rd ed. J. Wiley & Sons：New York，1962.
[74] 陈皓侃．热解和加氢热解过程中硫变迁规律的研究［D］．太原：中科院山西煤化所，1998.
[75] Yan J，Yang J，Liu Z，et al. The key intermediate in sulfur transformation during thermal processing of coal [J]. Environ Sci Technol，2005，39（13）：5043-5051.
[76] 闫金定．炭载含硫化合物热解行为的研究［D］．太原：中国科学院山西煤化所，2005.
[77] Mullens S，Yperman J，Reggers G，et al. A Study of reductive pyrolysis behaviour of sulphur model compounds [J]. J. Anal. Appl. Pyrolysis，2003，70：469-491.
[78] 李世光．煤热解和煤与生物质共热解过程中硫的变迁［D］．大连：大连理工大学，2006.
[79] Maes I I，Gryglewicz G，Yperman J，et al. Effect of siderite in coal on reductive pyrolytic analyses [J]. Fuel，2000，79（15）：1873-1881.
[80] Maes I I，Yperman J，Van den Rul H，et al. Study of coal-derived pyrite and its conversion products using atmospheric pressure temperature-programmed reduction（AP-TPR）[J]. Energy Fuels，1995，9（6）：950-955.
[81] Lin L，Khang S R，Keener T C. Coal desulfurization by mild pyrolysis in a dual-auger coal feeder [J]. Fuel Process Technol，1997，53（1-2）：15-29.
[82] Bloch S S，Sharp J B，Darlarge L J. Effectiveness of gases in desulphurization of coal [J]. Fuel，1975，54（2）：113-120.
[83] 陈皓侃，李保庆，张碧江．矿物质对煤热解和加氢热解含硫气体生成的影响［J］．燃料化学学报，1999，27（增刊）：5-10.
[84] Karaca S. Desulfurization of a turkish lignite at various gas atmospheres by pyrolysis. Effect of mineral matter [J]. Fuel，2003，82：1509-1516.
[85] Oztas N A，Yurum Y. Pyrolysis of turkish zonguldak bituminous coal. Part 1. Effect of mineral matter [J]. Fuel，2000，79（10）：1221-1227.
[86] 管仁贵．铁、钙添加剂对煤热解燃烧过程中硫、氮污染物逸出的影响［D］．太原：中国科学院山西煤化所，2003.
[87] Gryglewicz G，Jasienko S. The behaviour of sulphur forms during pyrolysis of low-rank coal [J]. Fuel，1992，71（11）：1225-1229.
[88] Qi Y Q，Li W，Chen H K，et al. Desulfurization of coal through pyrolysis in a fluidized-bed reactor under nitrogen

and 0.6% O_2-N_2 atmosphere [J]. Fuel, 2004, 83: 705-712.
[89] Cypers R, Furfari S. Hydropyrolysis of a high-sulfur-high-calcite italian sulcis coal 2. Importance of the mineral matter on the sulfur behavior [J]. Fuel, 1982, 61: 453-459.
[90] Baumann H, Klein J, Juntgen H. Nonisothermal desulfurization of coal with the help of hydrogen [J]. Erdoel und Kohle, Petrochemie Vereinigt Mit Brennstoff-chemie, 1977, 30 (4): 159-164.
[91] Khan M R. Prediction of sulphur distribution in products during low temperature coal pyrolysis and gasification [J], Fuel, 1989 (68): 1439-1449.
[92] 朱廷钰. 氧化钙对流化床煤温和气化过程的影响的研究 [D]. 太原：中国科学院山西煤化所，1999.
[93] Cernic-Simic S. A study of factors that influence the behavior of coal sulfur during carbonization [J]. Fuel, 1962, 41: 141-151.
[94] Ruiyuan T, Yuanyu T, Jianlong C, et al. Study on alkaline earth metal catalyst for catalytic cracking heavy oil [J]. Chemical Engineering of Oil & Gas/Shi You Yu Tian Ran Qi Hua Gong, 2015.
[95] Rana M S, Samano V, Ancheyta J, et al. A review of recent advances on process technologies for upgrading of heavy oils and residua [J]. Fuel, 2007, 86 (9): 1216-1231.
[96] Andersen K J, Fischer F, Rostrup-Nielsen J, et al. Process for catalytic steam cracking: U. S. Patent 3, 872, 179 [P]. 1975-3-18.
[97] Garcia S, Rosenbauer R J, Palandri J, et al. Experimental and simulation studies of iron oxides for geochemical fixation of CO_2-SO_2 gas mixtures [J]. Energy Procedia, 2011, 4: 5108-5113.
[98] Oldaker E C, Poston A M, Farrior W L. Removal of hydrogen sulfide from hot low-btu gas with iron oxide-fly ash sorbents [J]. 1975.
[99] Schrodt J T, Yamanis J, Ota K, et al. Reaction of sulfides in fuel gases with the iron oxide in coal ashes. Fixed-bed experiments and simulations [J]. Industrial & Engineering Chemistry Process Design and Development, 1982, 21 (3): 382-390.
[100] Xie W, Chang L, Wang D, et al. Removal of sulfur at high temperatures using iron-based sorbents supported on fine coal ash [J]. Fuel, 2010, 89 (4): 868-873.
[101] 梁生兆，郭汉贤，苗茂谦，等. 太钢转炉赤泥用于城市煤气脱硫的研究 [J]. 煤气与热力，1983，4: 005.
[102] 樊惠玲. 氧化铁高温煤气脱硫行为及助剂影响规律的研究 [D]. 太原：太原理工大学，2004.
[103] Jothimurugesan K, Adeyiga A A, Gangwal S K. Removal of hydrogen sulfide from hot coal gas streams [C]. Pittsburgh Coal Conference, Pittsburgh, PA (United States), 1996.
[104] Brooks C S. Desulfurization over metal zeolites [J]. Separation Science and Technology, 1990, 25 (13-15): 1817-1828.
[105] Tamhankar S S, Bagajewicz M, Gavalas G R, et al. Mixed-oxide sorbents for high-temperature removal of hydrogen sulfide [J]. Industrial & Engineering Chemistry Process Design and Development, 1986, 25 (2): 429-437.
[106] Lin S, Harada M, Suzuki Y, et al. Comparison of pyrolysis products between coal, coal/CaO, and coal/Ca$(OH)_2$ materials [J]. Energy & Fuels, 2003, 17 (3): 602-607.
[107] Li G, Liu Q, Liu Z, et al. Production of calcium carbide from fine biochars [J]. Angewandte Chemie International Edition, 2010, 49 (45): 8480-8483.
[108] Lin S Y, Suzuki Y, Hatano H, et al. Developing an innovative method, HyPr-RING, to produce hydrogen from hydrocarbons [J]. Energy Conversion and Management, 2002, 43 (9-12): 1283-1290.
[109] Wang H, Guo S, Liu D, et al. Influence of water vapor on surface morphology and pore structure during limestone calcination in a laboratory-scale fluidized bed [J]. Energy & Fuels, 2016, 30 (5): 3821-3830.
[110] Scala F, Chirone R, Meloni P, et al. Fluidized bed desulfurization using lime obtained after slow calcination of limestone particles [J]. Fuel, 2013, 114: 99-105.
[111] Niu S, Han K, Lu C. Release of sulfur dioxide and nitric oxide and characteristic of coal combustion under the effect of calcium based organic compounds [J]. Chemical Engineering Journal, 2011, 168 (1): 255-261.
[112] Yrjas P, Iisa K, Hupa M. Limestone and dolomite as sulfur absorbents under pressurized gasification conditions [J]. Fuel, 1996, 75 (1): 89-95.

[113] De Diego L F, Abad A, García-Labiano F, et al. Simultaneous calcination and sulfidation of calcium-based sorbents [J]. Industrial & Engineering Chemistry Research, 2004, 43 (13): 3261-3269.

[114] Garcia-Labiano F, De Diego L F, Adanez J. Effectiveness of natural, commercial, and modified calcium-based sorbents as H2S removal agents at high temperatures [J]. Environmental Science & Technology, 1999, 33 (2): 288-293.

[115] Ibarra J, Miranda J, Perez A. Product distribution and sulfur forms in the low temperature pyrolysis of a Spanish subbituminous coal [J]. Fuel Processing Technology, 1987, 15: 31-43.

[116] Gryglewicz G, Jasienko S. The behavior of sulfur forms during pyrolysis of low-rank coal [J]. Fuel, 1992, 71 (11): 1225-1229.

[117] 于宏观，刘泽常，王力，等．型煤燃烧过程中硫析出特性的研究 [J]. 煤炭转化，1999，22 (1)：53-57.

[118] 周仕学，刘振学，于洪观，等．高硫强黏结性煤进行了高温热解脱硫的研究 [J]. 煤炭转化，2000，23：44-46.

[119] Patrick J W. Sulfur release from pyrites in relation to coal pyrolysis [J]. Fuel, 1993, 72: 281-285..

[120] Ceylan K, Olcay A. Low temperature carbonization of Tuncbilek Lignite effectiveness of carbonization for desulfurization [J]. Fuel Processing Technology, 1989, 21: 39-48.

[121] Kucukbayrak S, Kadioglu E. Desulphrization of some Turkish ligntes by pyrolysis [J]. Fuel, 1988, 67: 867-870.

[122] 齐永琴．流化床中煤的热解预脱硫研究 [D]. 中科院山西煤化所，2003.

[123] Sugawara K, Tozuko Y, Sugawara T, et al. Effect of heating rate and temperature on pyrolysis desulfurization of a bituminous coal [J]. Fuel Processing Technology, 1994, 37: 73-85.

[124] Garcia-Labiano F, Hampartsoumian E, Williams A. Determination of sulphur release and its kinetics in rapid pyrolysis of coal [J]. Fuel, 1995, 74: 1072-1079.

[125] Miura K, Mae K, Shimada M, et al. Analysis of formation rates of sulfur-containing gases during pyrolysis of various coals [J]. Energy &Fuels, 2001, 15: 629-636.

[126] Tan L L, Li C Z. Formation of NO_x and SO_x precursors during the pyrolysis of coal and biomass [J]. Fuel, 2000, 79 (15): 1891-1897.

[127] 徐龙，杨建丽，李允梅，等．兖州煤热解预脱硫行为 (I)：热解过程中硫的迁移 [J]. 化工学报，2003，54 (10)：1430-1435.

[128] Attar A. Chemisty, themodynamics and kinetics of reactions of sulphur in coal-gas reactions: A review [J]. Fuel, 1978, 57 (4): 201-212.

[129] 朱子彬，朱洪斌，吴勇强，等．烟煤快速加氢热解的研究 V：煤和半焦中有机硫形态剖析 [J]. 燃料化学学报，2001，52：420-423.

[130] 刘德军，陈平．快速热解在高硫煤燃烧前脱硫中的应用可行性研究 [J]. 煤炭转化，1999，22 (3)：58-61.

[131] Braekman-Danbeux C, Fonlana A, Labani A. Coal hydromethanolysis with coke-oven gas [J]. Fuel, 1996, 75 (1): 1274-1278.

[132] Edwards J H, Smith I W. Flash Pyrolysis of coals: Behaviour of three coals in a 20kg・h^{-1} fluidized-bed pyrolyser [J]. Fuel, 1980, 59 (10): 674-680.

[133] Edwards J H, Smith I W, Tyler R J. Flash pyrolysis of coals: comparison of results from 1g・h^{-1} and 20kg・h^{-1} reactors [J]. Fuel, 1980, 59 (10): 681-686.

[134] Calkins W H. Investigation of organic sulfur containing structures in coal by flash pyrolysis experiments [J]. Energy & Fuel, 1987, 1: 59-64.

[135] 廖洪强，孙成功，李保庆. 焦炉气气氛下煤加氢热解研究进展 [J]. 煤炭转化，1997，20 (2)：38-43.

[136] Sydorovych Y, Gmvanovych V I, Martynets E V. Desulphrization of Donetsk Basin coals by air-steam mixture [J]. Fuel, 1995, 75 (1): 78-84.

[137] Chen H K, Li B Q, Yang J L , et al. Transformation of sulfur during pyrolysis and hydropyrolysis of coal [J]. Fuel, 1998, 77 (6): 487-493.

[138] Sugawara K, Tozuka Y, Kamoshita T, et al. Dynamic behaviour of sulfur forms in rapid pyrolysis of density-separated coals [J]. Fuel, 1994, 73: 1224-1228.

第2章 XPS法研究煤热解过程中硫的迁移行为

热解作为煤转化利用（液化、气化和燃烧）过程中的一个必经阶段，同时也是一种简单而有效的脱硫方法，因此受到很多研究者的关注[1-3]。在热解过程中，无机硫和有机硫虽然可被同时脱除，但还受到很多因素的影响，既包括煤自身因素，又包括外部操作条件等因素。目前为止，对于这些因素的影响，人们认识得还不够深入。

在热解过程中，硫的脱除规律因煤种而异，但当体相的S/C比（化学法测得）大于表面S/C比（XPS测得）时，硫的脱除率就低[4]，这揭示了煤表面的硫在热解过程中要比体相的硫易于脱除。这也揭示了煤中的硫在热解过程中，可能是首先逸出到表面，然后再进一步分解脱除。在本章中，采用XPS和化学法结合的方法考察煤在热解过程中，体相中的硫是否有向煤的表面迁移并在表面富集的现象，同时考察一些热解条件对该过程的影响，这能为硫的脱除机理提供一定的理论依据。

2.1 实验部分

2.1.1 煤样的选取及样品分析

实验选取了我国西部六枝（LZ）和遵义（ZY）高硫煤作为实验用煤，将其研磨、筛分，取粒径范围为0.154～0.258mm煤样进行研究。其工业、元素分析及硫形态分析列于表2.1和表2.2中。从表2.1和表2.2中可以看出，六枝煤中的灰分含量很高，且硫主要以黄铁矿的形式存在于煤中，约占总硫的76%；而遵义煤中的硫则以有机硫为主，约占全硫的83%。

表2.1 煤样的工业分析和元素分析 单位：wt%

煤样	M_{ad}	A_{ad}	V_{ad}	C_{ad}	H_{ad}	N_{ad}	S_{ad}	O_{ad}^{*}
LZ	1.33	53.03	12.98	33.41	2.17	0.34	7.72	2.00
ZY	0.80	20.59	7.86	67.93	2.39	0.80	6.14	1.35

注：*：差减法。

表 2.2　煤样的硫形态分析　　单位：wt%

煤样	St_{ad}	Sp_{ad}	Ss_{ad}	$S^*_{o,ad}$
LZ	7.72	5.90	0.04	1.78
ZY	6.14	1.04	0.01	5.09

注：*：差减法。

2.1.2　实验装置及分析方法

2.1.2.1　热解实验装置及方法

热解实验在小型固定床石英管反应器中进行，反应管内径 25mm，长度为 60cm，装置如图 2.1 所示。

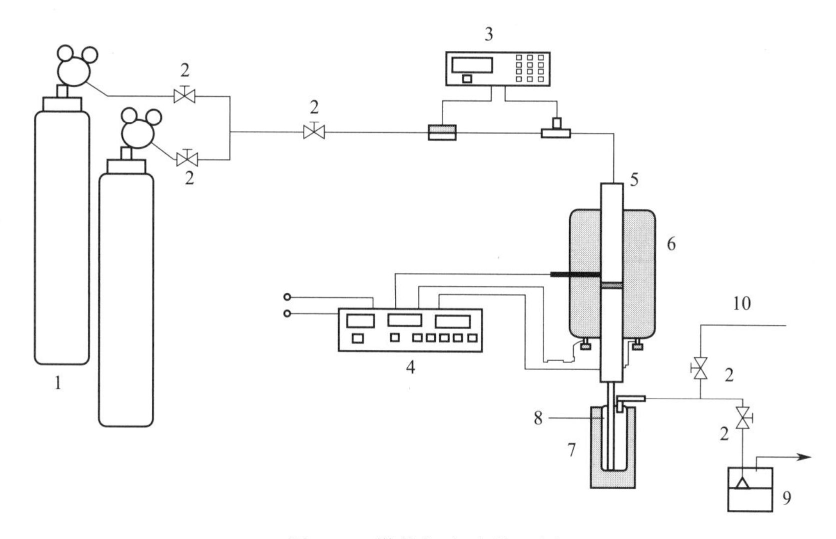

图 2.1　煤热解实验装置图

1—气瓶；2—阀门；3—流量控制器；4—温度控制器；5—反应器；6—高温炉；7—冷阱；8—集油器；9—废气吸收器；10—排气口

称取 5g 左右的样品放入石英管中，在程序升温前，用反应气吹扫系统约 10 分钟，调节气体流速至 214mL/min，然后以 5℃/min、10℃/min 和 15℃/min 的升温速率加热到 400～700℃，在考察的热解温度下恒温停留 20 分钟，反应停止待冷却后，收集半焦进行分析。

2.1.2.2　硫的测定方法

原煤、半焦中的总硫通过库仑电量滴定法（GB/T 214—1996）进行测定，形态硫的测定方法采用 GB/T 215—2003 进行测定，有机硫通过差减法得到。

半焦产率计算公式如下：

$$Y=\frac{m_{char}}{m_{sample}}\times 100\% \tag{2.1}$$

式中　Y——半焦产率；

m_{char}——半焦质量，g；

m_{sample}——热解前样品质量，g。

2.1.2.3 XPS测定

原煤、半焦的表面元素分析采用型号为 VG ESCALAB250 的 X-射线光电子能谱仪（XPS）进行分析，靶源为单色器 AL 靶，真空度可达 10^{-8}mbar。以 C1s 的 285eV 峰作为内标进行校正，在窄扫过程中，通过能为 30eV，步长为 0.05，而在宽扫过程中，通过能为 50eV，步长为 0.5。基于各种价态元素的结合能不同，通过 XPS 分峰软件对 XPS 谱图（C1s、S2p 等）进行分峰后计算得到各种元素的官能团含量，并把各 S2p 在 163.3eV、164.1eV、166.0eV、168.4eV 和 169.0eV 处的峰分别归属于硫化物硫、噻吩硫、亚砜类硫、砜类硫、硫酸盐或者磺酸盐类硫[5-12]。

2.1.2.4 气体分析

GC-FPD 用于检测热解过程中含硫气体的逸出，在热解过程中每隔 50℃用注射器取一次样，而在恒温停留阶段每 5 分钟取一次，然后进行分析。热解气中含硫气体的量通过把各种气体的逸出曲线进行积分后与流速相乘得到。

2.2 结果与讨论

2.2.1 煤样 XPS 分析

表 2.3 列出了六枝煤和遵义煤的 XPS 和化学法得到的元素和形态硫分析，由于 XPS 检测不到氢，所以普遍认为煤表面的 C、N、S、O 含量相加为 100%。从表 2.3 可以看出，两种煤的表面都是富氧的，六枝煤表面的氧含量约是总氧的三倍，遵义煤表面氧含量更高，约为总氧含量的 7 倍；而体相却是富硫的，如六枝煤表面的硫仅占到总硫的 5.7%，遵义煤占到 13%，从这可以看出，这两种煤中硫的分布很不均匀。从硫形态分析来看，采用 XPS 分析在两种煤中都没有检测到黄铁矿硫，即使对于黄铁矿含量很高的六枝煤也是一样。反而在两种煤中都检测到了大量的硫酸盐硫，遵义煤中表面的硫酸盐硫是体相的 20 多倍，要比六枝煤高。这可能是由于遵义煤表面的高氧含量将黄铁矿硫氧化成硫酸盐硫。由于煤表面的黄铁矿在空气中表面很容易氧化[13]，用 XPS 可能高估硫酸盐的含量。

表 2.3 样品的 XPS 和化学分析 单位：wt%

煤样	方法	C_{ad}	N_{ad}	O_{ad}	S_{ad}	硫铁矿硫	有机硫	硫酸盐硫
LZ	XPS	66.89	2.71	29.96	0.44	—	—	0.44
	化学法	33.41	0.37	9.19	7.72	5.90	1.78	0.04
ZY	XPS	72.73	2.02	24.44	0.80	—	0.51	0.27
	化学法	67.93	0.80	3.18	6.14	1.04	5.09	0.01

2.2.2 热解条件对硫迁移的影响

通过 XPS 和化学分析法相结合的方法研究煤在不同热解条件下所得半焦的内部和表面硫含量及形态在热解过程中的迁移变化情况，就可清楚地认识热解条件对硫迁移的影响。在本章中，主要考察温度（400～700℃）、气氛（N_2、H_2）和升温速率（5℃/min、10℃/min和15℃/min）对硫迁移的影响。

2.2.2.1 温度对硫迁移的影响

从2.2.1节的分析可知，六枝煤和遵义煤中的硫分布很不均匀，绝大部分硫分布在体相中。在热解过程中，体相中的硫有没有向表面迁移，通过对比XPS测得的原煤和半焦中表面的硫形态以及含量的变化，再结合化学法分析的结果进行考察。

表2.4列出了六枝煤在热解过程中表面硫含量及硫形态随着反应条件的变化情况。从表2.4可以看出，在400℃时六枝煤焦表面的硫含量低于原煤，在此温度下煤焦表面上也只检测到硫酸盐类硫，而没有其他形态的硫的生成。而从表2.5中的化学法分析可知，在此过程中只是部分有机硫减少，这说明在六枝煤表面检测到的硫酸盐类硫可能是有机磺酸盐，因为用XPS检测时，有机磺酸盐与硫酸盐有着相近的结合能，且在200～400℃范围内就能分解[14]。

表2.4 XPS测得的六枝煤焦表面总硫和形态硫含量 单位：wt%

热解条件	硫化物硫	噻吩硫	亚砜类硫	砜类硫	硫酸盐硫	总硫
LZ原煤	—	—	—	—	0.44	0.44
5℃/min 400℃ N_2	—	—	—	—	0.11	0.11
5℃/min 500℃ N_2	—	—	0.27	0.25	0.09	0.61
5℃/min 600℃ N_2	0.30	0.26	—	0.17	0.12	0.85
5℃/min 700℃ N_2	0.23	0.20	0.08	0.22	0.24	0.96
10℃/min 600℃ N_2	0.33	0.32	—	0.33	0.48	1.46
15℃/min 600℃ N_2	0.79	0.49	—	0.27	0.27	1.82
5℃/min 400℃ H_2	—	—	0.08	0.21	0..43	0.73
5℃/min 500℃ H_2	—	0.42	—	—	—	0.42
5℃/min 600℃ H_2	—	—	—	—	0.29	0.29
5℃/min 700℃ H_2	—	—	—	0.67	—	0.67
10℃/min 600℃ H_2	—	—	—	0.09	0.06	0.15
15℃/min 600℃ H_2	—	—	—	0.21	0.33	0.54

表2.5 化学法测得的六枝煤焦总硫和形态硫含量 单位：wt%

热解条件	$S_{t,ad}$	$S_{s,ad}$	$S_{p,ad}$	$S_{o,ad}$
LZ原煤	7.72	0.04	5.90	1.78
5℃/min 400℃ N_2	7.15	0.08	6.11	0.96
5℃/min 500℃ N_2	7.06	0.04	6.03	0.99
5℃/min 600℃ N_2	6.46	0.05	1.27	5.14
5℃/min 700℃ N_2	5.43	0.30	0.03	5.1
10℃/min 600℃ N_2	6.29	0.09	1.26	4.94
15℃/min 600℃ N_2	6.23	0.11	1.75	4.37
5℃/min 400℃ H_2	6.74	0.04	3.90	2.8
5℃/min 500℃ H_2	4.19	0.04	0.52	3.63
5℃/min 600℃ H_2	3.91	0.05	0.05	3.81
5℃/min 700℃ H_2	3.84	0.33	0.38	3.13
10℃/min 600℃ H_2	4.65	0.09	0.05	4.51
15℃/min 600℃ H_2	4.49	0.07	0.10	4.32

从表 2.4 可以看出随着温度的升高，六枝煤焦表面硫含量升高。这说明煤在热解过程中，体相中的硫向表面迁移，且与温度有关。随着温度的升高，在 500℃后煤中的含硫化合物能够分解出大量的含硫自由基，这些自由基在氮气气氛下一部分与煤中的内在氢结合生成可挥发的较小的含硫化合物向表面迁移；而另一部分自由基由于内部氢不足而相互结合，或者与煤中的有机质结合仍残留在半焦中。挥发性含硫化合物在向表面迁移过程中又进一步发生二次反应，生成 H_2S 或者其他含硫气体或含硫焦油逸出表面，而生成较大的含硫分子由于克服不了煤焦表面的逸出功而被吸附并富集在表面上。在氮气气氛下，随着温度的升高，焦中的硫含量是降低的，且主要以 H_2S 的形式逸出在气相，而从表 2.6 也可以看出在氮气气氛下逸出在气相中的 H_2S 的量随着温度的升高而增加。从表 2.5 可以看出，六枝煤中硫含量的降低主要是由黄铁矿的分解引起，在 500～600℃之间黄铁矿降低得最多，这说明黄铁矿在氮气气氛下的分解温度在此范围内。在 500℃以后，煤中有机硫含量增加，这是由于内部氢的不足，使得黄铁矿分解出的一部分含硫自由基与煤中的有机质结合生成了有机硫[15]。从表 2.4 的 XPS 分析也可以证明硫在氮气气氛下热解过程中有向表面迁移的趋势，在 500℃时，六枝煤焦表面上出现了亚砜和硫砜，在 600℃时还检测到硫化物硫、噻吩硫和硫砜，在 700℃时，煤焦表面上出现了所有的硫形态，这些结果更进一步证明了煤在氮气气氛下热解过程中硫向表面迁移并在表面富集，同时也说明在表面上生成的硫化物在热解过程中还能进一步反应，是一个动态过程。由于煤热解是一个非常复杂的过程[4]，在此过程中会发生许多化学反应并伴随着煤有机质结构的变化，因此关于各种硫形态的迁移没有一个普遍的规律。

表 2.6　不同热解条件下 H_2S 的逸出量　　单位：g/g coal

热解条件	H_2S	LZ	H_2S	ZY
	N_2	H_2	N_2	H_2
N_2 400℃ 5℃/min	5.21×10^{-6}	2.35×10^{-3}	2.91×10^{-5}	2.12×10^{-4}
N_2 500℃ 5℃/min	7.53×10^{-4}	2.31×10^{-2}	1.11×10^{-4}	1.32×10^{-3}
N_2 600℃ 5℃/min	1.02×10^{-2}	4.27×10^{-2}	1.37×10^{-3}	1.28×10^{-2}
N_2 700℃ 5℃/min	1.79×10^{-2}	3.91×10^{-2}	2.33×10^{-3}	1.89×10^{-2}
N_2 600℃ 10℃/min	8.18×10^{-3}	3.37×10^{-2}	1.76×10^{-3}	1.00×10^{-2}
N_2 600℃ 15℃/min	7.59×10^{-3}	2.82×10^{-2}	3.98×10^{-4}	2.93×10^{-3}

表 2.7 列出遵义煤热解过程中表面硫含量及硫形态随着反应条件的变化情况。对遵义煤而言，在 400℃时煤焦表面的硫含量变化情况与六枝煤的变化相似，也低于原煤。从表 2.7 中可看出，在 400℃时遵义煤焦表面的噻吩类硫和亚砜类硫含量与原煤相比，有所降低。这说明在 400℃时，煤表面的一部分单环噻吩硫可以挥发，部分亚砜类硫也可以分解。表 2.8 中的化学法测得的数据也证明了在 400℃时只是有机硫在减少，而黄铁矿还不能分解。

表 2.7　XPS 测得的 ZY 煤焦表面总硫和形态硫含量　　单位：wt%

热解条件	硫化物硫	噻吩硫	亚砜类硫	砜类硫	硫酸盐硫	总硫
ZY 原煤	—	0.24	0.06	0.21	0.27	0.80
5℃/min　400℃ N_2	—	0.10	—	0.23	0.30	0.63
5℃/min　500℃ N_2	—	0.13	—	0.49	0.44	1.06
5℃/min　600℃ N_2	—	0.56	0.31	0.14	0.14	1.15
5℃/min　700℃ N_2	—	0.21	0.22	0.45	0.25	1.13

续表

热解条件	硫化物硫	噻吩硫	亚砜类硫	砜类硫	硫酸盐硫	总硫
10℃/min 600℃ N_2	—	0.28	—	0.27	0.44	0.99
15℃/min 600℃ N_2	—	0.06	0.05	0.17	0.27	0.55
5℃/min 400℃ H_2	—	0.83	—	0.10	0.20	1.13
5℃/min 500℃ H_2	—	0.73	—	0.11	0.23	1.08
5℃/min 600℃ H_2	—	0.54	0.16	0.13	0.14	0.97
5℃/min 700℃ H_2	—	0.22	0.17	0.26	0.45	1.1
10℃/min 600℃ H_2	—	0.62	0.21	0.27	0.18	1.28
15℃/min 600℃ H_2	—	0.49	0.24	0.25	0.34	1.32

遵义煤焦表面总硫变化规律与六枝煤的极为相似，同样随着温度的升高用XPS测得的表面总硫含量增加。从表2.7可以看出表面的硫含量在400～500℃之间增加最快，在500℃时焦表面的硫形态与400℃时的相比，只是噻吩类硫、砜类和硫酸盐类硫的含量增加，而没有出现新的硫形态。表2.8中的化学分析结果却表明在这一温度范围内，煤中的硫形态及含量没发生太大的变化。与六枝煤相似，遵义煤中的黄铁矿含量也是在500～600℃之间降低较多，这也说明了遵义煤中的黄铁矿的分解温度在此范围内。根据色谱分析，在氮气气氛下热解气中的含硫气体主要也是H_2S，从表2.6也可看出逸出在气相中的H_2S的量在此温度范围内也是增加最快的。与此同时煤中的有机硫含量也在增加（表2.8），这也是由于在氮气气氛下煤中的内部氢源不足，使黄铁矿分解出的部分含硫自由基不能与内在氢结合生成H_2S，从而与煤中的有机质结合生成了有机硫仍残留在焦中。同样遵义煤表面硫富集的原因与六枝煤相似，也是煤中的硫热解产生的含硫自由基与内在氢结合在向外逸出的过程中，由于克服不了煤焦表面的逸出功而在表面吸附并富集，且也是一个动态过程，在表面生成的含硫化合物还可以分解，同样还可以生成新的硫形态，如在600℃，遵义煤焦表面新出现了亚砜类硫，且噻吩类硫增加，而砜类硫和硫酸盐类硫在减少；而在700℃时噻吩类硫和亚砜类硫又在减少，砜类硫和硫酸盐类硫反而增加。但是在氮气气氛下，在400～700℃之间，在煤焦的表面始终没有检测到硫化物硫，这一点与六枝煤有别。因为在热解过程中反应的复杂性，以及煤结构变化的不规律性，所以硫在热解过程中向表面迁移没有一个普遍的规律。

表2.8 化学法测得的ZY煤焦总硫和形态硫含量 单位：wt%

热解条件	$S_{t,ad}$	$S_{s,ad}$	$S_{p,ad}$	$S_{o,ad}$
ZY原煤	6.16	0.01	1.04	5.11
5℃/min 400℃ N_2	6.16	0.07	1.07	5.02
5℃/min 500℃ N_2	6.14	0.04	1.06	5.04
5℃/min 600℃ N_2	5.9	0.03	0.21	5.66
5℃/min 700℃ N_2	5.79	0.02	0.1	5.67
10℃/min 600℃ N_2	5.63	0	0.19	5.44
15℃/min 600℃ N_2	5.61	0.01	0.08	5.52
5℃/min 400℃ H_2	5.64	0	0.78	4.86
5℃/min 500℃ H_2	5.43	0	0.26	5.17
5℃/min 600℃ H_2	5.21	0.03	0.1	5.08
5℃/min 700℃ H_2	4.75	0.02	0.2	4.53
10℃/min 600℃ H_2	5.22	0.03	0.16	5.03
15℃/min 600℃ H_2	5.26	0.03	0.18	5.05

2.2.2.2 升温速率对硫迁移的影响

升温速率也是一个影响煤热解过程中硫迁移变化的重要因素。在本章中，主要考察升温速率为5℃/min、10℃/min和15℃/min时，在氮气气氛下600℃热解时对硫迁移变化的影响。

从表2.4可看出，六枝煤焦表面的总硫含量随着升温速率的升高而显著增加，这说明高的升温速率有利于六枝煤体相中的硫向表面迁移。在5℃/min、10℃/min和15℃/min三个升温速率下，在600℃时，六枝煤焦表面检测到了相同的硫形态：硫化物硫、噻吩类硫、硫砜类和硫酸盐类等。但是由于反应的复杂性，在煤焦表面的这些硫形态随着升温速率的不同，变化形式有很大的差异性：硫化物硫和噻吩类硫随着升温速率的升高而增加，而其他的含硫化合物在10℃/min时达到了最大。从表2.5中可看出，六枝煤体相中的硫随着升温速率的增加也稍有下降，而表2.6中的H_2S的逸出量随着升温速率的增加反而降低，这说明高升温速率不利于气体的生成，同时说明硫在热解过程中应以其他的形式脱除，从表2.9可看出，脱除在焦油中的硫含量随着升温速率的升高而增加，这说明升高升温速率有利于煤中的硫向焦油中转移。

从表2.7可看出，遵义煤焦表面的总硫含量随着升温速率的升高而显著降低，这与六枝煤相反。这可能是由于随着升温速率升高，煤热解产生含硫自由基与自由基间相互结合的速率都增大，但是六枝煤的灰分含量高，能够阻止自由基间相互结合，因而自由基与煤中内在氢结合的概率就大，从而聚集在表面的硫也增多。而由于遵义煤相对于六枝煤灰分含量要低一些，所以含硫自由基间相互结合随着升温速率的增加而增强，从而大部分硫仍残留在内部。从表2.8可看出遵义煤体相中的硫随着升温速率的升高同六枝煤一样，也是略有降低，逸出在气相中的硫在表2.6中也在降低，而硫转移在焦油的比例却在增加，这同样说明了高的升温速率有利于煤中硫以较大分子结构的有机硫形式析出，从而转移到焦油中。主要是升温速率的升高，使得含硫自由基与内在氢结合后向表面迁移过程中的二次反应也在减少，从而逸出的气体量减少，而生成的焦油的量增加。

表2.9　硫在各相中的分布　　单位：wt%

LZ	N_2			H_2		
	Gas	Tar	Char	Gas	Tar	Char
400℃ 5℃/min	0.01	9.11	90.88	2.87	12.28	84.85
500℃ 5℃/min	0.92	12.40	86.69	28.05	22.02	49.93
600℃ 5℃/min	12.39	12.82	74.79	52.01	2.92	45.07
700℃ 5℃/min	21.85	16.81	61.33	47.68	9.66	42.66
600℃ 10℃/min	9.98	17.52	72.50	41.14	5.50	53.35
600℃ 15℃/min	9.25	18.44	72.31	34.43	14.29	51.29
ZY						
400℃ 5℃/min	0.04	1.04	98.91	0.32	9.10	90.57
500℃ 5℃/min	0.17	2.63	97.20	2.02	12.38	85.60
600℃ 5℃/min	2.10	6.42	91.48	19.63	0.09	80.28
700℃ 5℃/min	3.58	8.36	88.07	28.13	0.36	71.51
600℃ 10℃/min	2.69	9.84	87.47	15.35	4.22	80.43
600℃ 15℃/min	0.61	12.40	86.99	4.48	14.31	81.20

综上所述，在600℃时随着升温速率的升高，两种煤中的含硫化合物分解出的含硫自由基也在增加，而这些自由基同样可与内在氢结合、相互结合或者与煤中的有机质结合。结合表2.6和表2.9可看出，随着升温速率的升高，含硫自由基生成速率增加，更多自由基与内在氢结合，而其相互结合或者是与煤中的有机质结合有所减少，从而使煤中的硫含量减少，更多的硫以有机硫的形式转化在焦油中。随着升温速率的升高，焦油在逸出过程中的二次反应减少，这使生成的 H_2S 气体大大减少。硫在六枝煤表面的含量增加，而在遵义煤表面的含量却在降低，这可能与这两种煤的煤阶及煤中的灰分含量有关，由于六枝煤的煤阶较低，生成较多的自由基，而煤中的灰分含量高，阻止了自由基间的相互结合，使得更多和含硫自由基能够从内部逸出，导致较高的表面硫。而遵义煤相对于六枝煤煤阶较高，因而生成的含硫自由基的量要少一些，且灰分含量低一些，所以含硫自由基间相互结合随着升温速率的增加而增强，从而大部分硫仍残留在煤焦内部。

2.2.2.3 反应气氛对硫迁移的影响

在本节中主要考察氢气和氮气气氛对煤在热解过程中硫迁移的影响。从表2.4可看出，在氢气气氛下，六枝煤表面的硫含量在400℃与原煤相比反而增加，在600℃以前，随着温度的升高而降低，这与氮气气氛下的不同。从表2.5可看出，在400℃时，黄铁矿在氢气气氛下就能发生分解，所以大量的含硫自由基可与氢结合生成 H_2S，表2.6也可证明在氢气气氛下400℃释放出 H_2S 的量要比氮气气氛下多。由于含硫自由基在被稳定以前，除了与氢结合，还可与煤中的有机质结合生成有机硫，从而一部分硫就聚集在表面上，如生成亚砜和砜类硫（表2.4），这些有机硫在400℃时不能分解，所以煤焦表面的硫含量在400℃时与原煤相比增加。随着反应温度的升高，虽然含硫自由基在向煤焦表面迁移的过程中仍然可与煤中的有机质结合生成一些有机硫并有一部分聚集在表面上，但表面上的有机硫也可与氢气发生反应，例如在500℃时焦中没有检测到亚砜和砜类硫，而检测到新的噻吩含硫化合物。因此可看出，随着温度的升高，氢气与表面的硫的反应也增强，因而表面的硫含量随着温度的升高而降低。由此可知，热解过程中硫的迁移是非常复杂的动态过程，内部的硫分解出的含硫自由基可向表面迁移，表面的硫又可发生分解，而在表面生成的硫形态和含量与温度和气氛有很大的关系。

从表2.7可以看出遵义煤热解过程中煤焦表面硫含量的变化情况与六枝煤的相似，同样在氢气气氛下在400℃时煤焦表面的硫含量高于原煤的硫含量，且随着温度的升高而降低，但是没有六枝煤下降得快。这可能与煤阶有关，遵义煤的煤阶高，因而煤中的硫稳定，在热解过程中不易分解。遵义煤中的黄铁矿在400℃也开始分解，分解出的自由基在迁移的过程中也可与煤中的有机质结合从而转化为有机硫。与原煤相比，在表面生成了更多的噻吩类硫（表2.7），这些硫在400℃不能分解，因此煤焦表面的硫含量高于原煤。随着温度的升高，在500℃时，遵义煤中的黄铁矿基本完全分解，在氢气气氛下，黄铁矿硫也向有机硫发生了转变，而且在500℃时变化最明显（表2.8）。在500℃表面生成的有机硫也能发生进一步地分解，与400℃时的相比，在煤焦表面检测到的硫形态没有发生变化，只是噻吩硫含量减少，这说明生成的一些噻吩类硫可以分解或断裂成单环噻吩挥发。这同样表明随着温度的升高，氢气与表面的硫的反应也增强，因而表面的硫含量随着温度的升高而降低。与六枝煤相比，遵义煤表面的硫含量随着温度的升高下降得并不明显，这可能与煤阶、硫含量及硫形态有关系。遵义煤为高阶煤，煤中的有机硫比较稳定，而六枝煤则以黄铁矿硫为主，因此无论从 H_2S 的逸出量（表 2.6）还是脱硫率（表 2.9）都可看出六枝煤中硫的脱除率较高。

对于这两种煤还有一个共同点：在氢气气氛下，分解出的大量含硫自由基与氢结合，以 H_2S 的形式逸出在气相中；而氮气气氛下，由于氢源不足，大部分含硫自由基间相互结合或者与煤有机质结合，残留在半焦中（表 2.9）。

2.2.3 热解过程中硫的不均匀性分布的变化

从本章 2.3.1 节的分析可知六枝煤和遵义煤中的硫分布很不均匀，绝大部分硫分布在体相中。随着反应条件的变化，这些硫的分布有没有趋向于均匀分布，在本节中将进行讨论。主要利用表面硫含量与体相中硫含量的比值（$S_{surface}/S_{bulk}$）来描述硫的分布情况，其比值越大，说明硫分布越均匀，反之亦然。

图 2.2 列出了六枝煤在升温速率为 5℃/min 时在氮气、氢气气氛下的 $S_{surface}/S_{bulk}$ 随温度的变化情况。从图 2.2 可看出，在氮气气氛下随着温度的升高，$S_{surface}/S_{bulk}$ 比值逐渐增加，这说明在氮气气氛下热解过程中，煤中的硫有趋向于均匀分布的趋势。在 400℃时 $S_{surface}/S_{bulk}$ 为 1.5%，而 700℃增到约 18%。这说明在热解过程中，煤中的硫在热解脱除的同时也在向表面迁移。而从图 2.3 中表面的 S/C 比也可看出，随着温度的升高，六枝煤焦表面的 S/C 比也在升高，变化趋势与 $S_{surface}/S_{bulk}$ 一致，也说明了表面的硫含量在升高。

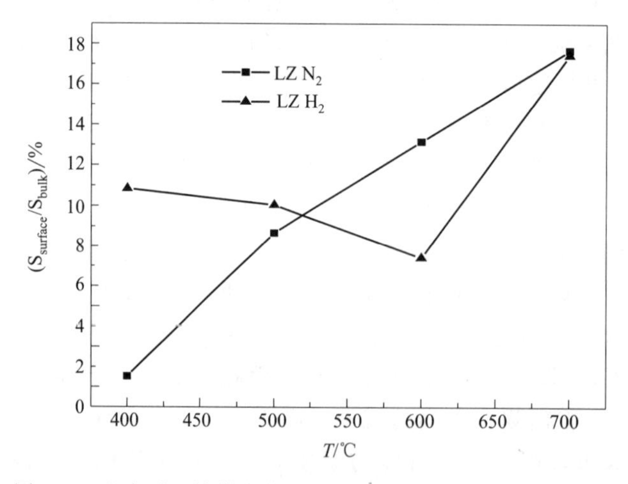

图 2.2 温度对六枝煤在热解过程中硫不均匀性分布的影响

从图 2.4 和图 2.5 可看出遵义煤在热解过程中硫的不均匀性分布的变化情况与六枝煤类似。$S_{surface}/S_{bulk}$ 和表面的 S/C 比在 600℃以前，氮气气氛下随着温度的升高而升高；氢气气氛下随着温度的升高而降低。这表明氢气能与煤热解产生的含硫自由基反应，同时也能与迁移到表面的硫反应，从而使表面的硫含量降低。但是当温度升高到 700℃时，煤中硫生成自由基的速率和向表面迁移的速率大于供氢速率，从而在表面上的硫含量就升高，并且 $S_{surface}/S_{bulk}$ 和表面的 S/C 比也升高。

从图 2.6 和图 2.7 可看出，煤中的硫在热解过程中是趋向于均匀分布还是不均匀分布与升温速率也有很大的关系。六枝煤和遵义煤在氮气气氛下的规律相反，六枝煤随着升温速率的升高，煤中的硫趋向于均匀分布，而遵义煤中的硫则更趋于不均匀分布。原因可

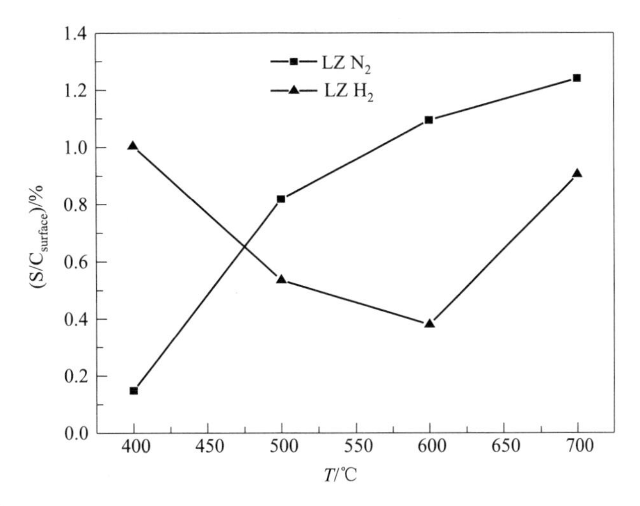

图 2.3　温度对六枝煤焦表面的 S/C 比的影响

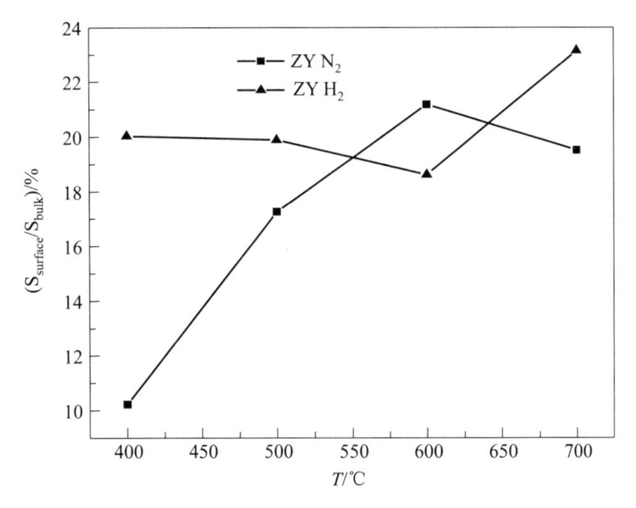

图 2.4　温度对遵义煤在热解过程中硫不均匀性分布的影响

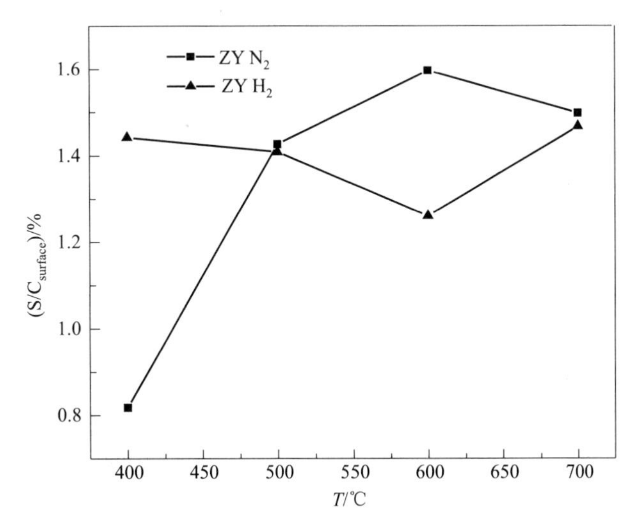

图 2.5　温度对遵义煤焦表面的 S/C 比的影响

能是由于随着升温速率的升高，煤中的硫分解产生的自由基以及自由基间的相互结合都增强，六枝煤中的灰分较高，可阻止自由基间的相互结合，使得自由基在被稳定前向表面迁移；遵义煤由于灰分含量低，使得自由基间结合也增强，所以大部分硫仍残留在焦中。从图 2.7 可看出遵义煤在氢气气氛下和氮气气氛下的规律也相反，这可能是由于氢气阻止了含硫自由基的相互结合，而遵义煤较低的灰含量又有利于被氢稳定的硫自由基向表面迁移，使得表面的硫含量升高。

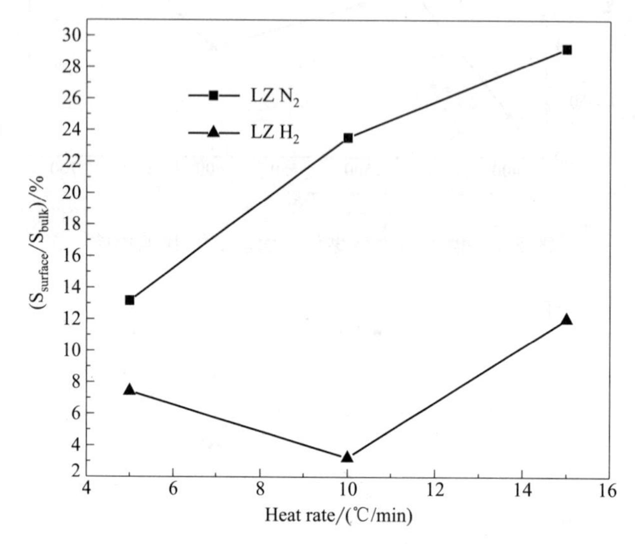

图 2.6　升温速率对六枝煤在热解过程中硫不均匀性分布的影响

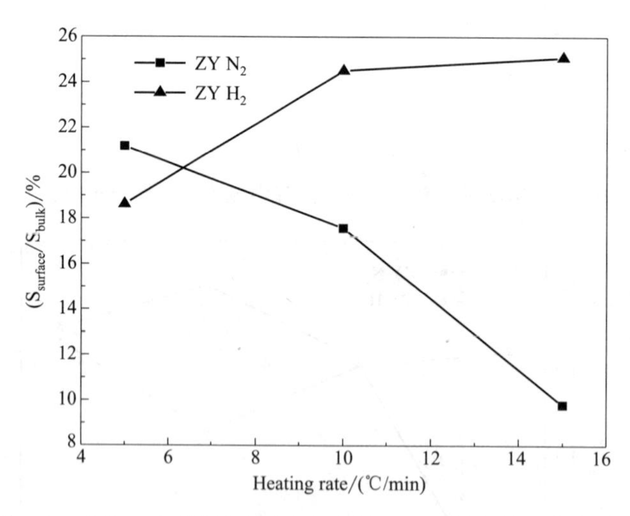

图 2.7　升温速率对遵义煤在热解过程中硫不均匀性分布的影响

从上面的讨论可知，煤中的硫在热解过程是趋向于均匀分布还是不均匀分布，与煤自身的组成、温度、气氛以及升温速率都有很大的关系。六枝煤由于灰分含量高，在氮气气氛下随着升温速率的升高反而能阻止硫自由基间的相互结合，使得表面的硫含量升高；遵义煤由于灰分含量低，随着升温速率的升高自由基相互结合增强，因而大部分硫仍残留在半焦中。而氢气能够阻止含硫自由基的相互结合，使得遵义煤中的硫经热解后更趋向于均匀分布。

2.4 本章小结

通过 XPS 和化学分析法考察了反应温度、气氛和升温速率对煤热解过程中硫的不均匀性分布以及迁移情况的影响，结果表明：

① 对于遵义煤和六枝煤而言，煤表面的氧含量高于体相，而硫含量则是体相中的较高。

② 气氛对两种煤硫的不均匀性分布以及硫向表面迁移的影响规律相同：

a. 在氮气气氛下，随着升速率的升高，硫在煤焦表面的含量升高，但是逸出在表面的硫形态没有明显的规律。而在氢气气氛下，硫在煤焦表面的含量在 600℃以前随着温度的升高而降低，在 700℃时，又迅速增大。

b. 在氮气气氛下，随着反应温度的升高，两种煤中的硫都有趋向均匀分布的趋势，而在氢气气氛下，在 600℃以前，随着温度的升高，硫的均匀性分布下降。700℃时，又升高。

③ 升温速率对两种煤硫的不均匀性分布以及硫向表面迁移的影响规律存在差异：对于六枝煤中的硫在氮气气氛下热解时随着升温速率的升高而趋向于均匀分布，遵义煤的变化规律与之相反。但是在氢气气氛下，遵义煤中的硫随着升温速率的升高也趋于均匀分布。

参考文献

[1] Van Heek K H, Hodek W. Structure and pyrolysis behaviour of different coals and relevant model substances [J]. Fuel, 1994, 73 (6): 886-896.

[2] Cypres R, Furfari S. Fixed-bed pyrolysis of coal under hydrogen pressure at low heating rates [J]. Fuel, 1981, 60: 768-778.

[3] Arendt P, Van Heek K H. Comparative investigations of coal pyrolysis under inertgas and H_2 at low and high heating rates and pressures up to 10MPa [J]. Fuel, 1981, 60 (9): 779-787.

[4] Hu H Q, Zhou Q, Zhu S W, et al. Product distribution and sulfur behavior in coal pyrolysis [J]. Fuel Process Technology, 2004, 85: 849-861.

[5] Kelemen S R, George G N, Gorbaty M L. Direct determination and quantification of sulphur forms in heavy petroleum and coals: 1. The X-ray photoelectron spectroscopy (XPS) approach [J]. Fuel, 1990, 69: 939-944.

[6] Kelemen S R, Gorbaty M L, George G N, et al. Thermal reactivity of sulphur forms in coal [J]. Fuel, 1991, 70: 396-402.

[7] Huffman G P, Huggins F E, Mitra S, et al. Investigation of the molecular structure of organic sulfur in coal by XAFS spectroscopy [J]. Energy &Fuels, 1989, 3 (2): 200-205.

[8] Huffman G P, Mitra S, Huggins F E, et al. Quantitative analysis of all major forms of sulfur in coal by x-ray absorption fine structure spectroscopy [J]. Energy&Fuels, 1991, 5 (4): 574-581.

[9] Brown J R, Kasrai M, Bancroft G M, et al. Direct identification of organic sulphur species in Rasa coal from sulphur L-edge X-ray absorption near-edge spectra [J]. Fuel, 1992, 71: 649-653.

[10] Gorbaty M L, George G N, Kelemen S R. Chemistry of organically bound sulphur forms during the mild oxidation of coal [J]. Fuel, 1990, 69: 1065-1067.

[11] Kozlowski M. XPS study of reductively and non-reductively modified coals [J]. Fuel, 2004, 83: 259-265.

[12] Chen H, Li B, Zhang B, et al. Transformation of sulfur during pyrolysis and hydropyrolysis of coal [J]. Fuel, 1998, 77: 487-493.
[13] Lin L, Khang S J, Keener T C. Coal desulfurization by mild pyrolysis in a dual-auger coal feeder [J]. Fuel process technology, 1997, 53 (1-2): 15-29.
[14] Rutkowski P, Mullens S, Yperman J, et al. AP-TPR investigation of the effect of pyrite removal on the sulfur characterization of different rank coals [J]. Fuel Processing Technology, 2002, 76: 121-138.
[15] 陈皓侃．热解和加氢热解过程中硫变迁规律的研究 [D]. 太原：中国科学院山西煤炭化学所，1998.

第3章 AP-TPR-MS考察硫在热解过程中的变迁行为

煤中的硫是抑制煤炭广泛应用的一个主要影响因素。在热解过程中，虽可同时脱除煤中的无机硫和有机硫，但影响脱硫的因素很多，如煤阶、硫形态、热解温度、煤中的矿物质以及实验所采用的气氛和反应器类型等。关于气氛和温度以及矿物质对热解脱硫的影响，国内外都有很多的报道[1-9]，但是他们只是考虑了总硫的脱除率，而没有对煤中的硫形态进行详细的分析，即使有分析也只采用化学法进行了硫形态分析。化学法分析有机硫一般都偏高，且不能清楚地知道在热解过程中究竟是哪部分有机硫可以脱除，只能从总量上考察，因此目前仍没有明确的证据。近年来，很多研究者[10-14] 采用常压程序升温还原-质谱法（Atmosphere Pressure-Temperature Programmed Reduction-Mass Spectrum，简称AP-TPR-MS）技术测定煤、模型化合物以及经过处理以后的煤中的硫形态。这一技术优于化学法之处在于它能够把煤中的有机硫分得更为详细。如果用这一技术研究热解后半焦中的硫形态，通过与原煤对比，就可清楚地了解在热解过程中哪些硫能被脱除，而哪些硫仍然残留在半焦中。但是这一技术在分析有机硫的过程中，也受到无机硫和有机硫相互之间的影响，不同形态的硫可能同一温度范围内发生分解反应，从而给分析带来一定的困难[15,16]。

本章通过AP-TPR-MS和化学法相结合的方法，考察了温度和气氛对煤在热解过程中硫变迁的影响。通过对比原煤与在不同条件下所得半焦的AP-TPR-MS的H_2S逸出谱图，就可定性了解哪部分硫在热解过程中易于脱除，再通过与化学法得到的结果进行对照，从而能为煤的脱硫机理提供一定的理论依据。

3.1 实验部分

3.1.1 样品的选取及样品分析

原煤的选取及工业分析和元素分析详见第2章2.1节。原煤和半焦的硫形态分析（化学法）列于表3.2中。

3.1.2 实验装置及分析方法

3.1.2.1 热解实验装置及方法

热解实验装置及方法详见第 2 章 2.2.1 节。

3.1.2.2 AP-TPR-MS 实验方法

AP-TPR-MS 实验装置[12,17] 如图 3.1 所示。将小于 200 目的 40mg 样品与 30mg 石英砂混合均匀后放入石英管中，然后以 5℃/min 的升温速率从室温加热到 1025℃，采用纯氢气作载气，流速为 100mL/min。质谱仪（Fisons-VG Thermolab MS，0-300amu）用于在线检测 H_2S（mass34＋mass33）的逸出。

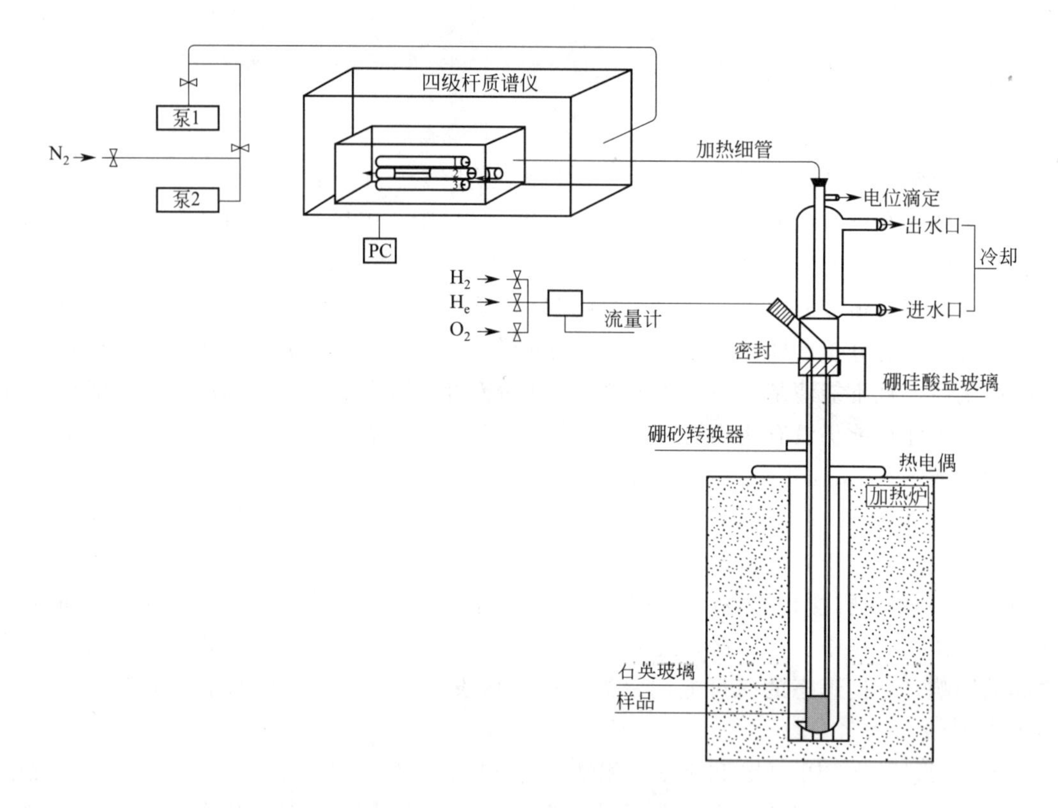

图 3.1 AP-TPR-MS 实验装置图

3.2 结果与讨论

3.2.1 煤样的 AP-TPR-MS 分析

通过对原煤进行 AP-TPR-MS 实验所得的 H_2S 逸出曲线与文献中的含硫化合物的分解峰进行比较，便可以了解煤中硫的存在形式。有文献详细报道了煤中含硫化合物在氢气气氛下的分解峰位置，具体数据列于表 3.1 中[18]。

表 3.1 煤中含硫化合物在氢气气氛下典型还原峰的位置[18]

含硫化合物	T/℃	含硫化合物	T/℃
硫醇	180～400℃	二芳基硫化物	500～630℃
磺酸	180～400℃	芳基-脂肪类砜	540℃
元素硫	250℃	二芳基亚砜	580℃
二硫化物	400～450℃	二芳基砜	650℃
二烷基硫化物	380～475℃	噻吩类硫 Thiophenic structures	600℃及以上
芳基-脂肪类硫化物	440～550℃	硫化亚铁(FeS)	740℃及以上
芳基-脂肪类亚砜	510℃	硫酸盐	800℃及以上
黄铁矿(FeS_2)	470～600℃		

图 3.2 是六枝煤和遵义原煤在氢气气氛下的 H_2S（mass34＋mass33）逸出曲线。从此图可以看出，六枝煤有两个明显的逸出峰，且第二个峰很不对称，在 780℃附近有一个肩峰。根据文献[18]，六枝煤第一个峰应属于黄铁矿硫和不稳定有机硫的分解峰。从表 3.2 可知六枝煤 76％的硫是黄铁矿硫，因此六枝煤第一个峰主要是由黄铁矿与氢气发生分解反应产生的，反应如下：

$$FeS_2 + H_2 \longrightarrow FeS + H_2S$$

但此峰也可能有少量不稳定有机硫的贡献。质谱在此温度范围内也检测到一些脂肪类和芳香类的碳氢化合物（见图 3.3、图 3.4）。这说明六枝煤中的不稳定有机硫可能是烷基芳基硫化物或者硫氧化物类，这些化合物与氢气发生分解后会产生脂肪类和芳香类的碳氢化合物；六枝煤在 780℃附近的肩峰应属于 FeS（来自于黄铁矿硫的分解）[19,20] 和煤中稳定的有机硫的分解峰，从图 3.3、图 3.4 可以看出，在这一温度范围内也只检测到芳香碳氢化合物。第二个主峰所在温度范围内没有检测到相应的碳氢化合物，因而这个峰就属于无机含硫化合物的分解峰，由于 FeS 在 780℃附近不能完全分解成 Fe 和 H_2S，而是生成 $Fe_{(1+x)}S$，所以第二个主峰应属于 $Fe_{(1+x)}S$ 和少量无机硫酸盐的分解峰。

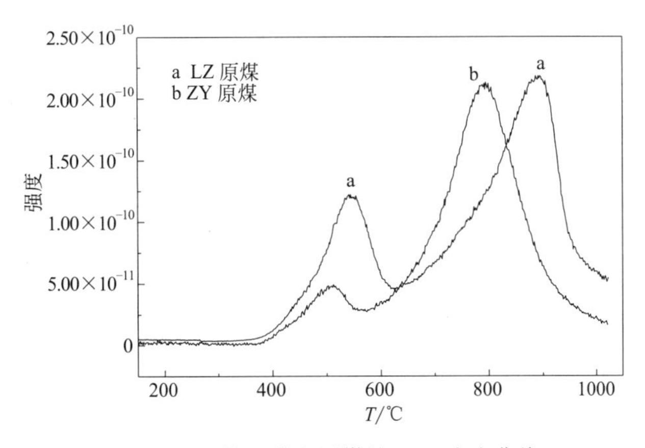

图 3.2 六枝和遵义原煤的 H_2S 逸出曲线

从图 3.2 可看出，遵义原煤也有两个 H_2S 的逸出峰，且有较好的对称性。第一个峰同样应归属于黄铁矿硫和少量不稳定有机硫的分解峰。从图 3.5、图 3.6 可以看出，在此范围内，质谱只检测到了一些芳香碳氢化合物，而没检测到饱和脂肪碳氢化合物，这说明遵义煤的变质程度非常高，煤中的这部分不稳定有机硫应该是二芳基硫化物。从表 3.2 可知，遵义煤中约 83％的硫是有机硫，因而第二个峰应属于有机硫的逸出峰。由于第二个峰

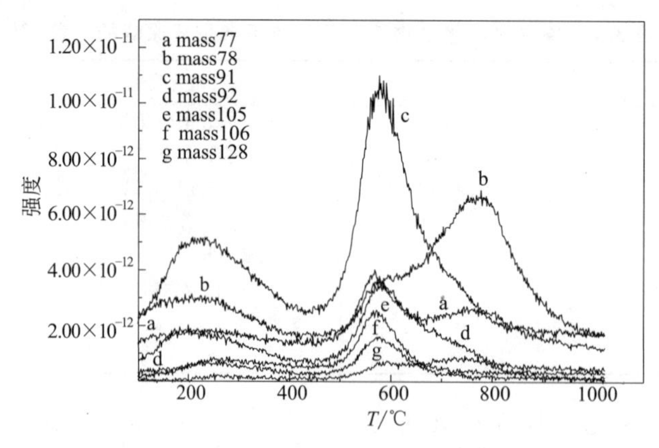

图 3.3　六枝原煤芳香碳氢化合物的逸出曲线

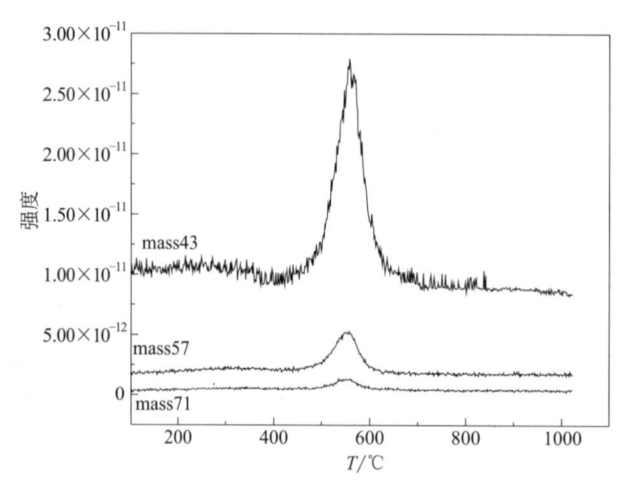

图 3.4　六枝原煤饱和碳氢化合物的逸出曲线

温在 800℃左右，这表明遵义煤中的有机硫非常稳定。在此温度范围内，煤中的噻吩类硫可以与氢气发生分解反应，如二苯并噻吩类与氢气反应能生成苯和 H_2S。在此温度范围内，利用质谱也检测到了苯（Mass77 和 Mass78）的逸出峰（图 3.5），因而说明遵义煤中的稳定有机硫可能是二苯并噻吩类。

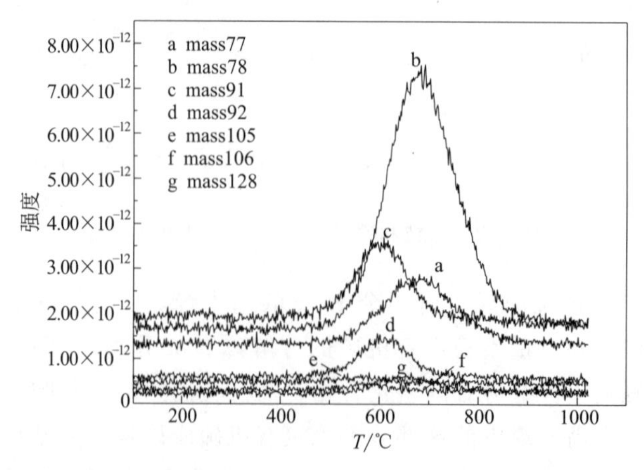

图 3.5　遵义原煤芳香碳氢化合物的逸出曲线

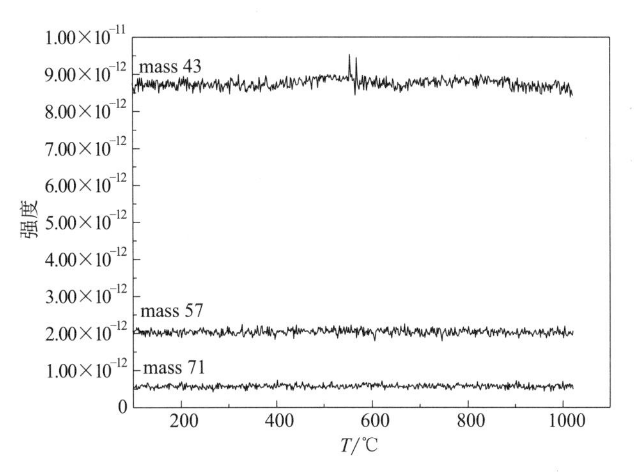

图 3.6　遵义原煤饱和碳氢化合物的逸出曲线

通过上述分析，可对遵义煤和六枝煤中的硫形态及其在氢气气氛下的逸出峰位置有了更进一步的认识。下面就对这些硫形态在不同条件下（反应温度和气氛）热解时的迁移规律进行分析与讨论。

3.2.2　温度对硫在不同气氛下热解过程中变迁的影响

选取不同气氛下、以 5℃/min 的升温速率在 500℃ 和 700℃ 热解所得半焦再进行 AP-TPR-MS 研究，得到的 H_2S 逸出曲线与原煤进行相互比较，就可定性研究煤中哪部分硫在热解过程中可以分解并发生迁移。

3.2.2.1　氮气气氛下温度的影响

图 3.7 是六枝煤在氮气气氛不同温度下的 H_2S 逸出曲线。从图 3.7 可以看出六枝煤在 500℃氮气气氛下进行热解时，与原煤相比峰形没有发生太大变化，这说明在原煤中存在的硫形态经氮气气氛下 500℃热解后也没有变化。经过计算可知原煤中 H_2S 的第二个逸出峰与第一峰的强度比为 2.56，而经热解后所得半焦中两峰的强度比为 2.65，这说明与原煤的相比，第一个峰稍微有所下降。从原煤的 AP-TPR-MS 可知，黄铁矿硫的分解温度约

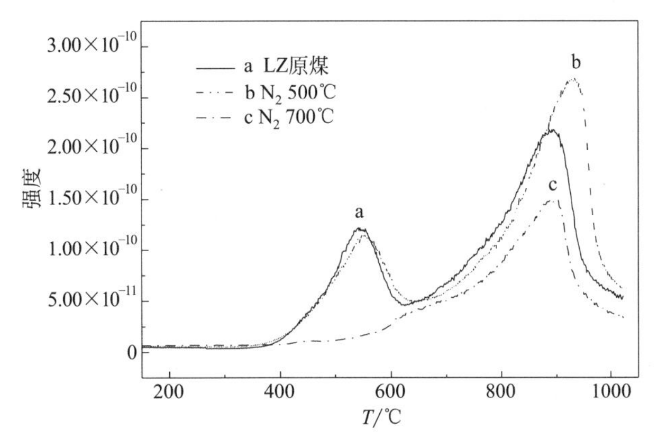

图 3.7　在氮气气氛下温度对六枝煤热解时硫迁移的影响

为 540℃，因此在氮气气氛下 500℃热解时，煤中的黄铁矿硫不能分解，只是煤中的部分不稳定有机硫可发生分解，且分解不完全。在随后对其焦样进行 AP-TPR-MS 实验时，同样用质谱检测到了一些芳香碳氢化合物和脂肪碳氢化合物的峰，分别列于图 3.8(a) 和 3.8 图(b) 中。与原煤（图 3.3 和图 3.4）相比，所检测到的芳香碳氢化合物的峰强度都有所降低，而脂肪碳氢化合物中 mass57 和 mass71 的峰消失，这更进一步说明了六枝煤在氮气气氛下 500℃热解时，只是煤中部分不稳定有机硫，即芳香脂肪硫化物可发生分解，从表 3.2 中的化学法得到的硫形态分析也证实了在该过程中，只有有机硫下降，而黄铁矿的含量并没有减少。

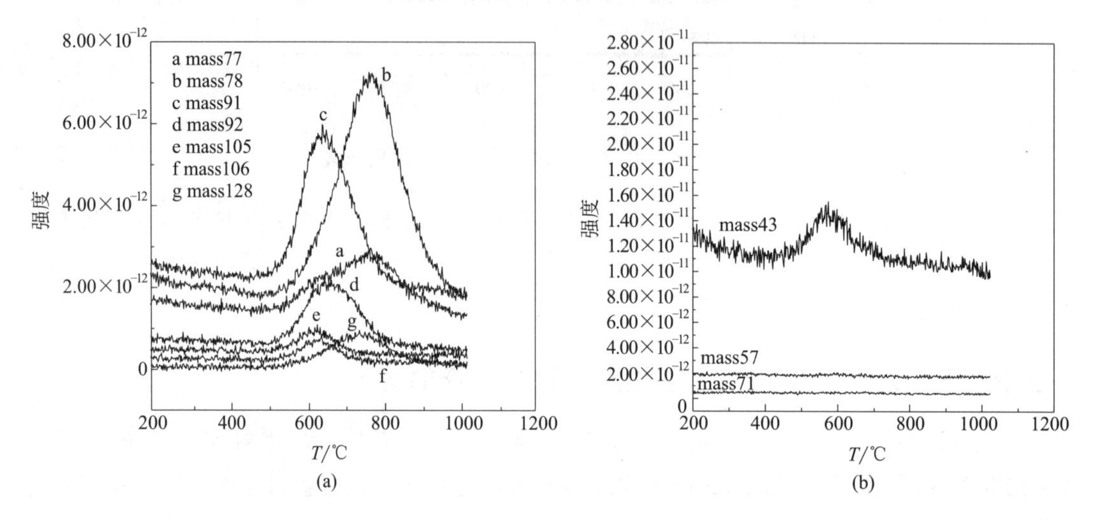

图 3.8　500℃氮气气氛下六枝煤焦样的芳香碳氢化合物（a）和饱和碳氢化合物（b）的逸出曲线

从图 3.7 可看出，当六枝煤在氮气气氛下 700℃ 热解后，再对其焦样进行 AP-TPR-MS 实验时，H_2S 的第一个峰基本消失。这说明六枝煤经氮气气氛下 700℃ 热解后，煤中的黄铁矿硫和不稳定有机硫都可以分解。从表 3.2 的化学法分析也证明了黄铁矿硫在氮气气氛下 700℃热解后可全部分解。从图 3.9 可看出，在此温度范围内没有检测到芳香碳氢

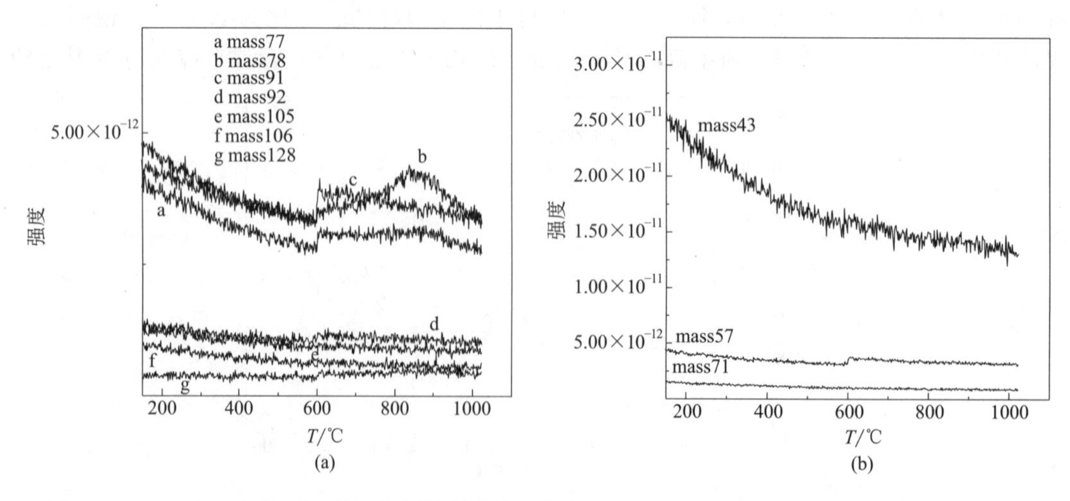

图 3.9　700℃氮气气氛下六枝煤焦样的芳香碳氢化合物（a）和饱和碳氢化合物（b）的逸出曲线

化合物和脂肪碳氢化合物的峰，进一步证明了六枝煤中的不稳定有机硫在氮气气氛下700℃热解后可以分解。H_2S 第二个逸出峰的下降表明了部分 FeS 和稳定的有机硫在氮气气氛下 700℃ 热解时也可以分解。从图 3.9 可看出，稳定有机硫分解释放出的芳香碳氢化合物的逸出峰强度也减弱，这同样可说明稳定有机硫经 700℃ 氮气气氛下热解时，部分也可发生分解反应。

图 3.10 是遵义煤在氮气气氛下 500℃、700℃ 热解后所得半焦与原煤的 H_2S 逸出曲线谱图。从图 3.10 可看出，与六枝煤相似，遵义煤在氮气气氛下 500℃ 热解时，与原煤相比峰形也没有发生变化，这说明在原煤中存在的硫形态经氮气气氛下 500℃ 热解后也没有变化。同样对其热解前后所得的两个峰强度进行比较发现，原煤经热解后两峰强度从原来的 2.59 变为 5.29。这表明经热解后遵义煤中易分解的硫减少。但是从表 3.2 可以看出，在此条件下黄铁矿硫没有减少，只是有机硫减少，这表明黄铁矿在此条件下仍不能分解，同时也说明了在氮气下 500℃ 时第一个峰的下降也主要由遵义煤中不稳定有机硫的分解引起。而在 700℃ 时，与原煤相比，第一个峰几乎消失，第二个峰没有大的变化。这说明在氮气气氛下 700℃ 热解时，遵义煤中的黄铁矿硫和不稳定的有机硫可全部脱除，从图 3.11 也能证实这一点，在第一个峰的温度范围内没有检测到任何芳香碳氢化合物的逸出峰。第二个峰的强度很大，说明对于煤中稳定的有机硫在此条件下仍不能脱除，在此温度范围内从质谱上仍检测到了苯的逸出峰。

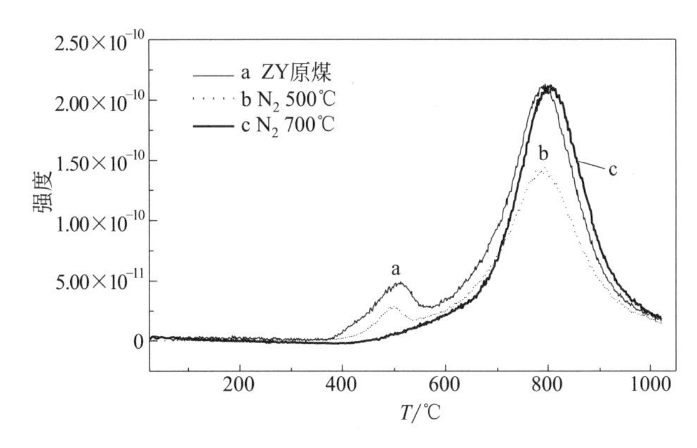

图 3.10 在氮气气氛下温度对遵义煤热解时硫迁移的影响

表 3.2 样品的硫形态分析 单位：wt%

煤样	$S_{t,ad}$	$S_{p,ad}$	$S_{s,ad}$	$S^*_{o,ad}$
LZ 原煤	7.72	5.90	0.04	1.78
LZ N_2 500℃	7.06	6.03	0.04	0.99
LZ N_2 700℃	5.43	0.03	0.30	5.11
LZ 1%O_2 500℃	6.94	6.14	0.10	0.70
LZ 1%O_2 700℃	4.89	0.44	0.1	4.35
LZ 合成气 500℃	5.04	0.11	0.50	4.43
LZ 合成气 700℃	4.29	0.08	0.05	4.69
LZ H_2 500℃	4.19	0.52	0.04	3.63
LZ H_2 700℃	3.84	0.38	0.33	3.18
ZY 原煤	6.16	1.04	0.01	5.11
ZY N_2 500℃	6.14	1.06	0.04	5.04
ZY N_2 700℃	5.79	0.1	0.02	5.67

续表

煤样	$S_{t,ad}$	$S_{p,ad}$	$S_{s,ad}$	$S_{o,ad}^{*}$
ZY 1% O_2 500℃	5.38	0.81	0.05	4.52
ZY 1% O_2 700℃	5.04	0.03	0.02	4.99
ZY 合成气 500℃	5.09	0.09	0.01	4.99
ZY 合成气 700℃	4.80	0	0.01	4.29
ZY H_2 500℃	5.43	0.26	0	5.17
ZY H_2 700℃	4.75	0.20	0.02	4.53

注：*：差减法。

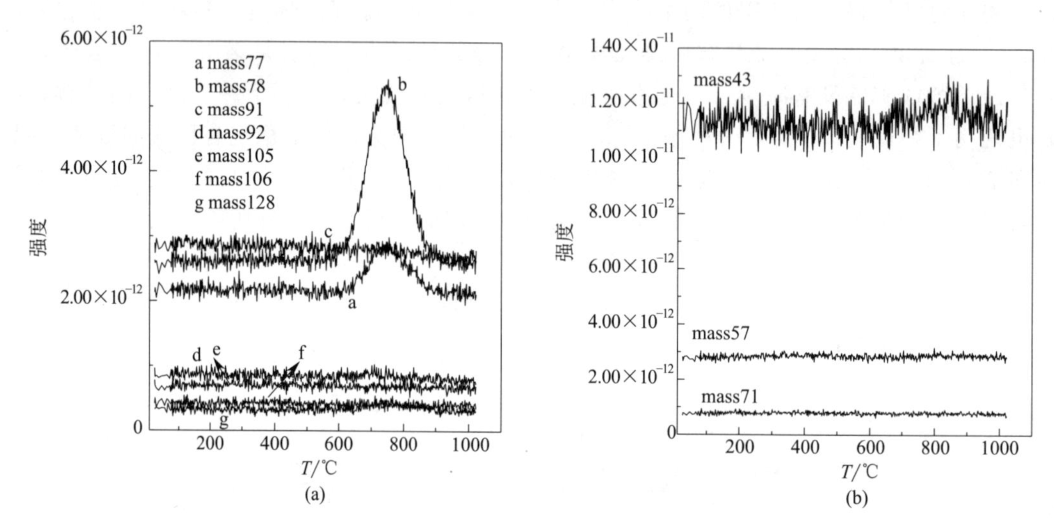

图 3.11 700℃氮气气氛下遵义煤焦样的芳香碳氢化合物（a）和饱和碳氢化合物（b）的逸出曲线

3.2.2.2 合成气气氛下温度的影响

图 3.12 是六枝煤在合成气气氛下 500℃、700℃热解所得半焦和原煤的 H_2S 逸出曲线谱图。从图 3.12 可看出，在合成气气氛下 500℃热解时所得半焦的 H_2S 逸出曲线与原煤相比，第一个峰几乎消失，第二个峰下降不明显，这说明在合成气气氛下，六枝煤中的黄

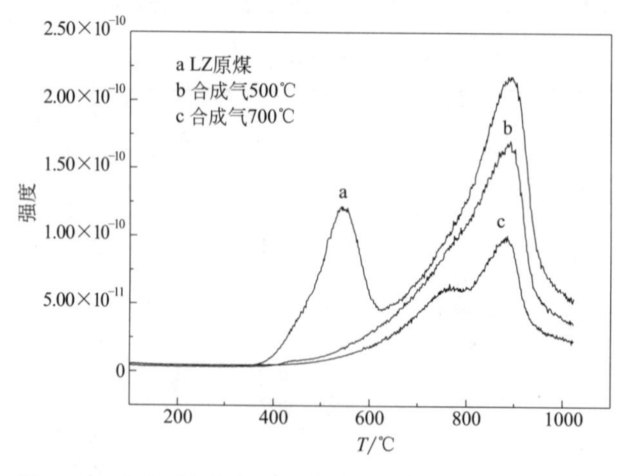

图 3.12 在合成气气氛下温度对六枝煤热解时硫迁移的影响

铁矿硫和不稳定有机硫在500℃时就能完全分解，而黄铁矿分解生成的FeS和部分稳定的有机硫仍不能反应。根据表3.2化学分析法所得数据也可证明煤中的黄铁矿硫经合成气气氛下500℃热解可全部分解。从上面的讨论可知在氮气气氛下500℃时热解，只是部分不稳定的有机硫能够分解，可见合成气能使黄铁矿硫在较低的温度下分解。从图3.12也可看出，随着温度的升高合成气的反应性在700℃时逸出峰的强度与500℃的相比，也发生了明显的下降，这说明合成气在700℃还可以与黄铁矿分解生成的FeS和部分稳定的有机硫发生反应。

从图3.13可以看出，遵义煤经合成气气氛下500℃热解后所得的谱图与原煤相比第一个峰也基本消失，这与六枝煤相似，同样说明了合成气存在下，黄铁矿硫能在较低的温度下分解。第二个峰与原煤相比也发生了下降，这说明合成气在500℃ 时也能使遵义煤中的部分稳定的有机硫发生分解。对于遵义煤，合成气的反应性随着温度的升高也是增强的，在700℃时 H_2S 的第二个逸出峰强度与500℃时的相比，也有较大幅度的下降，这说明合成气在高温时可以使遵义煤中更稳定的有机硫分解。而从表3.2中的化学分析数据也可以证明在700℃时遵义煤中有更多的有机硫被脱除。

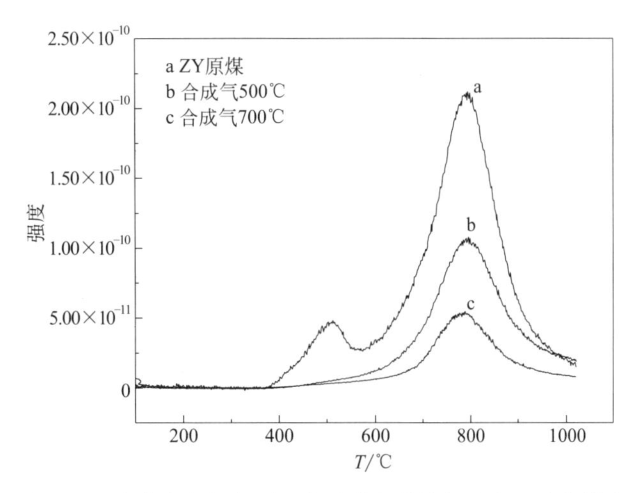

图3.13 在合成气气氛下温度对遵义煤热解时硫迁移的影响

3.2.2.3 1% O_2-N_2 气氛下温度的影响

从图3.14可看出，六枝煤经1% O_2-N_2 气氛在500℃热解后的 H_2S 逸出曲线与原煤相比，第一个峰稍微有所下降，这说明在500℃时1% O_2-N_2 气氛仍不能使六枝煤中不稳定有机硫和黄铁矿硫全部分解，只能使部分不稳定的有机硫分解，这与上面讨论的氮气气氛相似。在1% O_2-N_2 气氛下500℃热解后两峰的相对强度也从原煤的2.56变为2.9，而在氮气气氛下时，两峰的相对强度是2.65，这说明在500℃时1% O_2-N_2 气氛对于脱除不稳定有机硫要优于氮气气氛。从表3.2也可看出，在500℃时1% O_2-N_2 气氛下所得半焦的有机硫含量低于氮气气氛下的。在此气氛下经700℃热解后，H_2S 第一个逸出峰也基本消失，但是第二个峰变化不明显，这与在氮气气氛下700℃和合成气气氛下500℃热解后的结果相似，可见对于六枝煤，1% O_2-N_2 气氛并没有表现出很强的脱硫能力。

对于遵义煤而言，从图3.15可以看出，1% O_2-N_2 气氛下在500℃时所得半焦的 H_2S

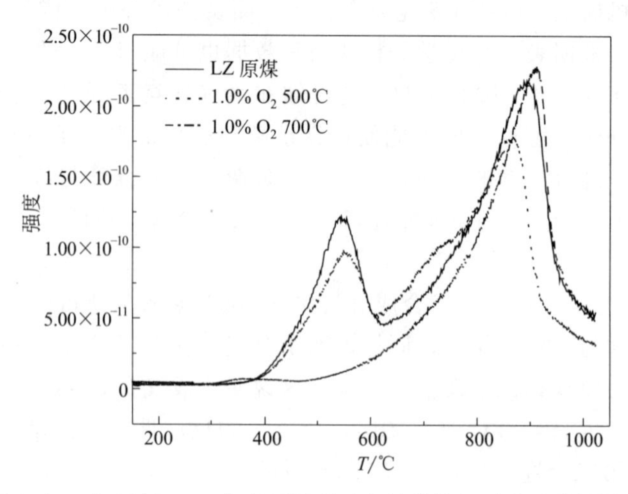

图 3.14 在 $1\% O_2$-N_2 气氛下温度对六枝煤热解时硫迁移的影响

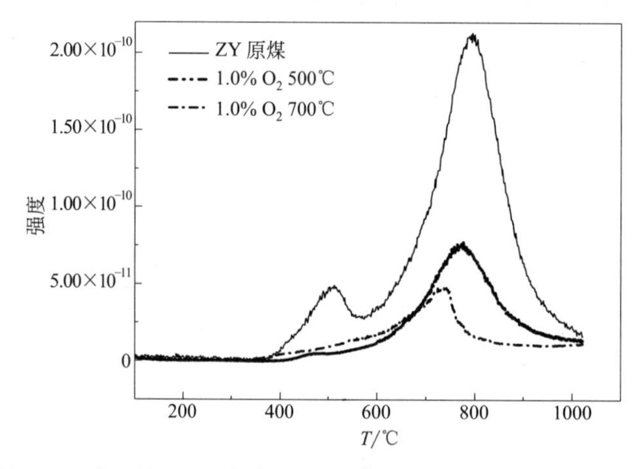

图 3.15 在 $1\% O_2$-N_2 气氛下温度对遵义煤热解时硫迁移的影响

两个逸出峰与合成气气氛下的变化相似：第一个峰也是基本上消失，第二个峰也下降，这说明 $1\% O_2$-N_2 气氛也有利于遵义煤中黄铁矿硫和不稳定有机硫在低温下发生分解。同时该气氛也能使遵义煤中部分稳定的有机硫发生分解反应，从而在热解过程中脱除，使得在随后的 AP-TPR-MS 实验过程中第二个峰下降。从图 3.15 还可以看出，在此气氛下随着温度的升高，第二个峰的逸出温度降低，这可能是 $1\% O_2$-N_2 不仅能使稳定的有机硫发生反应被脱除，也能使更稳定的有机硫大分子结构断裂成为次稳定的有机硫，其在随后进行的 AP-TPR-MS 实验过程中能与氢气在较低的温度下发生分解反应，从而使峰温降低。对于遵义煤而言，随着温度的升高，$1\% O_2$-N_2 的反应性也增强，因而经 700℃热解后无论是峰温还是峰强度与 500℃时的相比，都有大幅度的下降。

3.2.3 气氛对硫在热解过程中变迁的影响

通过以上分析可知，在不同的温度下，同一反应气氛与煤中硫的反应表现出不同的活性。合成气对于两种煤中硫的脱除有很强的作用，$1\% O_2$-N_2 只对遵义煤中的硫表现出较强的反应性，而对于六枝煤，效果稍好于氮气气氛。为了更好地比较这些气氛对煤在热解过程硫变迁的影响，下面就不同气氛在同一温度下对硫迁移的影响进行分析讨论。

图 3.16 是六枝煤在 500℃时不同气氛下热解所得的半焦与原煤的 H_2S 逸出曲线谱图。从图 3.16 可看出，氢气和合成气对黄铁矿和不稳定有机硫的分解脱除表现出很强的反应活性，而 1%O_2-N_2 和氮气相差不多，1%O_2 的加入也没有明显使煤中的硫含量降低，从而在氢气和合成气气氛下热解后半焦的 H_2S 的第一个逸出峰与原煤相比基本消失，而在 1%O_2-N_2 和氮气气氛下热解后半焦的 H_2S 的第一个逸出峰下降不明显。从上面的讨论可知（本章 3.2.2.3 节），对于六枝煤，1%O_2-N_2 对于分解煤中的不稳定有机硫要稍优于氮气气氛。从图 3.16 也可看出，这几种气氛对六枝煤中硫的分解脱除顺序是：氢气＞合成气＞1.0% O_2-N_2＞氮气，这与化学分析法得到的结论一致（表 3.2）。

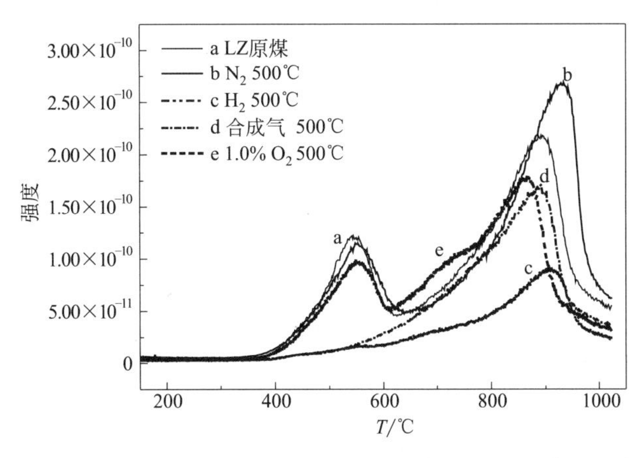

图 3.16 在 500℃时不同气氛对六枝煤热解时硫迁移的影响

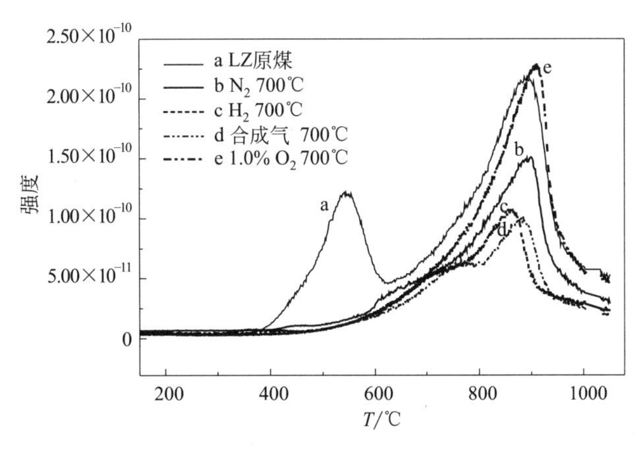

图 3.17 在 700℃时不同气氛对六枝煤热解时硫迁移的影响

从图 3.17 可以看出，随着反应温度的升高，合成气与六枝煤中硫的反应性增强，在 700℃时表现出与氢气相同的反应活性。与合成气和氢气相比，随着温度的升高，1%O_2-N_2 只是使六枝煤中不稳定有机硫和黄铁矿硫发生了分解反应，而对于稳定的有机硫以及黄铁矿的分解产物并没有太大的作用。这可能是由于氧气与黄铁矿生成的氧化物阻止了内部黄铁矿的进一步反应，在高温时氧化物与氢气反应后又使得内部的黄铁矿中的硫释放出来，因此从峰强度来看，要比氮气气氛下的还要高。

而对于遵义煤来说（图 3.18），在 500℃时，除氮气气氛外，合成气、氢气和 1%O_2-

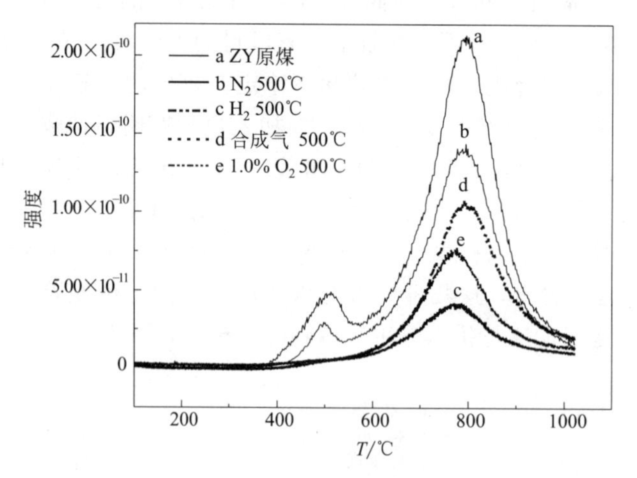

图 3.18 在 500℃时不同气氛对遵义煤热解时硫迁移的影响

N_2 气氛都表现出很强的与不稳定有机硫和黄铁矿硫的反应活性。从图 3.18 可看出，除氮气气氛外，在其他三种气氛下 500℃热解后所得半焦 H_2S 的第一个逸出峰消失。对于稳定有机硫的分解脱除，这三种气氛也表现出很强的反应活性。从表 3.2 的化学分析法得到的有机硫的脱除效果是：1.0% O_2-N_2 ＞合成气＞氢气＞氮气，而用 AP-TPR-MS 分析，除氢气外，得到的结果与化学法一致，即 1.0% O_2-N_2 ＞合成气＞氮气。

随着反应温度的进一步升高，合成气、氢气、1.0% O_2-N_2 三种气氛与遵义煤中稳定有机硫的反应活性是增强的。从图 3.19 可以看出，在这三种气氛下经 700℃热解后，半焦中 H_2S 的逸出峰强度相差不大，这说明在 700℃时这三种气氛对煤中稳定有机硫的分解脱除效果几乎相同。表 3.2 的化学分析结果也证明了这一点，700℃时在这三种气氛下热解后，半焦中的硫含量也相差不大。从图 3.19 还可以看出，经 1.0% O_2-N_2 热解后，半焦中稳定有机硫的 H_2S 逸出峰温比合成气和氢气气氛下的有所提前，这同样说明了 1.0% O_2-N_2 气氛在高温时，不但能使遵义煤中稳定的有机硫发生分解而脱除，而且能使更稳定的有机硫大分子结构分解断裂成次稳定的有机硫，从而使其在 AP-TPR-MS 实验过程中能在较低的温度下逸出 H_2S。

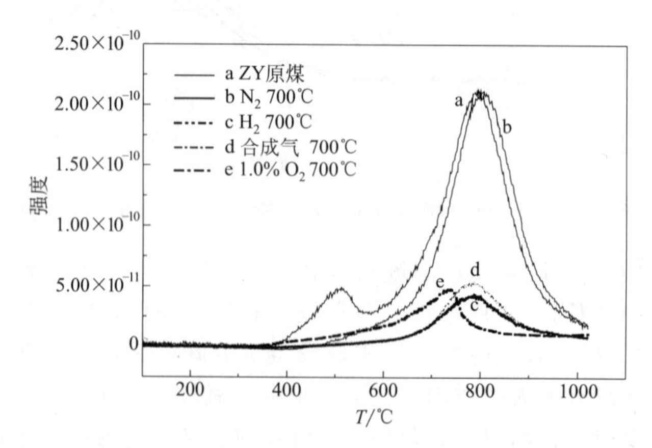

图 3.19 在 700℃时不同气氛对遵义煤热解时硫迁移的影响

3.3 本章小结

本章主要通过 AP-TPR-MS 对原煤及其热解半焦进行了研究，考察了温度和气氛对热解过程中硫迁移的影响，所得结论如下：

① 首先通过 AP-TPR-MS 实验结果，对六枝、遵义原煤中的硫形态进行了归类。六枝煤中 H_2S 的第一个逸出峰主要是由黄铁矿的分解产生，但同时不稳定有机硫也有少量贡献；肩峰是 FeS 和稳定有机硫的逸出峰，而第二个逸出峰则主要是由 $Fe_{(1+x)}S$ 分解逸出的。遵义煤中第一个逸出峰也是由黄铁矿和少量不稳定有机硫的分解产生，而第二个峰则主要是稳定有机硫的逸出峰。

② 在氮气气氛下 500℃热解时，只能使两种煤中部分不稳定有机硫分解，黄铁矿却不能分解。但在 700℃时却可以使不稳定有机硫和黄铁矿硫全部分解。

③ 合成气气氛在 500℃时就能使两种煤中的不稳定有机硫和黄铁矿硫全部分解，且随着温度的升高，合成气表现出与氢气相近的反应活性。

④ 1.0% O_2-N_2 对于六枝煤并没有明显的脱硫效果，与氮气气氛相差不大。但是该气氛对于分解遵义煤中稳定的有机硫表现出很强的反应能力，不但能使稳定的有机硫发生分解而脱除，而且能将更稳定的有机硫断裂成为次稳定的有机硫，从而使这些硫在 AP-TPR-MS 实验过程中能在较低的温度下逸出。

参考文献

[1] Qi Y Q, Li W, Chen H K, et al. Desulfurization of coal through pyrolysis in a fluidized-bed reactor under nitrogen and 0.6% O_2-N_2 atmosphere [J]. Fuel, 2004, 83 (6): 705-712.

[2] Sydorovych Y Y E, Gmvanovych V I. Desulfurization of Donetsk Basin coals by air-steam mixture [J]. Fuel, 1996, 75 (1): 78-80.

[3] 李世光．煤热解和煤与生物质共热解过程中硫的变迁 [D]. 大连：大连理工大学，2006.

[4] Sinha R K, Walker Jr P L. Removal of sulphur from coal by air oxidation at 350-450℃ [J]. Fuel, 1972, 51 (2): 125-129.

[5] Block S S, Sharp J B, Darlage L J. Effectiveness of gases in desulphurization of coal [J]. Fuel, 1975, 54 (2): 113-120.

[6] Liao H, Li B, Zhang B. Pyrolysis of coal with hydrogen-rich gases. 2. Desulfurization and denitrogenation in coal pyrolysis under coke-oven gas and synthesis gas [J]. Fuel, 1998, 77 (14): 1643-1646.

[7] Chen H K, Li BQ, Yang J L, et al. Transformation of sulfur during pyrolysis and hydropyrolysis of coal [J]. Fuel, 1998, 77 (6): 487-493.

[8] Karaca S. Desulfurization of a Turkish lignite at various gas atmospheres by pyrolysis. Effect of mineral matter [J]. Fuel, 2003, 82 (12): 1509-1516.

[9] Liu Q R, Hu H Q, Zhou Q, et al. Effect of mineral on sulfur behavior during pressurized coal pyrolysis [J]. Fuel Process Technology, 2004, 85 (8-10): 863-871.

[10] Jorjani E, Yperman J, Carleer R, et al. Reductive pyrolysis study of sulfur compounds in different Tabas coal samples (Iran) [J]. Fuel, 2006, 85 (1): 114-120.

[11] Kozlowski M, Wachowska H, Yperman J. Transformations of sulphur compounds in high-sulphur coals during reduction in the potassium/liquid ammonia system [J]. Fuel, 2003, 82 (9): 1149-1153.

[12] Rutkowski P, Gryglewicz G, Mullens S, et al. Study on organic sulfur functionalities of pyridine extracts from coals of different rank using reductive pyrolysis [J]. Energy & Fuels, 2003, 17 (6): 1416-1422.

[13] Mullens J, Yperman J, Reggers G, et al. A study of the reductive pyrolysis behaviour of sulphur model compounds [J]. J. Anal. Appl. Pyrolysis, 2003, 70 (2): 469-491.

[14] Kozlowski M, Wachowska H, Yperman J. Reductive and non-reductive methylation of high-sulphur coals studied by atmospheric pressure-temperature programmed reduction technique [J]. Fuel, 2003, 82 (9): 1043-1046.

[15] Ismail K, Mitchell S C, Brown S D, et al. Silica-immobilized sulfur compounds as solid calibrants for temperature-programmed reduction and probes for the thermal behavior of organic sulfur forms in fossil fuels [J]. Energy Fuels, 1995, 9 (4): 707-716.

[16] Maes I I, Yperman J, Van den Rul H, et al. Study of coal-derived pyrite and its conversion products using atmospheric pressure temperature-programmed reduction (AP-TPR) [J]. Energy & Fuels, 1995, 9 (6): 950-955.

[17] Van Aelst J, Yperman J, Franco D V, et al. Study of silica-immobilized sulfur model compounds as calibrants for the AP-TPR study of oxidized coal samples [J]. Energy & Fuels, 2000, 14 (5): 1002-1008.

[18] Yperman J, Maes I I, Van del Rul H, et al. Sulphur group analysis in solid matrices by atmospheric pressure-temperature programmed reduction [J]. Anal Chem Acta, 1999, 395 (1-2): 143-155.

[19] Yan J D, Yang J L, Liu Z Y. SH radicals: the key intermediate in sulfur transformation during thermal processing of coal [J]. Environ Sci Technol, 2005, 39 (13): 5043-5051.

[20] Maes I I, Gryglewicz G, Yperman J, et al. Effect of siderite in coal on reductive pyrolytic analyses [J]. Fuel, 2000, 79 (15): 1873-1881.

第4章 PY-MS研究含硫模型化合物热解过程中硫的迁移行为

4.1 模型化合物的担载研究

煤在热解过程中硫迁移机理极其复杂，所以很多研究者[1-4] 采用模型化合物进行硫迁移行为的研究，这为深入了解煤中的硫在热解转化过程中的变迁规律奠定了一定的基础。但稳定性强的噻吩类含硫模型化合物（二苯并噻吩等）分解温度较高[5-10]，在分解前已全部挥发，目前仍然很难对其进行研究。因此选用合适的载体进行担载并对含硫模型化合物的硫的迁移行为的研究受到了重视[10-15]。

实验选取了六种模型化合物十四硫醇、2-甲基噻吩、苯并噻吩、二丁基硫醚、二苯并噻吩、苯硫醚分别担载在三种载体二氧化硅、三氧化二铝和活性炭上。担载后首先对其担载率和吸附率进行分析。结果表明：以十四硫醇与2-丁基硫醚为例，相对于活性的三氧化铝和二氧化硅，活性炭具有更好的担载及吸附的性能；丙酮作为溶剂时的担载和吸附率则强于甲苯溶剂。

4.1.1 实验原理

4.1.1.1 定硫仪原理

微机定硫仪是根据库仑滴定法原理来工作的，以碘为库仑滴定剂。具体原理如下：样品在1050℃高温条件及催化剂的作用下，在空气气氛中燃烧，样品中各种形态的硫均被燃烧分解为 SO_2 和少量 SO_3 等含硫化合物气体，反应式如下：

$$4FeS_2 + 11O_2 \longrightarrow 2Fe_2O_3 + 8SO_2 \uparrow$$

$$2MSO_4 \longrightarrow 2MO + 2SO_2 \uparrow + O_2 \uparrow \text{（M 指金属元素）}$$

$$2SO_2 + O_2 \longrightarrow 2SO_3$$

阳极：$$2I^- - 2e^- \longrightarrow I_2$$

阴极：$$2H^+ + 2e^- \longrightarrow H_2 \uparrow$$

碘氧化 SO_2 反应为：$$I_2 + H_2SO_3 + H_2O \longrightarrow 2I^- + 2H^+ + H_2SO_4$$

重复此过程，直到实验结束。最后，定硫仪根据对电解产生 I_2（Br_2）所耗用电量的积分，再根据库仑滴定法测定样品中全硫的含量。

本实验分别利用二氧化硅、三氧化二铝、活性炭载体对含硫模型化合物：苯硫醚、2-甲基噻吩进行定量担载。利用超声波清洗仪使含硫模型化合物充分担载于载体上。待样品自然干燥，利用 XKDL-5000 微机定硫仪进行硫含量测定，并于测定过程中对硫迁移与时间的关系进行观察。定硫仪原理图如图 4.1 所示。

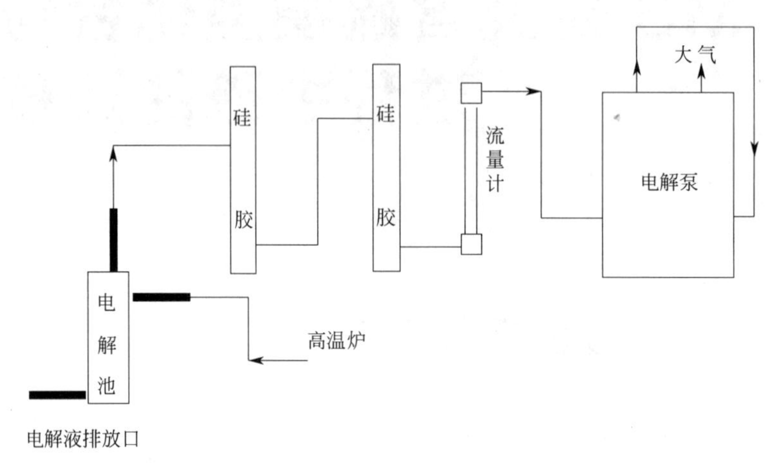

图 4.1　定硫仪原理图

4.1.1.2　实验仪器与试剂

含硫模型化合物一般分为：脂肪类含硫模型化合物、芳香类含硫模型化合物、噻吩类含硫模型化合物。本实验选用六种含硫模型化合物（十四硫醇、2-甲基噻吩、苯并噻吩、二丁基硫醚、二苯并噻吩和苯硫醚）进行研究含硫模型化合物硫热解迁移行为。各种含硫模型化合物和各个试剂的物理化学性质如表 4.1、表 4.2 所示：

表 4.1　实验仪器列表

实验仪器	型号	厂家
微机定硫仪	XKDL-5000	河南鑫科分析仪器有限公司
电子天平	—	赛多利斯科学仪器有限公司
超声波清洗机	KS300EII	广州科声电子科技有限公司

表 4.2　试剂的性质

试剂种类	分子式	沸点/℃	含硫量/%
二丁基硫醚	$C_8H_{18}S$	146.3	21.87
十四硫醇	$C_{14}H_{29}SH$	230.45	13.91
苯硫醚	$C_{12}H_{10}S$	186.28	17.18
苯并噻吩	C_8H_6S	134.20	23.88
二苯并噻吩	$C_{12}H_8S$	184	17.39
2-甲基噻吩	C_5H_6S	98.17	32.60
甲苯	C_7H_8	110.63	—
丙酮	$C_3H_4O_3$	56.48	—

4.1.2 实验部分

4.1.2.1 载体的选择与样品的制备

（1）载体的选择

三氧化二铝由于其具有高比表面，常作为此类实验的首选载体。本实验采用100～200目的γ-Al_2O_3作为含硫模型化合物的载体。粒度较小的二氧化硅和含硫模型化合物具有很好的亲和性能，也适合作为本实验的载体。本实验采用分析纯二氧化硅粉末作为含硫模型化合物的载体。活性炭的吸附性使其在浸渍过程中可以很好地吸收溶剂中的含硫模型化合物，所以本实验也选择了活性炭作为含硫模型化合物的载体。

（2）样品的制备

本实验分别利用二氧化硅、三氧化二铝和活性炭三种载体对含硫模型化合物二丁基硫醚和苯硫醚进行定量担载。在密闭条件下利用超声波清洗仪进行振荡使含硫模型化合物充分担载于载体上，将样品放在通风橱中在室温下自然干燥48h。

制备方法：按一定的配比将含硫模型化合物溶于溶剂中，然后加入已经称取好的载体中，搅拌片刻用封口膜封好，利用超声波振荡，充分混匀后静置，使得含硫模型化合物充分担载于载体上，去掉封口膜使溶剂自然挥发，48h后对干燥样品称重。

4.1.2.2 样品的测定

微机定硫仪测定硫含量的步骤：

① 配制电解液：称取5g碘化钾，5g溴化钾，溶于250mL蒸馏水中，然后加10mL冰醋酸搅拌均匀。燃烧炉升温到850℃后时，打开电解池上方的橡皮塞，将电解液加入，塞紧橡胶塞以防漏气。

② 开动搅拌，缓慢调节搅拌调节旋钮至适当速度。

③ 在瓷舟上称取50±0.2mg左右的煤样，上面覆盖一层三氧化钨，将瓷舟放入石英舟上，输入样重，按下开始按钮。试样经燃烧后，库伦滴定自动进行。

④ 记录并整理数据。

4.1.2.3 BET的测定

比表面积及孔结构的测试在全自动物理吸附仪上进行，型号为Micromeritic-sASAP2020。由Brunauer Emmett Tener（BET）的方法计算样品比表面积；基于Kelvin的方程，用Barrett Joyner Halenda（BJH）的方法来计算孔分布、孔容。

4.1.3 模型化合物燃烧行为的研究结果与讨论

4.1.3.1 载体种类的影响

本文选用了三种载体：活性炭、活性三氧化铝以及二氧化硅，理论担载率为3%、甲苯作为溶剂、溶剂用量为4mL、超声波震荡时间为20min时，对模型化合物在三种载体上的担载率和吸附率进行了考察。

对比图4.2与图4.3可知，活性炭作载体时，担载和吸附效果最佳；Al_2O_3的担载吸附效果次之，SiO_2作载体时担载吸附效果最差，甚至对一些模型化合物并没有吸附。活性炭对十四硫醇吸附率可达90%以上，Al_2O_3 则只有55%左右，而 SiO_2 的吸附率最差，几乎为零。同样对于二丁基硫醚，活性炭作载体时吸附率高达99%，SiO_2 作载体时吸附率几乎为0。因此，SiO_2 不适合用作载体。也可以看出载体对担载率和吸附率影响是一致的，而且载体对十四硫醇的效果比对二丁基硫醚的效果更好。这可能与三种物质的比表面积及其孔容、孔径有关。

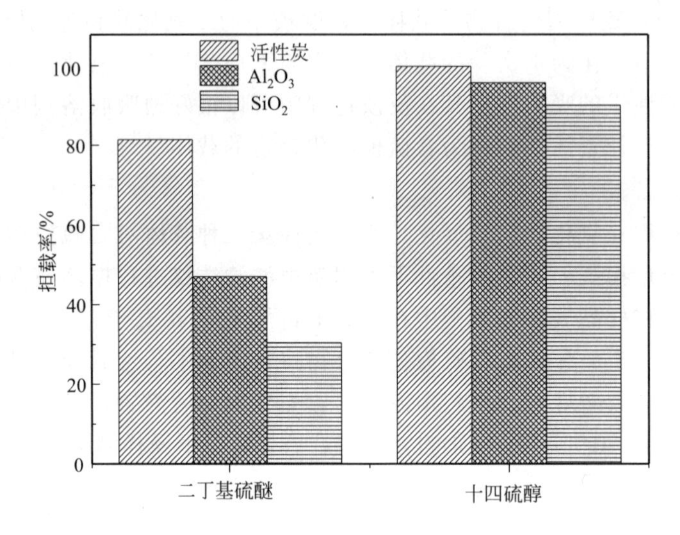

图4.2 不同载体对十四硫醇和二丁基硫醚的担载率的影响

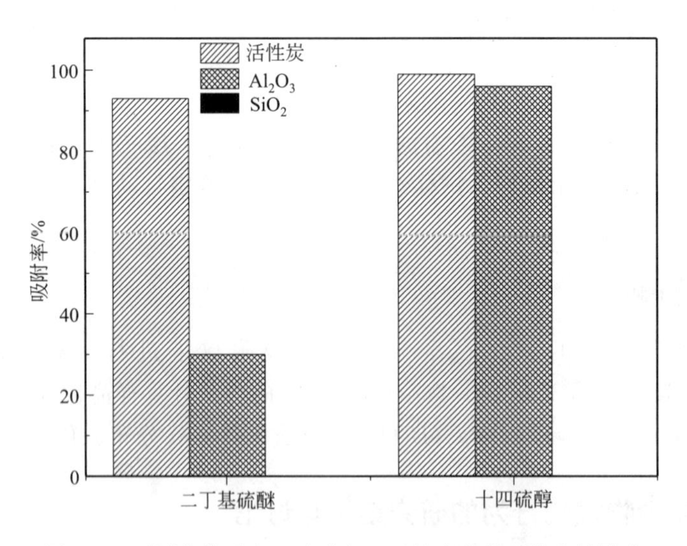

图4.3 不同载体对十四硫醇和二丁基硫醚的吸附率的影响

表4.3是三种载体比表面积、孔容和孔径分析。从中可看出，活性炭的比表面积、孔容最大，可达801.5377m^2/g，然后是活性氧化铝，最后是二氧化硅。而二氧化硅的孔径最大，之后是活性氧化铝，最小的是活性炭。这就说明较大的比表面积和孔容以及较小的孔径都有助于载体吸附含硫模型化合物。

表 4.3　不同载体的比表面积

载体	BET 表面积/(m^2/g)	孔容/(cm^3/g)	孔径/nm
活性炭	801.5377	0.4620	3.6320
氧化铝	136.3365	0.2298	5.6381
SiO_2	0.347	0.000666	42.4798

所以，本文选用活性炭作为载体进行后续的研究。

4.1.3.2　溶剂种类的影响

通过以上讨论可知，活性炭是担载模型化合物的最佳载体。溶剂种类对担载条件的影响需做进一步研究。

图 4.4 与图 4.5 是理论担载率为 3%、溶剂用量为 4mL、超声波震荡时间为 20min 时，溶剂种类对十四硫醇和二丁基硫醚的吸附率和担载率影响。由图可知，以二丁基硫醚为例，丙酮作溶剂时，吸附率为 97%，甲苯作溶剂时其吸附率仅为 75%。对于十四硫醇同样是丙酮作溶剂时，担载率和吸附率较高。这可能是由于丙酮中含有羰基，这种有机结构有利于载体对有机类含硫模型化合物吸附。因此本文选用丙酮作为溶剂。

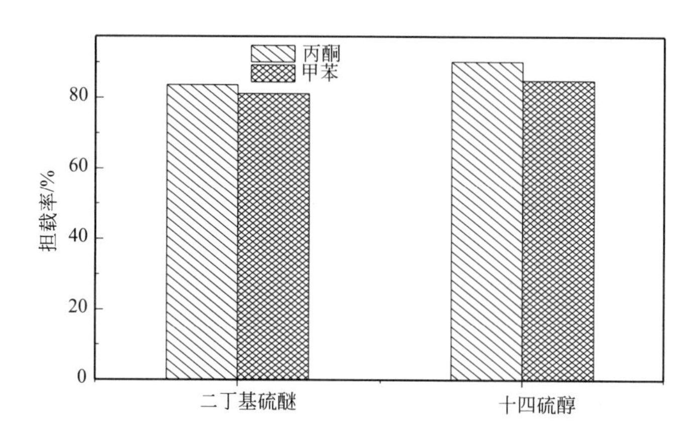

图 4.4　不同溶剂种类十四硫醇和二丁基硫醚的担载率

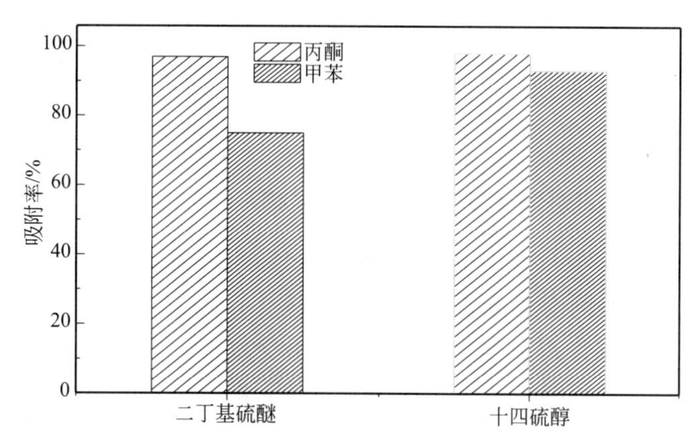

图 4.5　不同溶剂种类十四硫醇和二丁基硫醚的吸附率

4.1.3.3 溶剂用量的影响

通过以上讨论可知丙酮为最佳溶剂，下面考察溶剂用量对担载条件的影响。

图 4.6 与图 4.7 分别是理论担载率为 3%、在丙酮作为溶剂、超声波震荡时间为 20min、溶剂用量对十四硫醇和二丁基硫醚的吸附率和担载率的影响。由图可以看出，不同溶剂用量对两种模型化合物的担载率和吸附率的影响很小。以二丁基硫醚为例，当溶剂用量为 4mL 时的吸附率为 96%；而溶剂用量为 5mL 时，其吸附率则为 94%。因此选取 4mL 的溶剂用量，这样既可以达到好的担载效果，也能节省溶剂。

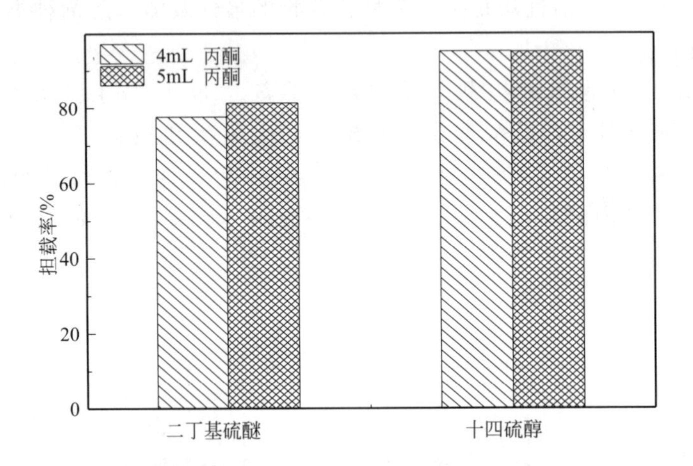

图 4.6 溶剂用量对十四硫醇和二丁基硫醚的担载率的影响

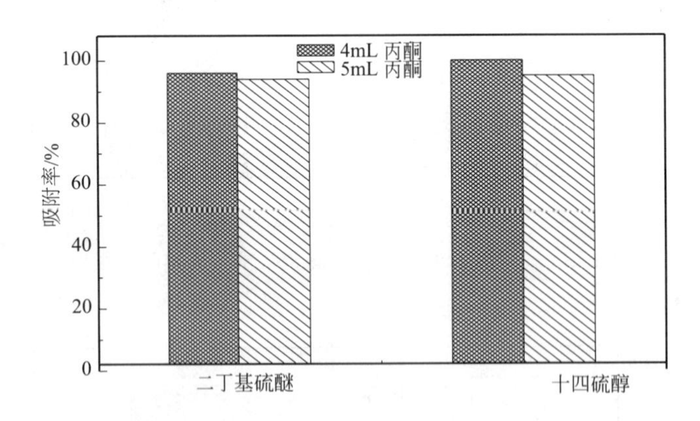

图 4.7 溶剂用量对十四硫醇和二丁基硫醚的吸附率的影响

4.1.3.4 超声波振荡时间对担载率和吸附率的影响

通过以上讨论，可知最佳条件：活性炭为载体，丙酮为溶剂，溶剂用量为 4mL 时。下面讨论超声波的振荡时间对担载条件的影响。

图 4.8 与图 4.9 是理论担载率为 3%、溶剂用量为 4mL、丙酮为溶剂时，超声波振荡时间对十四硫醇和二丁基硫醚的吸附率和担载率的影响。由图可知，活性炭作载体时，虽然振荡时间为 15min 时的担载率和 20min、25min 的相差不大，但是吸附率却远不及二者。振荡时间为 20min 时的担载率和吸附率略高于 25min 时担载率和吸附率。因此超声波

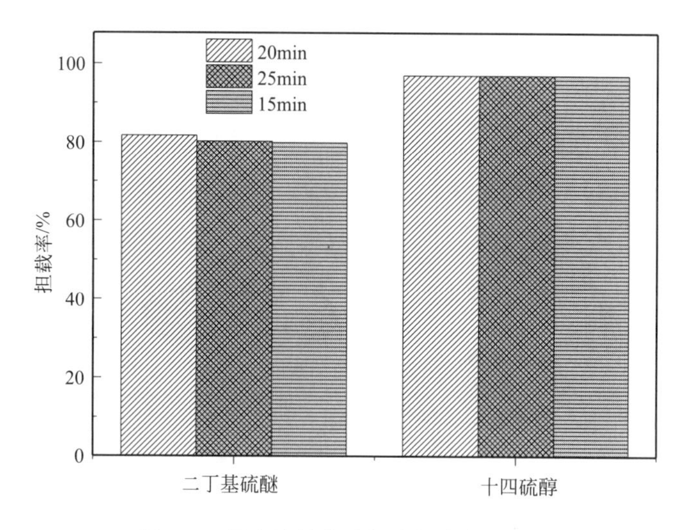

图 4.8　超声波振荡时间对担载率的影响

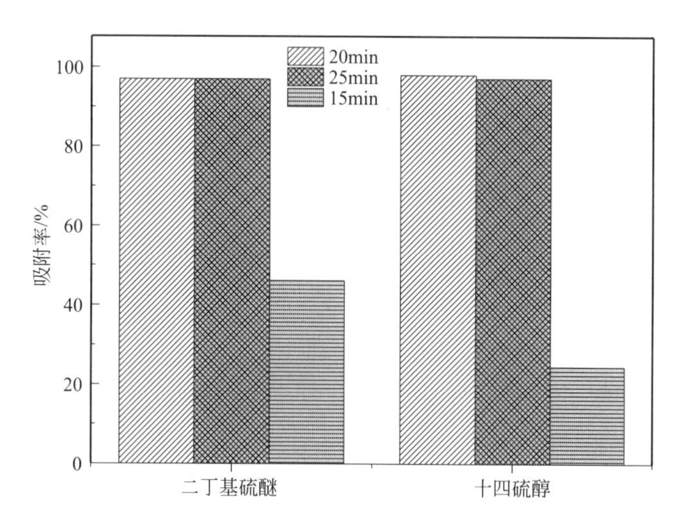

图 4.9　超声波振荡时间对吸附率的影响

震荡时间选用 20min 为宜。

综上所述，担载的最佳条件：活性炭作为载体、理论担载率为 3%、丙酮作为溶剂、溶剂用量为 4mL、超声波震荡时间为 20min。

4.2 模型化合物的硫释放行为的研究

通过上一节的研究，得出最佳的担载条件：活性炭作为载体、理论担载率为 3%、丙酮作溶剂、溶剂用量为 4mL、超声波震荡时间为 20min。本节对模型化合物在不同气氛下热解中硫的释放行为进行研究。

4.2.1 实验部分

4.2.1.1 实验装置

(1) 实验流程图

图 4.10 是热解实验的流程图，对担载后的含硫模型化合物用两种手段进行热解分析：

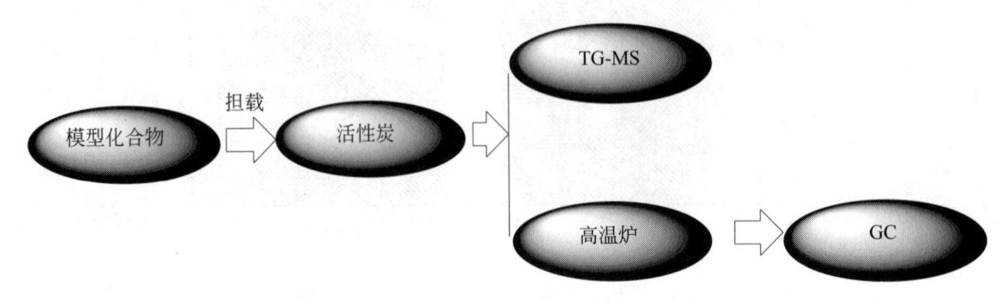

图 4.10 模型化合物热解实验流程图

(2) 实验装置图

热解过程中的实验装置简图如下（图 4.11）：

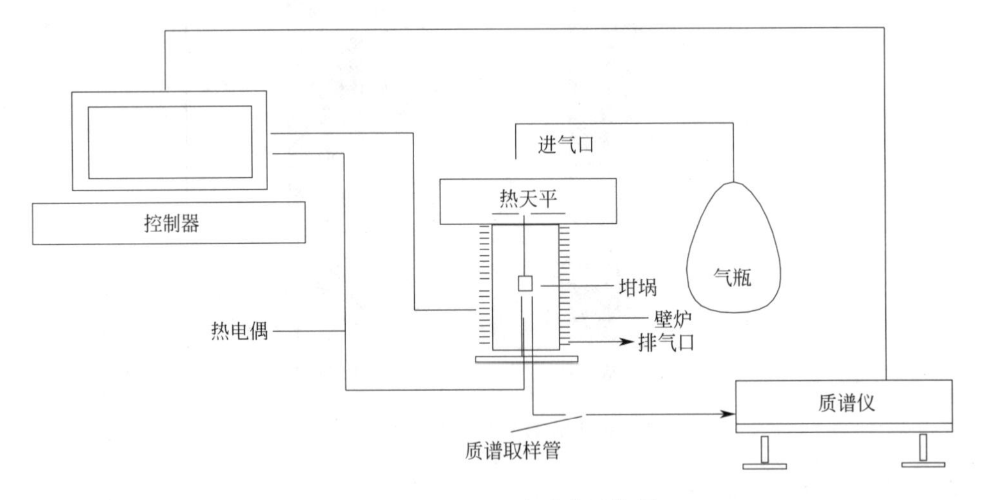

图 4.11 TG-MS 实验装置简图

4.2.1.2 样品的制备

由于苯并噻吩和二苯并噻吩非常稳定，所以在热解过程中极易挥发。为了防止其挥发，将含硫模型化合物担载在活性炭上。活性炭的 BET 比表面积、孔容、孔径分别是 801.538m^2/g，0.462cm^3/g 和 3.632nm。在空气中，含硫模型化合物（通过检测硫含量来检测失重率）加入盛有 5mL 丙酮溶液的小烧杯中，混合均匀。然后将混合溶液倒入另一个装有 1g 活性炭的烧杯中。将烧杯用超声波振动反应 1h，在室温下干燥 48h，装入试剂瓶待用。活性炭和含硫模型化合物的元素分析数据如表 4.4 所示。

4.2.1.3 TG-MS（热重质谱联用）

在煤热解过程中经常采用 TG-MS 装置[15-19] 对热解气体进行分析。本文采用 TG（GSD301O）-MS（热敏版）检测硫的释放行为。将活性炭、担载在活性炭上的模型化合物（20mg）样品放入反应器中，在气体流速为 75mL/min 连续的纯氮气或者 4% O_2-N_2 气流中，以 5℃/min 的升温速率下由室温升至 750℃。质谱仪（Thermostar MS，0～300amu）用来在线检测二氧化碳、二氧化硫、硫化氢等气体。

质谱仪的操作条件如下：离子源电压 40V，可检测质量数范围 1～300，采用多离子（MID）方式进行检测，最多能够同时检测 64 个组分。在质谱仪的入口处，为防止气体产物冷凝，将毛细管加热到 180℃，石英毛细管在煤样的下部进行取样，少量气体被吸入质谱仪的离子室，然后根据质荷比 m/z 通过离子加速器和分离系统分离出来。

4.2.1.4 Py-GC（热解气相色谱联用）

热解反应在石英管固定床反应器（内径 5mm，长 60cm）中进行。约 0.5g 样品在气体流速为 75mL/min 连续的纯氮气流中，以 5℃/min 的升温速率由室温升至 800℃。用气相色谱的 FPD 检测器分析检测热解气体中的硫化氢、羰基硫和二氧化硫。

4.2.2 结果与讨论

4.2.2.1 模型化合物分析

对模型化合物的元素分析列于表 4.4 中。由表 4.4 可以看出，担载后的模型化合物元素含量与活性炭相比，氢含量、硫含量变化较大，而碳含量、氧含量变化较小。其中十四硫醇的氢含量最高，可达 4.767%；而二苯并噻吩的最低，只有 1.73%；二苯并噻吩的内部氧含量最高，2-甲基噻吩的含量最少。十四硫醇的 H/S 元素比最高，二苯并噻吩的最低；而 O/S 元素比是 2-甲基噻吩的最高，十四硫醇的最低。内部氢和内部氧的含量会影响热解过程中的硫的逸出行为，而 H/S 比和 O/S 比会直接影响 H_2S 和 SO_2 的逸出量的大小。

表 4.4 模型化合物的元素分析

样品	C_{ad}	H_{ad}	N_{ad}	S_{ad}	O_{ad}	H/S	O/S
活性炭	86.36	1.48	0.81	0.57	11.35	2.60	19.91
十四硫醇	82.51	4.77	0.71	5.24	12.02	0.91	2.29
2-甲基噻吩	85.62	1.76	0.86	3.22	11.76	0.55	3.65
苯并噻吩	85.19	2.03	0.91	4.75	11.87	0.43	2.50
二丁基硫醚	83.57	2.87	0.75	4.74	12.84	0.61	2.71
二苯并噻吩	85.46	1.73	0.54	5.00	12.28	0.35	2.46
苯硫醚	84.92	2.19	0.62	5.27	12.26	0.42	2.33

4.2.2.2 惰性气氛下的硫的释放行为的研究

表 4.5 和表 4.6 分别是模型化合物热解过程中所得的失重率及脱硫率。可以看出，十四硫醇、二丁基硫醚、苯硫醚、2-甲基噻吩、苯并噻吩、二苯并噻吩的热解失重率分别为 34.63%、24.14%、24.71%、14.51%、17.95% 和 19.12%，而脱硫率则分别为 77.06%、74.72%、25.87%、32.10%、27.67%和 21.07%。从表 4.5 和图 4.12（TG 谱

图）可以看出，通过热解所得的失重率与热重的失重率基本一致。例如十四硫醇的热解失重率是 34.63%，在热重上的失重率为 35%：2-甲基噻吩热解失重率则是 14.51%，热重失重率约为 15%，其余的也类似。模型化合物的脱硫顺序为十四硫醇＞二丁基硫醚＞2-甲基噻吩＞苯并噻吩＞苯硫醚＞二苯并噻吩。除了苯硫醚，这一脱硫顺序与其含硫官能团的分解温度顺序相反。

表 4.5 模型化合物热解过程中的失重率

模型化合物	十四硫醇	2-甲基噻吩	苯并噻吩	二丁基硫醚	二苯并噻吩	苯硫醚
失重率/%	34.63	14.51	17.95	24.14	19.12	24.71

表 4.6 模型化合物在热解过程中的脱硫率

结果	十四硫醇	2-甲基噻吩	苯并噻吩	二丁基硫醚	二苯并噻吩	苯硫醚
热解前硫含量/%	3.10	2.32	2.99	2.83	3.01	3.03
热解后硫含量 s/%	0.71	1.57	2.17	0.72	2.38	2.25
脱硫率/%	77.06	32.10	27.67	74.72	21.07	25.87

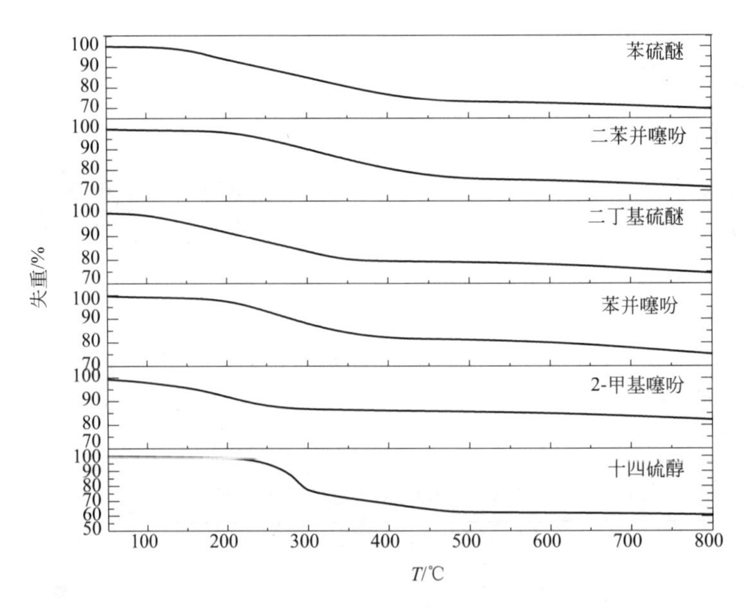

图 4.12 不同模型化合物的 TG 曲线

其分解温度顺序依次为烷基硫＜芳香硫＜二硫化物＜二烷基硫化物＜烷基芳基硫化物≈烷基芳基亚砜≈烷基芳基砜类＜黄铁矿＜二芳基硫化物≈二芳基亚砜＜二芳基砜类＜单一结构的噻吩＜无机硫和复杂的噻吩结构[20-23]。这表明含硫官能团的分解温度越低，其脱硫率越高[24-31]。从表 4.4 可看出，由于苯硫醚和二苯并噻吩中没有足够的内部氢，即 H/S 比较低，在热解过程中产生含硫自由基不能和内部氢结合，使得自由基间相互结合生成新的含硫化合物滞留在半焦中，因此脱硫率低于 H/S 比较高的 2-甲基噻吩和苯并噻吩。十四硫醇 H/S 比最高，其脱硫率也最高。因此可看出 H/S 比的高低与脱硫率的大小相一致，这进一步证明内部氢能与含硫自由基结合以 H_2S 形式逸出，使得脱硫率升高。

由于二苯并噻吩在热解过程中极易挥发，在分解前就会挥发出来，所以二苯并噻吩的硫的脱除可能是由于其自身的挥发引起。这一观点可在含硫气体的逸出曲线上得到进一步证明。

（1）硫化氢的逸出规律

图 4.13 是活性炭和不同的模型化合物的 H_2S 逸出曲线及其 DTG 曲线。对于活性炭本身而言，在整个温度区间内，并没有硫化氢的逸出，所以模型化合物的硫化氢逸出曲线与载体活性炭无关。

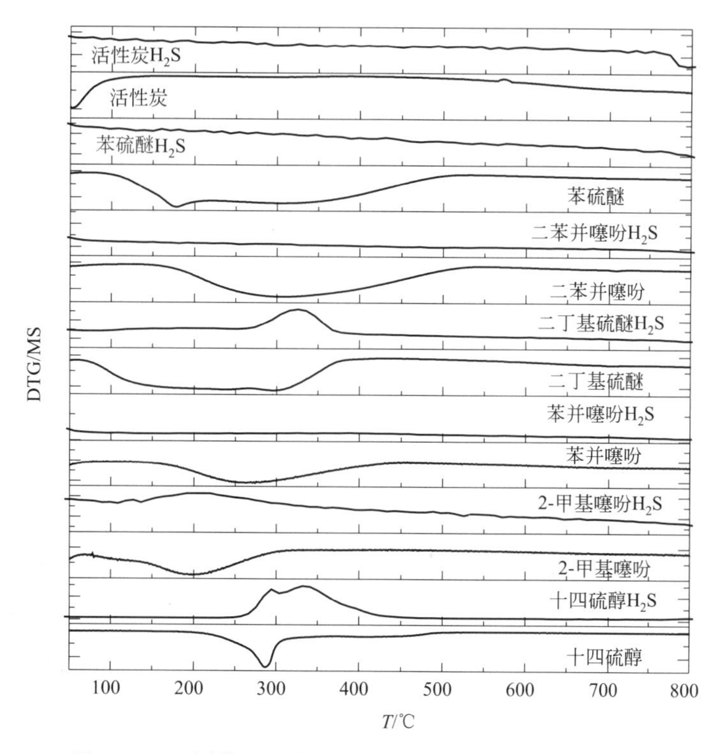

图 4.13　不同模型化合物的硫化氢逸出曲线和 DTG 曲线

从图 4.13 可看出，十四硫醇在 250℃到 450℃之间有两个明显的硫化氢逸出峰，并且在 FPD 检测器中，在这个温度范围内也检测到了硫化氢的逸出。第一个逸出峰是由于十四硫醇本身的分解形成，而第二个逸出峰则可能是由于十四硫醇分解过程中形成的中间转化产物分解形成，如：硫醚类，由于此峰与二丁基硫醚的逸出峰温度吻合。

如图 4.12 所示，在 300℃之前，样品失重很快，300℃之后失重缓慢。DTG 的曲线的峰与硫化氢的第一个逸出峰相吻合，这表明失重是由于十四硫醇的热解脱硫。但是硫化氢分解之前的失重，可能是由于十四硫醇失去了烷基侧链或者自身挥发。图 4.8 所示的质谱中并没有检测到 CH—链结构的逸出峰，所以在硫化氢释放前的失重并不是由于失去烷基，而是由于本身的挥发。而在硫化氢逸出之后，失重与十四硫醇的热解分解有关。在热解过程中产生了一些烷基自由基、氢自由基和一些含硫的自由基彼此结合，形成硫化氢、小分子的烷基化合物和一些硫醚。对比两个峰可以看出，第一个峰比第二个峰小，说明大多数的硫来自于十四硫醇的中间转化产物而不是其本身。

对于二丁基硫醚（C_4H_9-S-C_4H_9），硫化氢只有一个明显的逸出峰（图 4.13），在 GC 中也得到了同样的结论（图 4.14）。二丁基硫醚的最高逸出峰温度与十四硫醇的第二个逸出峰几乎相符，这也证明了十四硫醇在分解过程中转化生成硫醚（图 4.15）。硫化氢的逸出在 275℃时开始，但是失重则在 100℃以前就发生了，这可能是二丁基硫醚分解产生所引起，且在失重产生的温度范围内也检测到了一些碳氢化合物的结构，如甲烷、乙烷、丁烷等（图 4.16），说明二丁基硫醚失重是由于它本身的热解分解所致，而不是挥发。

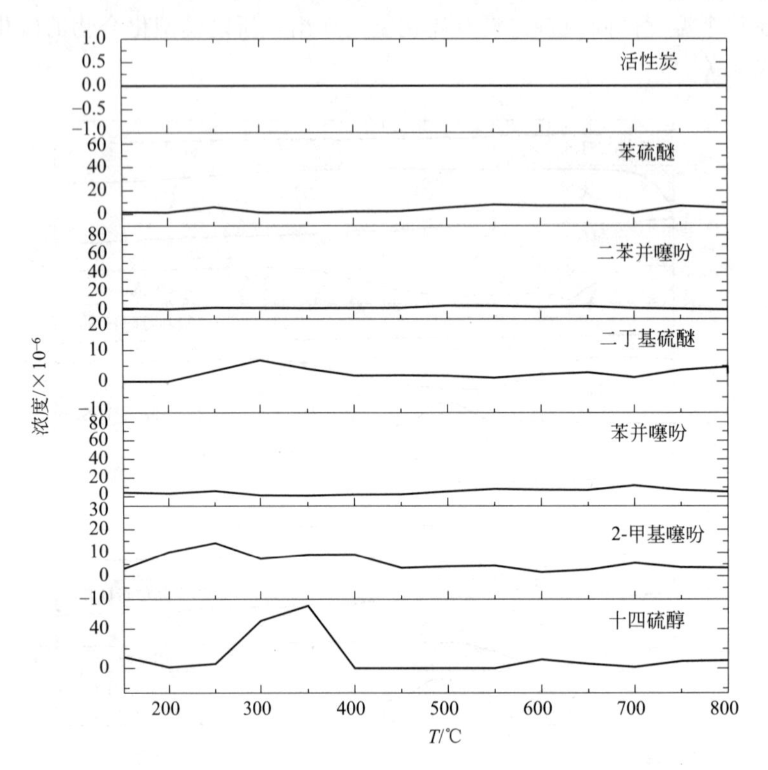

图 4.14 气相色谱中不同模型化合物的硫化氢的释放曲线

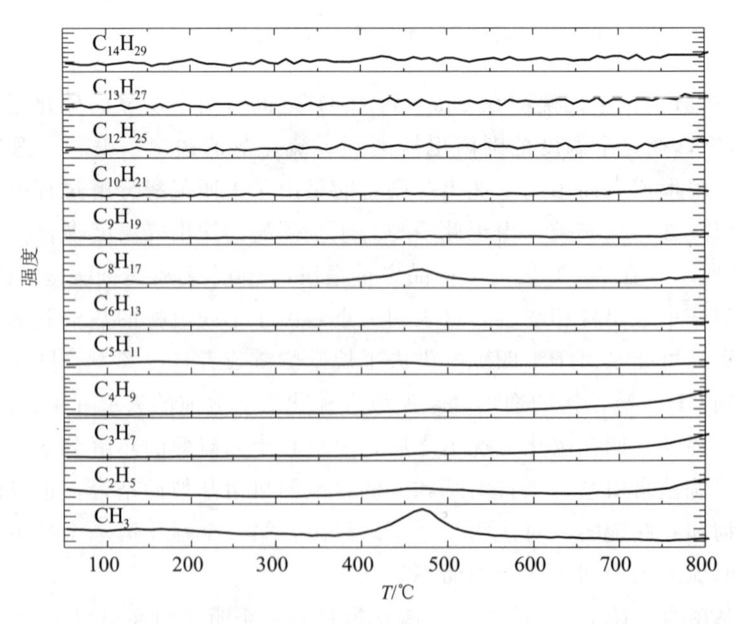

图 4.15 十四硫醇中 CH 链结构的化合物的释放曲线

从图 4.13 也可以看出，2-甲基噻吩只有一个硫化氢逸出峰，而苯并噻吩、苯硫醚和二苯并噻吩则没有逸出峰。

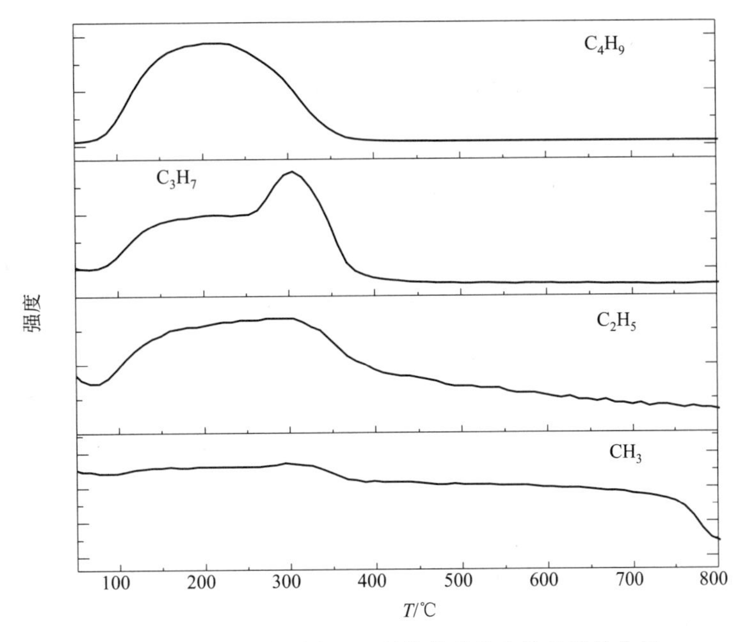

图 4.16　二丁基硫醚中 CH 链结构的化合物的释放曲线

2-甲基噻吩在 100℃左右开始分解，最高峰在 250℃左右，这与气相色谱所得的结果相符。但是在气相色谱中检测到了 3 个明显的逸出峰，而在质谱中，在 400℃以后则没有明显的逸出峰。这种不同可能是由于气相色谱和质谱仪的灵敏度不同或者是由于样品重量的不同。但 DTG 曲线与硫化氢的逸出峰相符，这表明失重主要是由于它本身的分解，且在失重的温度范围内也检测到了甲烷和乙烷（如图 4.17）。

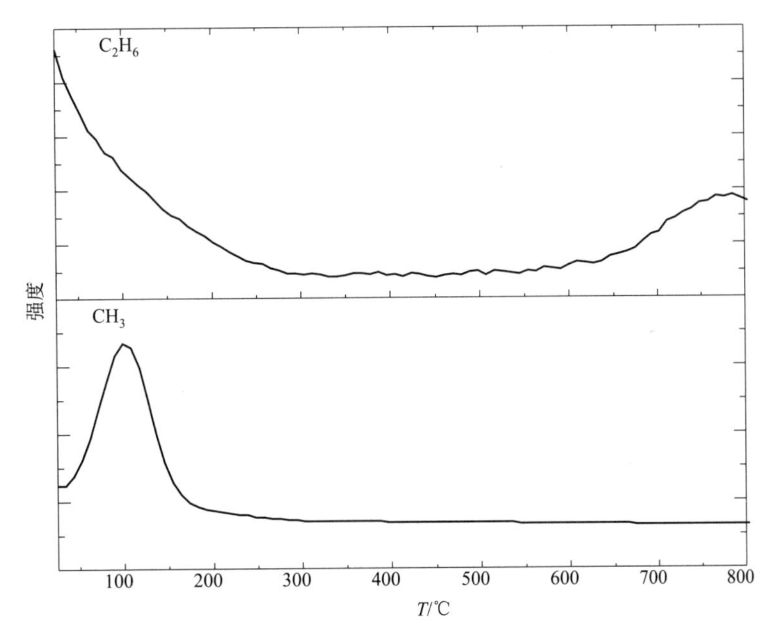

图 4.17　2-甲基噻吩中 CH 链结构的化合物的释放曲线

然而，对于苯并噻吩、苯硫醚和二苯并噻吩，在气相色谱中同样没有检测到硫化氢，因此它们的失重是由于本身的挥发或者是 COS 和 SO_2 的逸出。

（2）模型化合物热解过程中的羰基硫的释放

图 4.18 和图 4.19 分别是在气相色谱和质谱中检测到的 COS 的逸出峰。从图中明显看出，气相色谱和质谱都没有检测出活性炭、苯硫醚及二苯并噻吩的 COS 逸出峰。十四硫醇、二丁基硫醚和 2-甲基噻吩的 COS 的逸出温度范围与硫化氢的温度范围相类似。但是对于十四硫醇、二丁基硫醚和 2-甲基噻吩来说，其 COS 的逸出浓度远低于硫化氢，例如：COS 的最大浓度分别是少于 1×10^{-6}、0.3×10^{-6} 和 10×10^{-6}（图 4.19），而硫化氢的浓度则分别可达到 50×10^{-6}、10×10^{-6} 和高于 15×10^{-6}（图 4.18）。对于苯并噻吩，采用质谱在 200～600℃检测到 COS 逸出，用气相色谱检测到 COS 的逸出温度范围为 400～500℃。而在此温度范围内，无论是气相色谱还是质谱中都没检测到硫化氢。

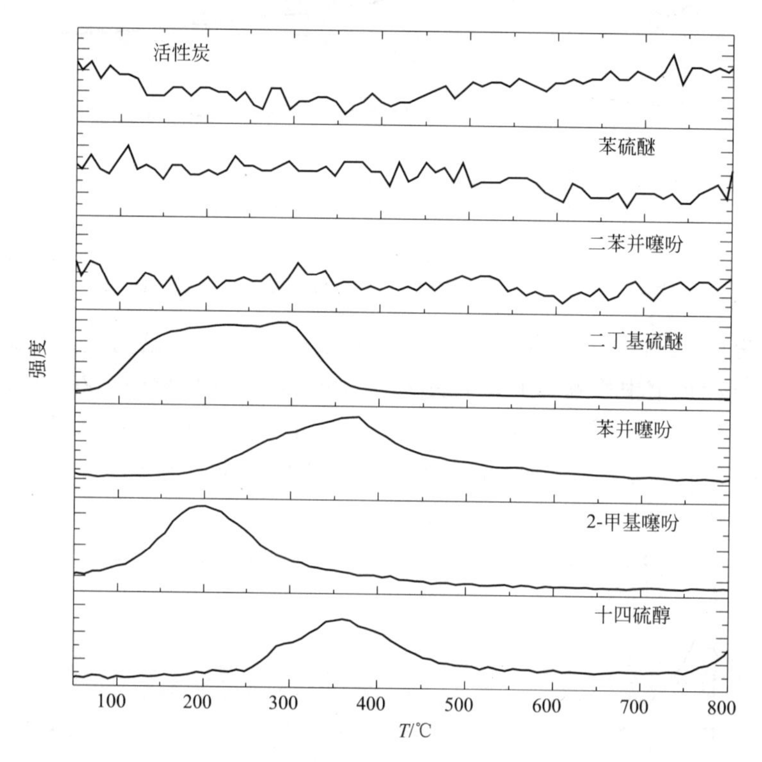

图 4.18 质谱中不同模型化合物的羰基硫的释放曲线

（3）二氧化硫的逸出规律

除了活性炭，所有的含硫模型化合物在质谱和气相色谱中都检测出了 SO_2，如图 4.20 和图 4.21。可以看出 SO_2 的逸出基本与 H_2S 和 COS 的吻合，这表明含硫模型化合物在热解过程中产生的含硫自由基，既可与内部氢结合，也可与内部氧的结合[4]。在惰性气氛下，活性炭作为载体时，由于内部氢远低于内部氧，所以大多数含硫自由基易与内部氧结合以 SO_2 的形式逸出。对于苯硫醚、苯并噻吩和二苯并噻吩，在惰性气氛下的热解反应中，由于它们没有足够的内部氢，所以含硫自由基不能和内部氢结合生成 H_2S，这也就是在惰性气氛下检测不到 H_2S 的逸出，而在热解气体中检测到较高的 SO_2 含量的原因。对于其他的化合物，SO_2 的含量（图 4.21）也远高于 H_2S 和 COS。

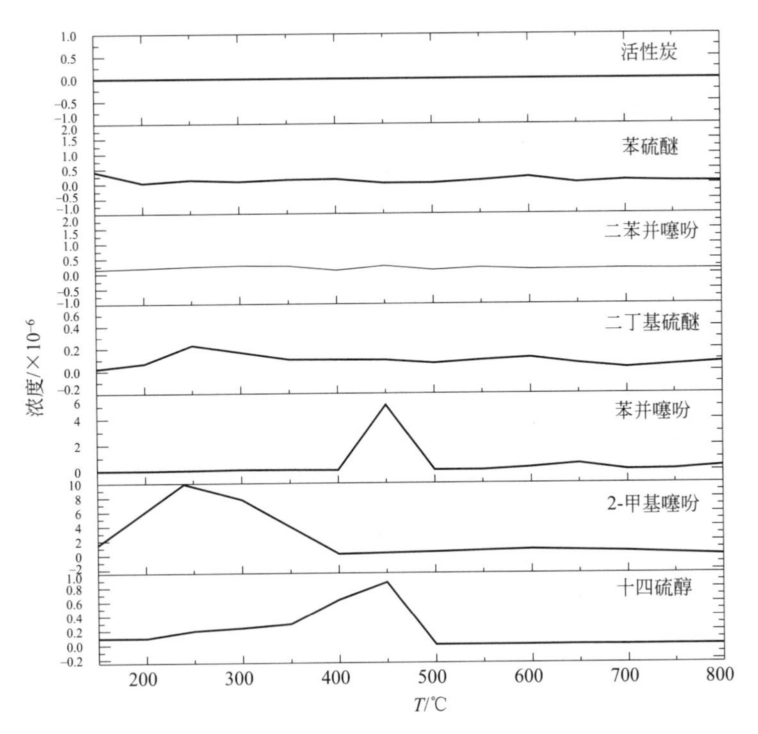

图 4.19　气相色谱中不同模型化合物的羰基硫的释放曲线

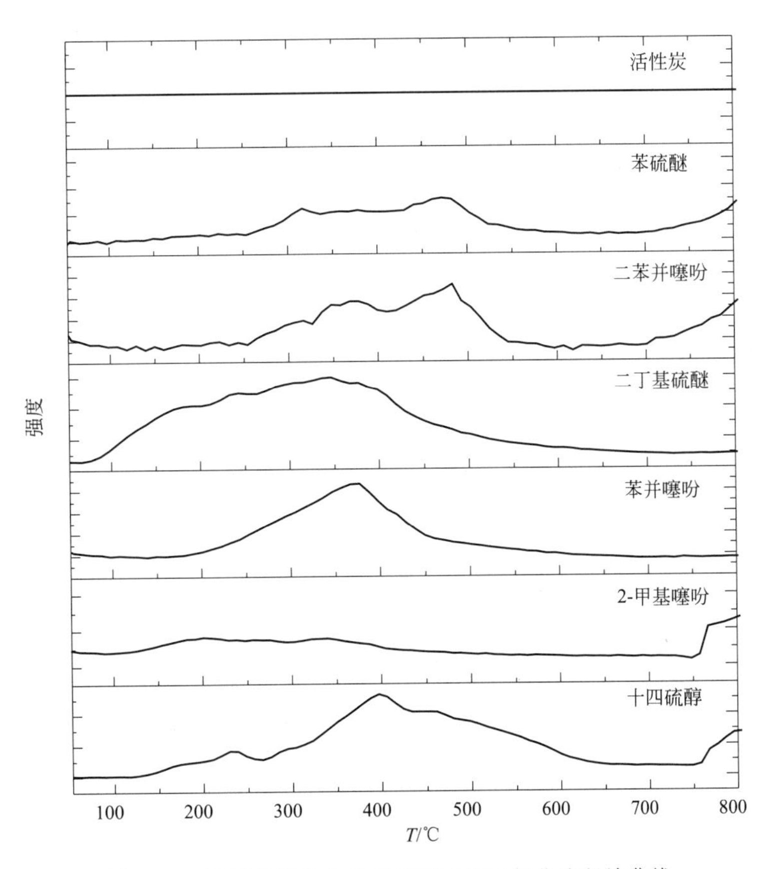

图 4.20　不同模型化合物在质谱中的二氧化硫释放曲线

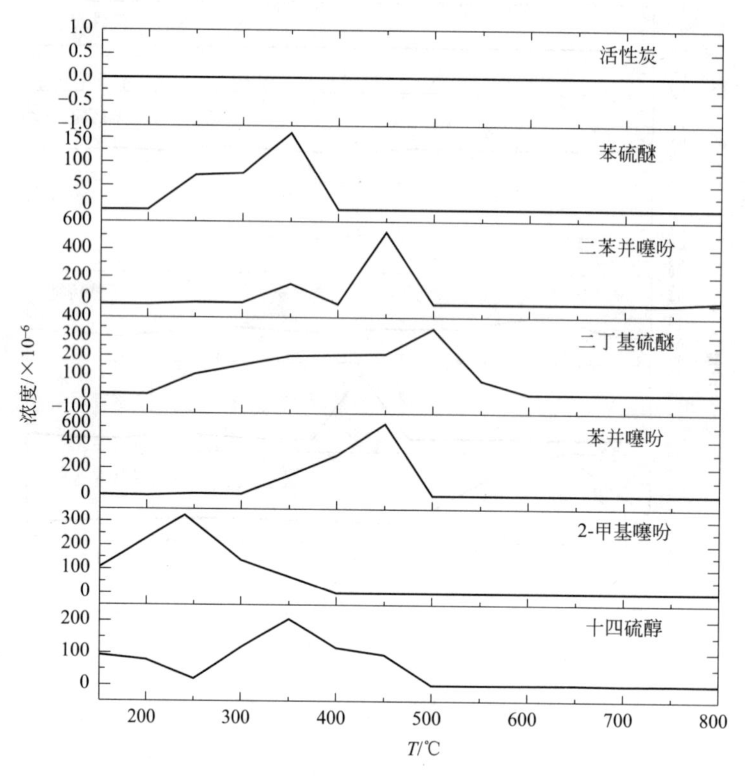

图 4.21　不同模型化合物在气相色谱中的二氧化硫释放曲线

4.2.2.3　氧化性气氛硫迁移行为

通过对惰性气氛下模型化合物热解过程中硫的释放行为进行研究，得到了一些结论，对惰性气氛下的硫的热解行为有了一定的了解。下面对氧化性气氛下的硫迁移行为进行考察。

（1）氧化性气氛下二氧化硫的逸出规律

本文采用热重-质谱法对氧化性气氛下不同模型化合物硫的逸出规律进行研究。在对煤热解的研究中，TG-MS 是一种常用的定性分析方法，如用质荷比 m/z 为 64 和 48 的峰表示 SO_2 的逸出，质荷比 m/z 为 44 用来表示 CO_2 的逸出。

以含硫模型化合物十四硫醇为例（图 4.22），其 m/z 为 64 的逸出峰与 m/z 为 48 的峰非常吻合。因此，本文采用质荷比 64 的峰来表示二氧化硫的逸出峰非常合理。

图 4.23 是不同模型化合物在氧化性气氛下质谱中所得的 SO_2 逸出曲线。由于含硫模型化合物担载在活性炭上，所以也通过 TG-MS 对活性炭对实验结果的影响进行了研究。活性炭在整个温度范围内并没有二氧化硫的逸出，所以含硫模型化合物的二氧化硫逸出与活性炭载体无关。图 4.23 所示，模型化合物在氧化性气氛下的逸出顺序是二丁基硫醚＞2-甲基噻吩＞十四硫醇＞苯并噻吩＞苯硫醚＞二苯并噻吩。除二丁基硫醚和二苯并噻吩外，在氧化性气氛下热解过程中，每种含硫模型化合物均有两个明显的 SO_2 逸出峰。第一个峰是由模型化合物本身分解引起，而第二个、第三个峰则可能是由于其在氧化性气氛下热解而产生的中间转化产物分解。二丁基硫醚在低于 100℃时就开始分解，肩峰可能是

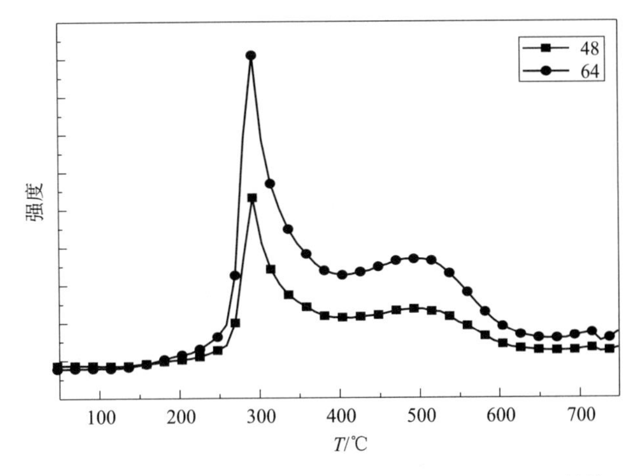

图 4.22　十四硫醇热解过程中 m/z 64 和 m/z 48 的峰

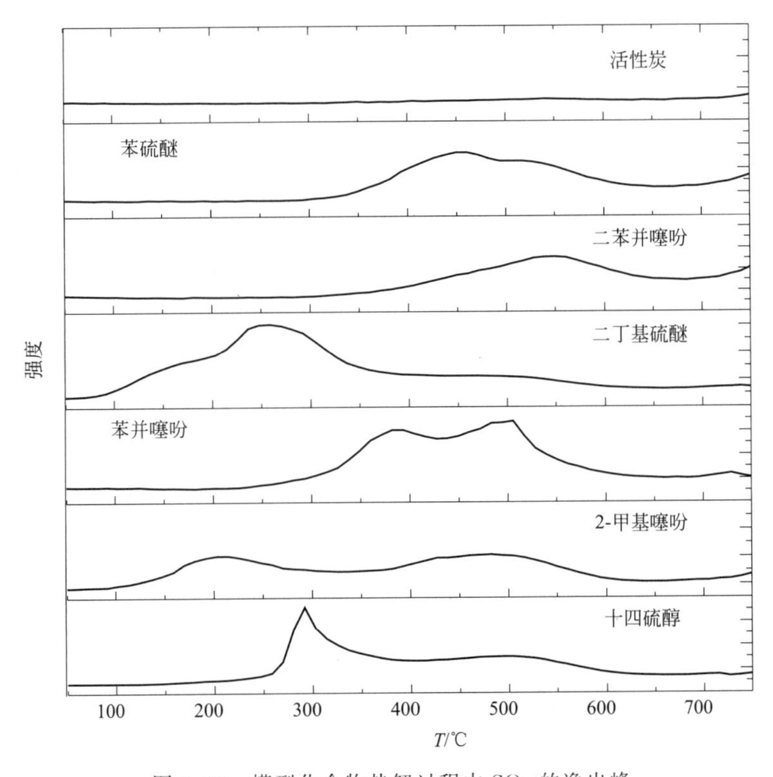

图 4.23　模型化合物热解过程中 SO_2 的逸出峰

由于模型化合物本身热解，而主峰则来自于二丁基硫醚热解中间产物。该中间产物在250℃的时候又开始分解，在 300℃的时候达到了最大。由于含硫自由基能可与内部氢结合[4]，所以二丁基硫醚在氧化性气氛下会生成硫醇，此峰与十四硫醇的逸出峰位置相符。2-甲基噻吩、苯并噻吩、苯硫醚和二苯并噻吩分别在 100℃、250℃、300℃和 350℃左右开始分解，其 SO_2 的第一个逸出强峰则分别在 200℃、390℃、450℃和 550℃左右。所有含硫模型化合物在氧化性气氛下的分解温度远低于其在惰性和氢气气氛下，这表明氧能使煤中 C-S 选择性发生断裂。噻吩结构在氢气气氛下 600℃开始分解[17-25]，其分解温度高于二苯并噻吩在氧化性气氛下的热解峰温度（550℃）。

在惰性气氛下，只有不稳定结构，如二丁基硫醚和十四硫醇有明显的 H_2S 逸出峰（图 4.24）。在氧化性气氛下，二丁基硫醚的热解最佳温度为 300℃，十四硫醇、2-甲基噻吩和苯并噻吩是 500℃左右。

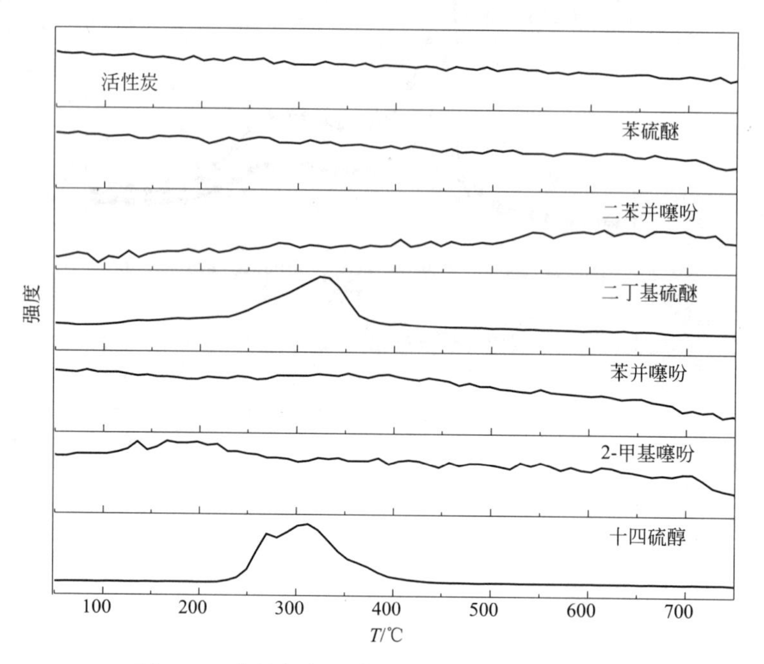

图 4.24　惰性气氛下模型化合物的 H_2S 逸出峰

如图 4.23 所示，二丁基硫醚的第三个逸出峰与十四硫醇、2-甲基噻吩、苯并噻吩的第二个逸出峰都在同一温度区间内（500℃左右）。这表明不同模型化合物在氧化性气氛下热解时可转化成相似的含硫结构（中间产物），而这些化合物比模型化合物本身稳定，例如：砜类和亚砜类[17]。苯硫醚约 550℃的第二个逸出峰与二苯并噻吩的逸出峰相同，这也证明了苯硫醚在氧化性气氛下转换成了更稳定的二苯并噻吩结构。

尽管 TG-MS 并不是定量的分析方法，但用相对的峰面积比可解释含硫模型化合物的硫释放行为，即：硫逸出是由含硫模型化合物本身，还是由中间转化产物所致。通过对 SO_2 的逸出曲线进行分峰、积分可得化合物的峰面积比，列于表 4.7。

表 4.7　模型化合物硫释放峰面积比

模型化合物	十四烷基硫醇	二丁基硫醚	苯硫醚	2-甲基噻吩	苯并噻酚
逸出峰	A_1、A_2	A_1、A_2、A_3	A_1、A_2	A_1、A_2	A_1、A_2
峰面积比	0.43∶1	0.9∶100∶6.3	0.77∶1	2.08∶1	0.46∶1
A_1 峰面积占比/%	30	0.8	43.5	67.53	31.51

通过以上分析，第一个峰是由于模型化合物本身的分解，除了 2-甲基噻吩外，大多数模型化合物硫的释放主要是由中间产物所引起。这些化合物的峰面积比则能更好地证明在热解过程中硫的释放行为。以十四硫醇为例，30%的 SO_2 的逸出是由化合物本身的分解引起，而 70% 的二氧化硫逸出则是由反应的中间产物所致。二丁基硫醚的二氧化硫的逸出只有 0.8%来自于本身，苯硫醚、苯并噻吩和 2-甲基噻吩则分别为 43.5%、31.51%和 67.53%。说明含硫模型化合物在热解中产生含硫自由基[7,22-27]，一部分与氧结合以 SO_2 的形式逸出，而另一

部分则彼此结合或者与其他的自由基结合转化成其他的含硫化合物。除了2-甲基噻吩，所有的模型化合物的第二个峰面积均比第一个大，说明初始硫释放速率小于中间产物的转化速率。第一个峰（A_1）面积占比的顺序是二丁基硫醚<十四硫醇<苯并噻吩<苯硫醚，按这个顺序硫的逸出率增加，含硫化合物的转换率则会相应降低。

（2）氧化性气氛下C-S键的选择性断裂

图4.25是活性炭、十四硫醇、二丁基硫醚、苯硫醚、2-甲基噻吩、苯并噻吩和二苯并噻吩在氧化性气氛下热解过程中SO_2和CO_2的释放曲线。

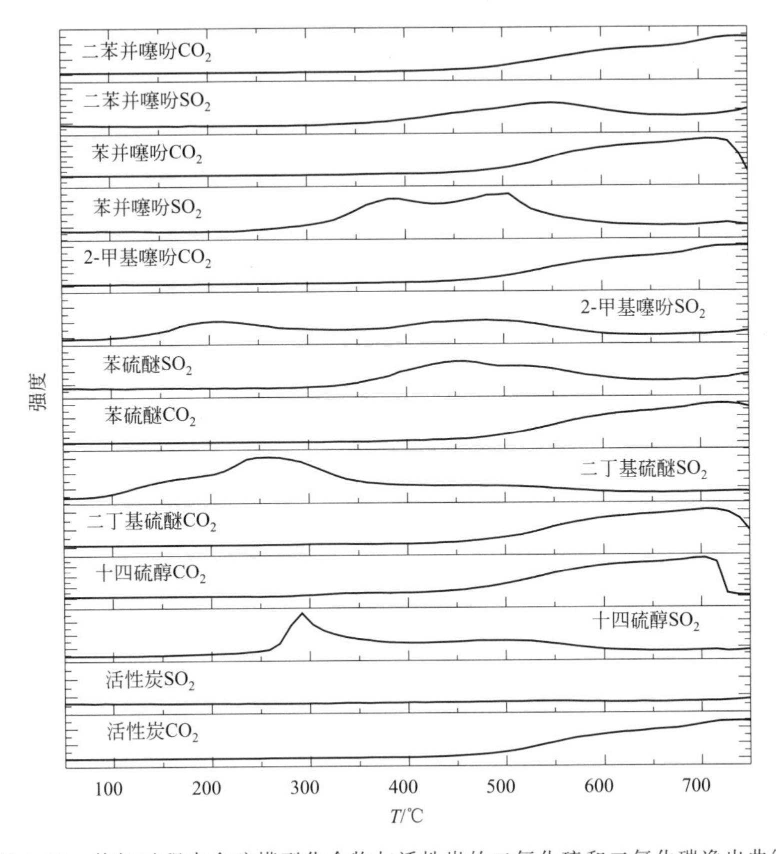

图4.25 热解过程中含硫模型化合物与活性炭的二氧化硫和二氧化碳逸出曲线

从图4.25中可以看出，从450℃开始活性炭有明显的CO_2的逸出，在700～750℃左右达到最大，继而快速地下降。每种含硫模型化合物的SO_2最大逸出峰所在的温度均低于CO_2的逸出温度。对于一些不稳定的含硫模型化合物，如十四硫醇、二丁基硫醚和2-甲基噻吩，当SO_2的逸出停止时，CO_2的逸出才刚刚开始。而对于稳定的含硫模型化合物，如苯硫醚、苯并噻吩和二苯并噻吩，当SO_2的逸出停止时，CO_2的逸出刚达到最大。这证实了之前的假设，即：氧可以选择性地使C-S键断裂而不是C-C键。所以在氧化性气氛下大多数的硫可以被脱除，而只失去了少量的碳。二丁基硫醚在氧化性气氛下脱硫的最佳温度约为300℃。

因此通过TG-MS及PY-GC方法来研究含硫模型化合物在不同的气氛下热解过程中硫的迁移行为，可得模型化合物在惰性气氛下的脱硫的顺序是十四硫醇>2-丁基硫醚>2-甲基噻吩>苯并噻吩>苯硫醚>二苯并噻吩。且H/S比的高低与脱硫率的大小相一致，这进一步证明内部氢能与含硫自由基结合以 H_2S 形式逸出，使得脱硫率升高。在惰性气氛下，活性炭作为载体时，由于 O/S 比较大，所以大多数硫自由基与内部氧结合以 SO_2 的形式逸出。苯硫醚、苯并噻吩和二苯并噻吩的 H/S 比较小，所以在惰性气氛下并没有检测出 H_2S，而在热解气体中 SO_2 含量很高。在氧化性气氛下热解过程中含硫模型化合物的硫逸出顺序是二丁基硫醚>2-甲基噻吩>十四硫醇>苯并噻吩>苯硫醚>二苯并噻吩。所有的含硫模型化合物在氧化性气氛下的硫逸出温度均低于其在惰性气氛下和氢气气氛下，这说明氧化性气氛更容易使 C-S 键选择性断裂，而不是 C-C 键。六种模型化合物在氧化性气氛下的活化能均小于其在惰性气氛下的活化能。随着温度升高，热解反应的活化能升高，但反应也变得更加剧烈，由于指前因子 A 在高温下远高于其在低温下的值。

4.3 模型化合物 CO_2 气氛下热解过程硫释放行为研究

煤中的有机硫存在形式十分复杂，通常可分为硫醇、硫醚和噻吩等。热解可以除去煤中部分有机硫，是一种容易实现且经济有效的脱硫方法。在一般情况下，还原性或氧化性气氛下煤中的有机硫容易被去除[32-34]。然而在氢气热分解需要较高的成本与设备要求。文献报道[35-37]，CO_2 气氛下热解具有较高的脱硫率。但是，CO_2 气氛下热解过程中煤中有机硫分解、释放和转化行为鲜有报道。煤的热解过程中硫释放非常复杂，因此，仍难以对硫释放机理的确切的解释。

4.3.1 实验部分

4.3.1.1 样品

本实验选用十种含硫模型化合物，十四硫醇（tetradecyl marcaptan）、二丁基硫醚（dibuty sulfide）、苯硫醚（phenyl sulfide）、2-甲基噻吩（2-methyl tipophene）、苯并噻吩（benzothiophene）、二苯并噻吩（dibenzo thiophene）作为研究对象。利用活性炭为载体，将 3%（质量分数）的模型化合物溶解于 4mL 丙酮中，然后加入活性炭，超声波震荡 20min。氮气中干燥[38]。活性炭的元素分析见表 4.8，模型化合物的理论担载量见表 4.9。

表 4.8 活性炭的元素分析

样品	C_{ad}	H_{ad}	N_{ad}	S_{ad}	O_{ad}^*
活性炭	86.36	1.48	0.81	0.82	10.53

注：*：差减法。

表 4.9 模型化合物的分子量与理论担载量

样品	分子量	硫质量分数/%	3%(质量分数)模型化合物/g
二丁基硫醚	146.29	21.92	0.1369
2-甲基噻吩	98.17	32.66	0.0918
苯硫醚	186.27	17.21	0.1743
二苯并噻吩	184.26	17.40	0.1724
苯并噻吩	134.20	23.89	0.1256
十四硫醇	230.45	13.91	0.2156

4.3.1.2 实验装置及分析方法

(1) 热解-质谱 (Py-MS) 实验装置及方法

热解-质谱实验如图 4.26 中所示[39]，热解实验在垂直固定床石英管反应器中进行，反应管内径 30mm，长度为 60cm。称取约 1.500g 的担载好的含硫模型化合物放入石英管中，在程序升温前，用热解气（纯 Ar 或纯 CO_2）吹扫 30min，调节气体流量为 200mL/min，以 10℃/min 的升温速率，由室温升到 1000℃ 反应停止后迅速空气冷却。并收集半焦，半焦产率见式(2.1)。利用质谱（Hiden QIC-20）在线检测 H_2S、COS、SO_2 和 CO 等气体。

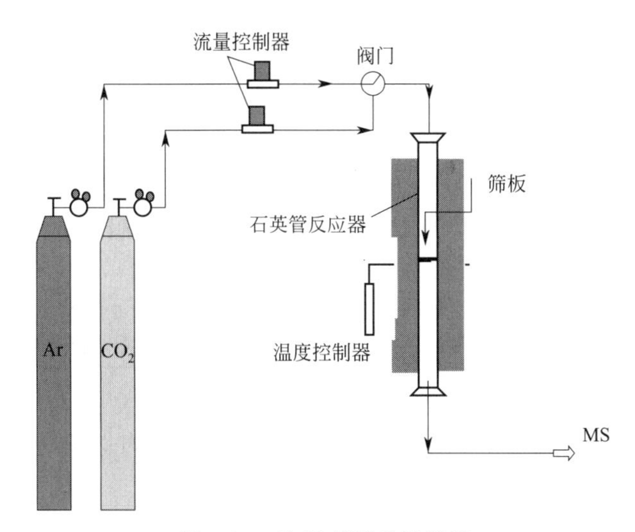

图 4.26 热解-质谱验装置图

(2) 热解-气相色谱 (Py-MS) 实验

热解-气相色谱实验在垂直固定床石英管反应器中进行，反应管内径 30mm，长度为 70cm。称取约 1.000g 担载好的含硫模型化合物放入石英管中，在程序升温前，用热解气（纯 Ar 或纯 CO_2）吹扫 30min，调节气体流量为 300mL/min，以 10℃/min 的升温速率，由室温升到 1000℃ 反应停止后迅速空气冷却。气相色谱（SP-7800）在线检测 H_2S、COS 和 SO_2 含量。气相色谱柱温与检测器温度分别为 90℃ 和 250℃。

气相中的含硫量通过公式(4.1) 计算（以 COS 为例）：

$$m_{s,COS}=\frac{V\times A_{COS}}{R\times 22.4\times 10^6}\times M_s \qquad (4.1)$$

式中 $m_{s,COS}$——气相中 COS 中硫的质量，g；

V——气相色谱 COS 逸出曲线积分面积；

R——升温速率，10℃/min；

M_s——硫分子量，32.06，g/mol。

4.3.2 结果与讨论

热解-质谱（Py-MS）常常用于煤热解过程的研究。含硫模型化合物热解过程中释放的 H_2S（$m/z=34$）、COS（$m/z=60$）和 SO_2（$m/z=64$）等可以通过质谱进行定性研究。

4.3.2.1 硫醇与硫醚类模型化合物热解行为

表 4.10 为十四硫醇（n-$C_{14}H_{29}SH$），二丁基硫醚（C_4H_9-S-C_4H_9）与苯硫醚（Ph—S—Ph）在 Ar 气氛与 CO_2 气氛下热解后半焦产率与脱硫率。

表 4.10 硫醇与硫醚类模型化合物不同气氛热解后半焦产率与脱硫率

样品	Ar		CO_2	
	半焦产率/%	脱硫率/%	半焦产率/%	脱硫率/%
二丁基硫醚	77.07	76.91	62.93	77.32
十四硫醇	75.20	76.14	60.00	77.11
苯硫醚	75.48	60.79	61.47	65.79
活性炭	85.27	0.97	76.93	1.44

由表 4.10 可以看出，在 Ar 气氛下与 CO_2 气氛下，硫醇与硫醚类模型化合物的半焦产率明显小于活性炭的半焦产率，这是由模型化合物分解所引起，Ar 气氛半焦产率高于 CO_2 气氛，这是 CO_2 参与反应所致。

对于二丁基硫醚和十四硫醇，CO_2 气氛的脱硫率分别为 77.32%和 77.11%，略高于 Ar 气氛下 76.91%和 76.14%，二者脱硫率基本相当。苯硫醚 CO_2 气氛下脱硫率高于 Ar 气氛。但是模型化合物与活性炭之间为物理吸附，在热解过程中，一部分模型化合物并没有分解，而是挥发于气相中，所以要通过气相色谱来定量分析模型化合物实际的分解量。

(1) CO_2 气氛对 H_2S 逸出的影响

图 4.27 为苯硫醚、十四硫醇与二丁基硫醚在 Ar 气氛与 CO_2 气氛下，通过质谱在线检测 H_2S 的逸出情况。

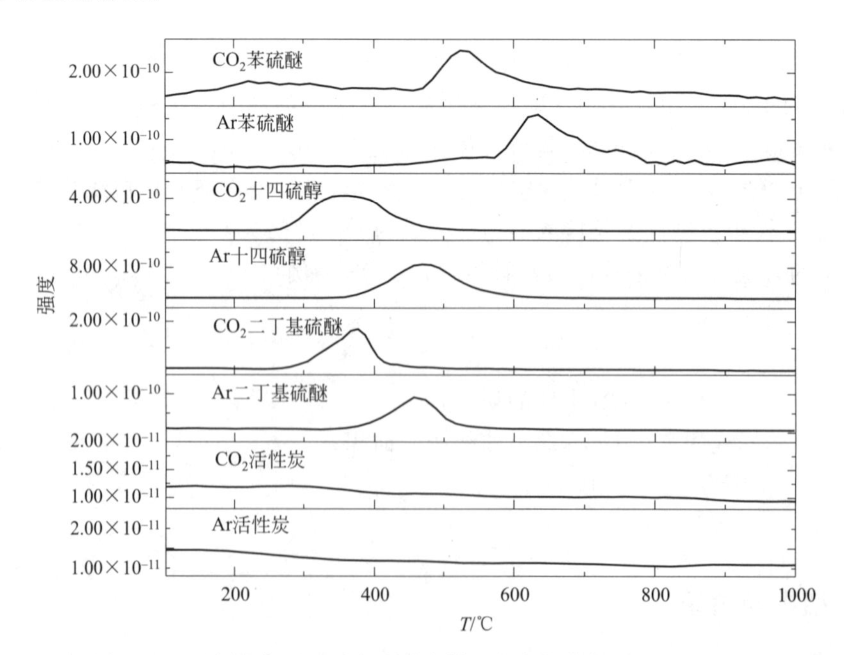

图 4.27 不同气氛下硫醇与硫醚类模型化合物热解 H_2S 逸出曲线

由图 4.27 可以看出，在 Ar 气氛与 CO_2 气氛下，作为载体的活性炭没有 H_2S 逸出，所以其他模型化合物的硫化氢逸出曲线与载体活性炭无关。在 Ar 气氛下，二丁基硫醚、十四硫醇和苯硫醚的 H_2S 最大逸出峰温分别为 457℃、470℃和 634℃，而在 CO_2 气氛下，H_2S 最大逸出峰温分别为 376℃、353℃和 524℃。CO_2 气氛下，二丁基硫醚、十四硫醇和苯硫醚的 H_2S 最大逸出峰温下降了 80～100℃。这说明 CO_2 气氛下有利于硫醇与硫醚类模型化合物的分解，降低分解温度。这是由于在两种气氛，硫醇与硫醚类模型化合物的分解首先产生含硫自由基（·SH 或·S·）[43]，在 CO_2 气氛下，含硫自由基可以与 CO_2 反应，使反应正向进行，增加了硫醇与硫醚类模型化合物的分解速率。

两种气氛下 H_2S 的逸出温度顺序为：十四硫醇＜二丁基硫醚＜苯硫醚。这说明 C-S 键的结合方式与含硫模型化合物的分解直接相关[44]，硫醇与硫醚类模型化合物中，与 H 结合的 C-S 键分解温度最低，其次为与脂肪类烷基侧链连接的 C-S 键，而与芳香族烷基连接的 C_{Ar}-S 键分解温度最高。

（2）CO_2 气氛对 COS 逸出的影响

图 4.28 为苯硫醚、十四硫醇与二丁基硫醚在 Ar 气氛与 CO_2 气氛下通过质谱在线检测的 COS 逸出情况。

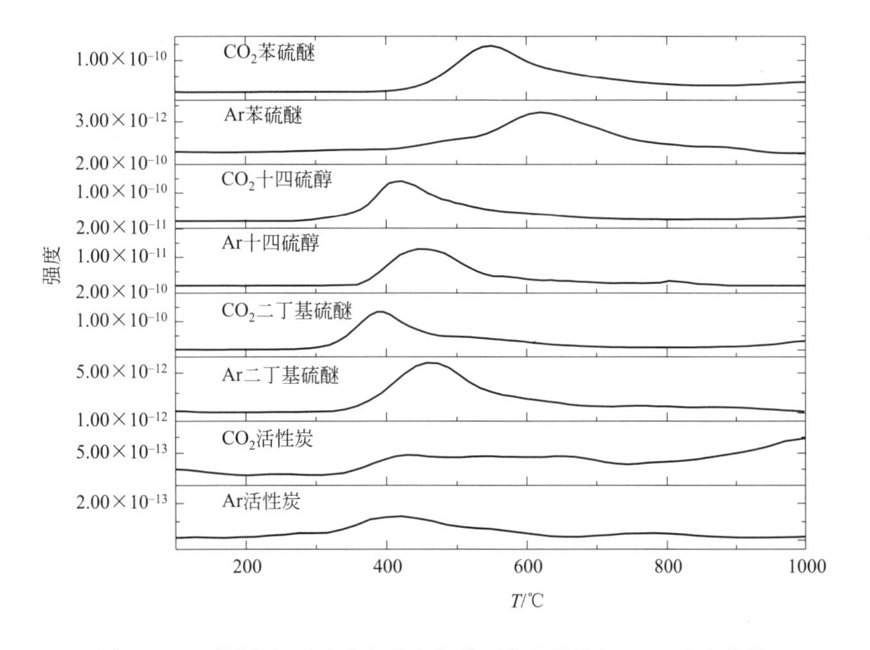

图 4.28　不同气氛下硫醇与硫醚类模型化合物热解 COS 逸出曲线

由图 4.28 可以看出，在 Ar 气氛下，活性炭载体有一个较小的 COS 逸出峰，逸出温度范围约为 300～600℃。在 CO_2 气氛下，逸出温度范围较宽，约为 350～700℃，COS 逸出量在高于 800℃时，随着温度的增加，逸出量也不断增加，这是由于活性炭中一部分硫与氧结合。活性炭产生的 COS 响应强度明显小于硫醇与硫醚类模型化合物的响应值。所以活性炭对硫醇与硫醚类 COS 的逸出也基本没有影响。

在 Ar 气氛下，二丁基硫醚、十四硫醇和苯硫醚的 COS 最大逸出峰温度分别为 474℃、445℃和 620℃，而在 CO_2 气氛下，COS 最大逸出峰温分别为 387℃、422℃和 550℃。CO_2 气氛下，二丁基硫醚和苯硫醚 COS 最大逸出峰温度下降了 70～90℃，而十四硫醇仅仅下降了 23℃。与此同时，CO_2 气氛下 COS 响应值明显高于 Ar 气氛，这说明 CO_2 气氛十分有利于 COS 的逸出。

在 Ar 气氛下，COS 的最大逸出温度顺序为：十四硫醇＜二丁基硫醚＜苯硫醚，而在 CO_2 气氛下，COS 的最大逸出峰温度顺序为：二丁基硫醚 ＜十四硫醇＜苯硫醚，硫醚类温度降低的更加明显。这说明 CO_2 气氛更有利于硫醚类分解为 COS。

（3）CO_2 气氛对 SO_2 逸出的影响

图 4.29 为苯硫醚、十四硫醇与二丁基硫醚在 Ar 气氛与 CO_2 气氛下，通过质谱在线检测 SO_2 的逸出情况。

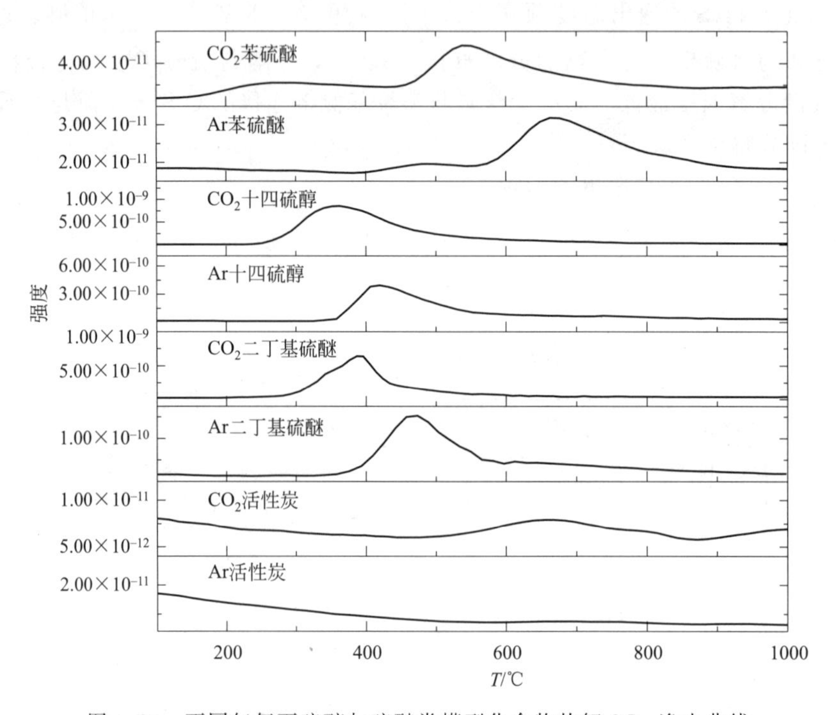

图 4.29　不同气氛下硫醇与硫醚类模型化合物热解 SO_2 逸出曲线

由图 4.29 可以看出，在 Ar 气氛下，作为载体的活性炭没有 SO_2 逸出。在 CO_2 气氛下，SO_2 逸出温度范围较宽，约为 500～850℃，逸出量在高于 800℃时，随着温度的增加，SO_2 的逸出量也不断增加，这是由于一部分硫可与活性炭中 CO_2 反应产生 SO_2，活性炭产生的 SO_2 的响应强度明显低于硫醇与硫醚类模型化合物的响应值，产生的 SO_2 量十分少。因此活性炭对硫醇与硫醚类 SO_2 的逸出基本没有影响。

在 Ar 气氛下，二丁基硫醚、十四硫醇和苯硫醚的 SO_2 最大逸出峰温度分别为 474℃、419℃和 662℃，而在 CO_2 气氛下，SO_2 最大逸出峰温度分别为 387℃、364℃和 537℃。CO_2 气氛下，二丁基硫醚和苯硫醚的 SO_2 最大逸出峰温度分别下降了 87℃和 125℃，而十四硫醇仅仅下降了 55℃。其中二丁基硫醚 SO_2 与 COS 最大逸出峰温度完全相同。CO_2 气氛下 SO_2 响应值明显高于 Ar 气氛下，这说明 CO_2 气氛同样十分有利于 SO_2 的逸出。

（4）CO_2 气氛对含硫气体逸出量的影响

表 4.11 为单位质量模型化合物在不同气氛下热解气相总不同形态硫含量及总硫含量，

由表可以看出，在 CO_2 气氛下二丁基硫醚、十四硫醇与苯硫醚的 H_2S、COS、SO_2 的逸出量及逸出总量均高于 Ar 气氛，二丁基硫醚、十四烷基硫醇和苯基硫醚 COS 逸出量在 CO_2 气氛下分别是 Ar 气氛的 103.43 倍，2.48 倍和 11.90 倍，这表明 CO_2 气氛对 COS 逸出非常有利的，特别是对二丁基硫醚。同时，这说明 CO_2 气氛下模型化合物的分解量高于 Ar 气氛，有利于模型化合物中的 C-S 键断裂。在 Ar 气氛下，模型化合物的逸出以 H_2S 为主，H_2S 的逸出量明显高于 COS 和 SO_2。而在 CO_2 气氛下，COS 的逸出量明显增加。十四硫醇中分解产生的 H_2S 的逸出量明显高于其他硫醚类模型化合物，这是十四硫醇的 C-SH 键断裂易产生 H_2S。对于苯硫醚 CO_2 气氛下 H_2S 的逸出量低于 Ar 气氛，但 COS 的逸出量明显高于 Ar 气氛，这是由于在较高温度下发生 $H_2S+CO_2 \longrightarrow COS+H_2O$ 的反应。

表 4.11　不同气氛热解时气相不同形态硫含量及总硫含量

单位：g/g(Sgas/coal)

样品	Ar				CO_2			
	H_2S	COS	SO_2	总硫	H_2S	COS	SO_2	总硫
二丁基硫醚	1.05×10^{-3}	3.27×10^{-5}	8.06×10^{-5}	1.16×10^{-3}	3.83×10^{-3}	3.39×10^{-3}	5.63×10^{-4}	7.78×10^{-3}
十四硫醇	1.08×10^{-2}	2.60×10^{-3}	1.98×10^{-4}	1.36×10^{-2}	1.15×10^{-2}	6.46×10^{-3}	9.09×10^{-4}	1.89×10^{-2}
苯硫醚	1.47×10^{-3}	3.00×10^{-4}	6.80×10^{-4}	2.45×10^{-3}	7.24×10^{-4}	3.57×10^{-3}	7.69×10^{-5}	4.37×10^{-3}
活性炭	5.37×10^{-5}	8.04×10^{-5}	1.21×10^{-4}	2.55×10^{-4}	2.76×10^{-5}	1.12×10^{-3}	8.59×10^{-4}	2.01×10^{-3}

4.3.2.2　噻吩类模型化合物热解行为

随着煤的变质程度的增加，噻吩类硫含量也不断增加。煤中的噻吩类硫具有环状共轭结构，所以噻吩类含硫化合物十分稳定且不易分解，噻吩烷基侧链在 500℃ 脱除，而开环反应要在更高的温度下才能进行[45]。

表 4.12 为 2-甲基噻吩（），苯并噻吩（）与二苯并噻吩（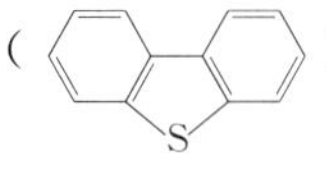）在 Ar 气氛与 CO_2 气氛下热解后半焦产率与脱硫率。

表 4.12　噻吩类模型化合物不同气氛热解后半焦产率与脱硫率

样品	Ar		CO_2	
	半焦产率/%	脱硫率/%	半焦产率/%	脱硫率/%
二苯并噻吩	77.67	54.03	63.24	54.03
2-甲基噻吩	78.53	46.02	58.67	50.34
苯并噻吩	75.87	55.94	62.13	59.37
活性炭	85.27	0.97	76.93	1.44

由表 4.12 可以看出，对于二苯并噻吩、2-甲基噻吩与苯并噻吩，其脱硫率均高于活性炭，在 CO_2 气氛的脱硫率分别为 58.03%、50.34% 和 59.37% 略高于 Ar 气氛下 54.03%、46.02% 和 55.94%。苯硫醚 CO_2 气氛下脱硫率高于 Ar 气氛。噻吩类的脱硫率明显低于硫醇硫醚类模型化合物，这说明噻吩类模型化合物较硫醇与硫醚类化合物难分解。

但是模型化合物与活性炭之间为物理吸附，在热解过程中，一部分模型化合物并没有分解，而是已挥发入气相中，所以要通过气相色谱来定量分析模型化合物实际的分解量。

(1) CO_2 气氛对噻吩类模型化合物 H_2S 逸出的影响

图 4.30 为不同气氛下噻吩类模型化合物热解 H_2S 逸出质谱曲线，由图 4.30 可以看出，在两种气氛下，三种模型化合物基本没有 H_2S 逸出。这是由于活性炭中挥发分较少，并且活性炭的比表面积较大，热解过程中，噻吩类模型化合物结构稳定，在较高温度下才能分解产生硫自由基，这些产生的硫自由基因缺乏活性 H 稳定，无法产生 H_2S。同时由于噻吩类化合物自身结构稳定，也无法发生 H 转移，为硫自由基提供足够的 H，所以在温度区间无 H_2S 逸出。噻吩类化合物的结构稳定，产生的硫自由基较少，提供 H 转移的能力较弱，活性炭又具有较大的比表面积，模型化合物产生的硫自由基易与活性炭反应，所以在温度区间无 H_2S 逸出。

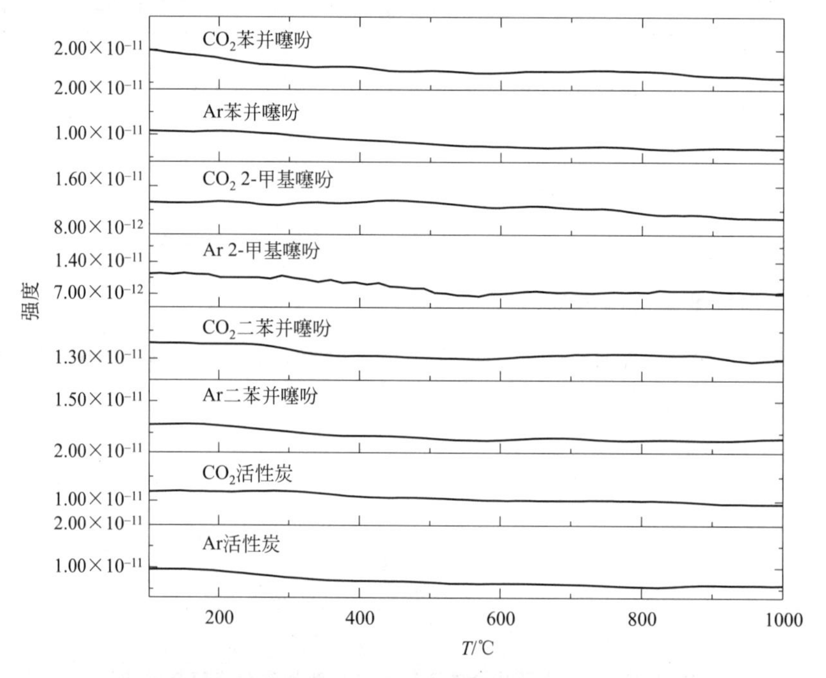

图 4.30 不同气氛下噻吩类模型化合物热解时 H_2S 逸出曲线

(2) CO_2 气氛对噻吩类模型化合物 COS 逸出的影响

由图 4.31 可以看出，在 Ar 气氛下，活性炭有一个较小的 COS 逸出峰，逸出温度范围约为 300～600℃。在 CO_2 气氛下，活性炭 COS 的逸出温度范围较宽，约为 350～700℃，逸出量在高于 800℃时，随着温度的增加，活性炭的 COS 逸出量也不断增加。Ar 气氛下，对于苯并噻吩、2-甲基噻吩和二苯并噻吩，也只有一个 COS 逸出峰，逸出峰温度范围除二苯并噻吩外，比活性炭 COS 逸出峰温度范围宽。CO_2 气氛下，这三种含硫模型化合物在热解过程中，当温度高于 800℃时，COS 的逸出随着温度的升高而增加，这与硫醇、硫醚类化合物不同，这说明在 CO_2 气氛下，高温有利于稳定的噻吩类含硫化合物的分解。图 4.32 为苯并噻吩的分峰拟合，由此可以推测苯并噻吩的分解历程。

由图 4.32 CO_2 气氛下苯并噻吩的分峰拟合图可以看出，热解过程苯并噻吩可分为四

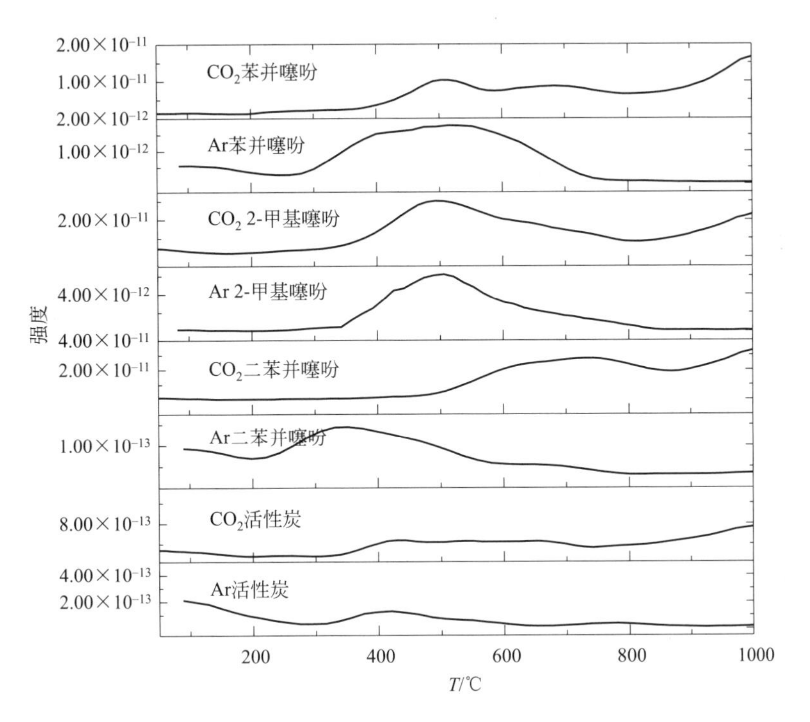

图 4.31 不同气氛下噻吩类模型化合物热解时 COS 逸出曲线

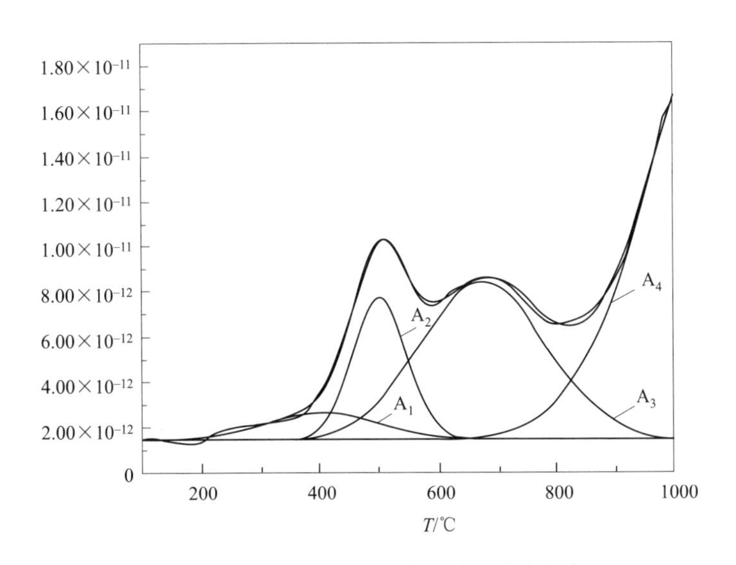

图 4.32 CO_2 气氛下苯并噻吩的分峰拟合

个 COS 逸出峰。CO_2 气氛下，第一逸出峰温度范围为 350℃至 700℃，这与活性炭在 COS 逸出峰的相同，苯并噻吩、2-甲基噻吩与二苯并噻吩在第一逸出峰的强度与活性炭的几乎相同，说明第一个 COS 逸出峰是由活性炭引起。第二逸出峰的最大峰温为 515℃，这个峰是苯并噻吩自身分解峰。第三（最大逸出温度为 683℃）或第四峰是相关转化产物的分解峰。通过比较峰面积可确定含硫模型化合物的分解与转化量。苯并噻吩 A_2 的峰面积占比为 20.97%，这是苯并噻吩本身分解引起。第三和第四峰（A_3，A_4）占总面积约为32.11%和30.06%。由此可见，苯并噻吩在热解过程中，易于转化为较为稳定的化合物，这些化合物的分解温度更高。对于活性炭，其在800℃以上也有较少的逸出，其最大响应强度为8×10^{-13}，而苯并噻吩A_4的响应强度为1.7×10^{-11}，其COS的逸出量明显高于活性炭，说明A_4逸出峰并不是由活性炭分解引起的，而是由苯并噻吩转化产物分解引起的。

对于2-甲基噻吩，有两个COS逸出峰，第一个峰的最大逸出温度为493℃，第一个峰是本身分解峰，第二个峰为2-甲基噻吩分解产生更稳定的化合物的分解峰。对于二苯并噻吩，有三个COS峰，第一个峰是活性炭的逸出峰，第二个峰（731℃）是自身分解峰，第三个峰是转化产物分解峰。

图4.33为CO_2气氛下噻吩类化合物CO与COS的逸出曲线。由图4.33可以看出CO_2气氛下，800℃以后，噻吩类含硫化合物的COS逸出量随着温度增加而增加，同时这三个含硫化合物中CO逸出量也在不断增加。苯并噻吩、2-甲基噻吩和二苯并噻吩第四逸出峰（A_4）强度均高于其自身分解的峰（A_2）强度，这表明CO_2在较高的温度下氧化能力增强，可发生$C+CO_2 \longrightarrow CO$的反应，可以使煤中的稳定的大分子断裂，同时断裂含硫化合物中较为稳定的C-S键。

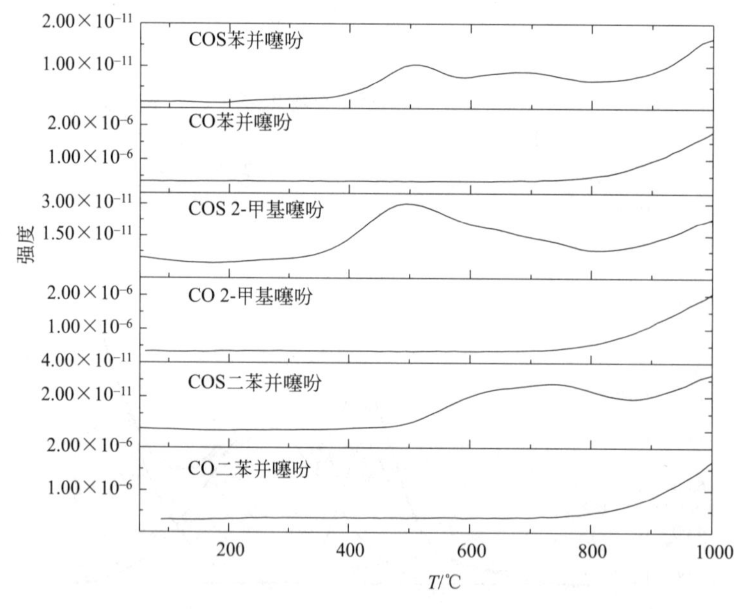

图4.33 CO_2气氛下噻吩类化合物CO与COS的逸出曲线

噻吩类SO_2的逸出与H_2S的逸出曲线基本一样，基本没有SO_2的逸出，其原因与H_2S相同：在热解过程中，活性炭所产生的挥发分较少，无法使含硫自由基稳定，其在高温下产生的硫自由基有更多的机会与CO_2反应。另外，活性炭的表面积非常高，硫自由基有更多的机会与活性炭反应，转化为更稳定的含硫化合物。

由此可以推断出在CO_2气氛下，噻吩类热解温度顺序为：2-甲基噻吩<苯并噻吩<二苯并噻吩。在热解过程中，噻吩类含硫化合物分解温度较高。在高温条件下，噻吩化合物可与基质发生缩聚反应，转化为芳环率更高、更加稳定的化合物。这说明随着噻吩类模型化合物的分子量、成环数的增加，其稳定性增加，热解的温度也提高。

(3) CO_2 气氛对含硫气体逸出量的影响

表 4.13 为单位质量模型化合物在不同气氛下热解过程中气相中不同形态硫含量及总硫含量。由表 4.13 可以看出，Ar 气氛下，二苯并噻吩、2-甲基噻吩和苯并噻吩热解过程产生的 H_2S、COS 和 SO_2 逸出量略高于活性炭的逸出量。CO_2 气氛下，苯并噻吩、二苯并噻吩和 2-甲基噻吩 CO_2 气氛下 COS 逸出量分别为 Ar 气氛下的 23.34 倍、14.48 倍和 24.06 倍。这表明 CO_2 气氛对 COS 逸出非常有利。同时，CO_2 气氛下的 H_2S 与 SO_2 的逸出量小于 Ar 气氛，这也说明，噻吩类模型化合物较为稳定，产生的自由基量较少，这些自由基同 CO_2 反应减少了其与含 H、O 的反应概率，因此，CO_2 气氛下，COS 的逸出量远高于 H_2S 与 SO_2 的逸出量。

表 4.13　不同气氛热解气中不同形态硫含量及总硫含量

单位：g/g (Sgas/coal)

样品	Ar				CO_2			
	H_2S	COS	SO_2	总硫	H_2S	COS	SO_2	总硫
二苯并噻吩	7.45×10^{-5}	1.25×10^{-4}	3.19×10^{-4}	4.49×10^{-4}	3.13×10^{-5}	1.81×10^{-3}	2.68×10^{-4}	2.09×10^{-3}
2-甲基噻吩	6.31×10^{-5}	1.01×10^{-4}	2.74×10^{-4}	4.39×10^{-4}	3.24×10^{-5}	2.43×10^{-3}	1.16×10^{-4}	2.58×10^{-3}
苯并噻吩	6.22×10^{-5}	8.87×10^{-5}	4.14×10^{-4}	5.64×10^{-4}	3.83×10^{-5}	2.07×10^{-3}	3.85×10^{-4}	2.49×10^{-3}
活性炭	5.37×10^{-5}	8.04×10^{-5}	1.21×10^{-4}	2.55×10^{-4}	2.76×10^{-5}	1.12×10^{-3}	1.09×10^{-4}	2.01×10^{-3}

4.4 本章小结

本章对有机含硫模型化合物进行了热解研究，考察了 Ar 和 CO_2 气氛下硫脱除及硫释放行为。可以得出以下结论：

① CO_2 气氛下热解过程中硫释放温度的顺序是二丁基硫醚＜十四烷基硫醇＜2-甲基噻吩＜苯并噻吩＜苯基硫醚＜二苯并噻吩。

② CO_2 气氛硫醇与硫醚类硫化合物的分解温度比惰性气氛下低。这表明 CO_2 可以在较低温度先断裂的 C-S 键。对于稳定的二苯并噻吩，2-甲基噻吩和苯并噻吩，其分解量较少，分解温度较高，热解过程中往往转化为更稳定的化合物。

③ CO_2 气氛下，800℃以后，噻吩类含硫化合物的 COS 的逸出量随着温度增加而增加，同时这三种含硫化合物中的 CO 逸出量也在不断增加。说明 CO_2 气氛有利于稳定含硫化合物的分解。

参考文献

[1] Yan J, Yang J, Liu Z. SH radical: the key intermediate in sulfur transformation during thermal processing of coal [J]. Environmental Science & Technology, 2005, 39 (13): 5043-5051.

[2] Anastasakis K, Ross A B, Jones J M. Pyrolysis behaviour of the main carbohydrates of brown macro-algae [J]. Fuel, 2011, 90 (2): 598-607.

[3] Gai R, Jin L, Zhang J, et al. Effect of inherent and additional pyrite on the pyrolysis behavior of oil shale [J].

Journal of Analytical and Applied Pyrolysis, 2014, 105: 342-347.

[4] Cheng H, Liu Q, Huang M, et al. Application of TG-FTIR to study SO_2 evolved during the thermal decomposition of coal-derived pyrite [J]. Thermochimica Acta, 2013, 555: 1-6.

[5] Huang C, Linkous C A, Adebiyi O, et al. Hydrogen production via photolytic oxidation of aqueous sodium sulfite solutions [J]. Environmental Science & Technology, 2010, 44 (13): 5283-5288.

[6] Yu J, Yin F, Wang S, et al. Sulfur removal property of activated-char-supported Fe-Mo sorbents for integrated cleaning of hot coal gases [J]. Fuel, 2013, 108: 91-98.

[7] Yu J, Chang L, Xie W, et al. Correlation of H_2S and COS in the hot coal gas stream and its importance for high temperature desulfurization [J]. Korean Journal of Chemical Engineering, 2011, 28 (4): 1054-1057.

[8] Xu G, Yang Y, Lu S, et al. Comprehensive evaluation of coal-fired power plants based on grey relational analysis and analytic hierarchy process [J]. Energy Policy, 2011, 39 (5): 2343-2351.

[9] Dai S, Ren D, Zhou Y, et al. Mineralogy and geochemistry of a superhigh-organic-sulfur coal, Yanshan Coalfield, Yunnan, China: evidence for a volcanic ash component and influence by submarine exhalation [J]. Chemical Geology, 2008, 255 (1): 182-194.

[10] Baruah B P, Khare P. Desulfurization of oxidized Indian coals with solvent extraction and alkali treatment [J]. Energy & Fuels, 2007, 21 (4): 2156-2164.

[11] 边炳鑫. 煤化学 [M]. 徐州：中国矿业大学出版社，2004.

[12] 韩永嘉，王树立，李辉，等. 烟气脱除二氧化硫技术现状与发展趋势 [J]. 过滤与分离，2009 (2): 23-27.

[13] 孙文寿，蔡杰，陈侠. 煤浆催化氧化法烟气脱硫研究 [J]. 环境科学与技术，2006, 29 (7): 34-36.

[14] 董佩杰. 火电厂烟气脱硫技术的探讨 [J]. 山西电力，2006, 8 (4): 62-65.

[15] Liu F, Li B, Li W, et al. Py-MS study of sulfur behavior during pyrolysis of high-sulfur coals under different atmospheres [J]. Fuel Processing Technology, 2010, 91 (11): 1486-1490.

[16] Liu F, Li W, Chen H, et al. Uneven distribution of sulfurs and their transformation during coal pyrolysis [J]. Fuel, 2007, 86 (3): 360-366.

[17] Liu F, Li W, Li B. Gas analysis and sulfur removal from coal during fluidized bed pyrolysis under different oxygen contents [C]. 2005 ICCS&T Okinawa-October, 2005.

[18] Liu F, Li W, Li B. XPS study on carbon and sulfur transformation on the coal surface during pyrolysis [C]. 6th European Conference on Coal Research & Its Applications, 2006.

[19] Liu F, Li B, Li W, et al. Py-MS study of sulfur behavior during pyrolysis of high-sulfur coals under different atmospheres [J]. Fuel Processing Technology, 2010, 91 (11): 1486-1490.

[20] Yu J, Chang L, Xie W, et al. Correlation of H_2S and COS in the hot coal gas stream and its importance for high temperature desulfurization [J]. Korean Journal of Chemical Engineering, 2011, 28 (4): 1054-1057.

[21] Cao Y, Casenas B, Pan W P. Investigation of chemical looping combustion by solid fuels. 2. Redox reaction kinetics and product characterization with coal, biomass, and solid waste as solid fuels and CuO as an oxygen carrier [J]. Energy & Fuels, 2006, 20 (5): 1845-1854.

[22] Yan J, Yang J, Liu Z. SH radical: the key intermediate in sulfur transformation during thermal processing of coal [J]. Environmental Science & Technology, 2005, 39 (13): 5043-5051.

[23] Bai Z, Li B, Li W, et al. The Effect of low concentration of oxygen on the removal of stable sulfur in coal [J]. Energy Sources, Part A: Recovery, Utilization and Environmental Effects, 2012, 34 (5): 447-455.

[24] Baruah B P, Khare P. Pyrolysis of high sulfur Indian coals [J]. Energy & Fuels, 2007, 21 (6): 3346-3352.

[25] Attar A. Chemistry, thermodynamics and kinetics of reactions of sulphur in coal-gas reactions: A review [J]. Fuel, 1978, 57 (4): 201-212.

[26] Srivastava R K, Hutson N, Martin B, et al. Control of mercury emissions from coal-fired electric utility boilers [J]. Environmental Science & Technology, 2006, 40 (5): 1385-1393.

[27] Pysh'Yev S V, Gayvanovych V I, Pattek-Janczyk A, et al. Oxidative desulphurisation of sulphur-rich coal [J]. Fuel, 2004, 83 (9): 1117-1122.

[28] Zhang L, Xu S, Zhao W, et al. Co-pyrolysis of biomass and coal in a free fall reactor [J]. Fuel, 2007, 86 (3):

353-359.

[29] 宋春财，胡浩权，朱盛维，等．生物质秸秆热重分析及几种动力学模型结果比较［J］．燃料学学报，2003，31（4）：311-316.

[30] Baruah B P，Khare P. Pyrolysis of high sulfur Indian coals［J］. Energy & Fuels，2007，21（6）：3346-3352.

[31] Liu F，Xie L，Guo H，et al. Sulfur release and transformation behaviors of sulfur-containing model compounds during pyrolysis under oxidative atmosphere［J］. Fuel，2014，115：596-599.

[32] Li S，Xu T，Sun P，et al. NO_x and SO_x emissions of a high sulfur self-retention coal during air-staged combustion［J］. Fuel，2008，87（6）：723-731.

[33] Li X，Rathnam R K，Yu J，et al. Pyrolysis and combustion characteristics of an indonesian lowrank coal under O_2/N_2 and O_2/CO_2 conditions［J］. Energy & Fuels，2010，24（1）：160-164.

[34] Liu F，Li B，Li W，et al. Py-ms study of sulfur behavior during pyrolysis of high-sulfur coals under different atmospheres［J］. Fuel Processing Technology，2010，91（11）：1486-1490.

[35] Karaca S. Desulfurization of a turkish lignite at various gas atmospheres by pyrolysis. Effect of mineral matter［J］. Fuel，2003，82（12）：1509-1516.

[36] Liu H，Chao Y，Dong S，et al. Efficient desulfurization in a new scheme of oxyfuel combined with partial CO_2 removal from recycled gas and mild combustion［J］. Energy & Fuels，2013，27（3）：1513-1521.

[37] Liu H，Yao H，Yuan X，et al. Scheme of O_2/CO_2 combustion with partial CO_2 removal from recycled gas. Part 2：High efficiency of in-furnace desulfurization［J］. Energy & Fuels，2012，26（2）：835-841.

[38] Liu F，Xie L，Guo H，et al. Sulfur release and transformation behaviors of sulfur-containing model compounds during pyrolysis under oxidative atmosphere［J］. Fuel，2014，115：596-599.

[39] Zhang X，Dong L，Zhang J，et al. Coal pyrolysis in a fluidized bed reactor simulating the process conditions of coal topping in cfb boiler［J］. Journal of Analytical and Applied Pyrolysis，2011，91（1）：241-250.

[40] Xiao H，Zhou J，Liu J，et al. Desulfurization characteristic of organic calcium at high temperature［J］. Huanjing Kexue，2007，28（8）：147-155.

[41] Hacifazlioglu H，Toroglu I. Pilot-scale studies of ash and sulfur removal from fine coal by using the cylojet flotation cell［J］. Energy Sources，Part A：Recovery，Utilization，and Environmental Effects，2014，36（18）：18-24.

[42] Mukia H，Tanaka A，Fujii T，et al. Regional characteristics of sulfur and lead isotope ratios in the atmosphere at several chinese urban sites［J］. Environmental Science & Technology，2001，35（6）：114-125.

[43] Zhang L，Li Z，Li J，et al. Studies on the low-temp oxidation of coal containing organic sulfur and the corresponding model compounds［J］. Molecules，2005，20（12）：22241-22256.

[44] Song Z，Wang M，Batts B D，et al. Hydrous pyrolysis transformation of organic sulfur compounds：Part 1. Reactivity and chemical changes［J］. Organic Geochemistry，2005，36（11）：1523-1532.

[45] Fallah R N，Azizian S，Reggers G et al. Effect of aromatics on the adsorption of thiophenic sulfur compounds from model diesel fuel by activated carbon cloth［J］. Fuel Processing Technology，2014，119：278-285.

第5章

XANES研究黄铁矿在不同气氛下的热解迁移行为

煤中的硫制约着煤炭的利用和发展。黄铁矿是煤中主要的无机硫来源，在热解过程中，虽然可以脱除部分的无机硫，但是影响无机硫脱除的因素有很多，如煤阶、挥发分、矿物质和煤中的有机硫[1,2-7] 等。关于煤中无机硫逸出国内外学者有较多的研究，但是只考虑了脱硫率与煤中整体含硫化合物的变化。对于黄铁矿热解过程中的分解机理与分解规律并不十分清楚。

本章通过对纯黄铁矿进行热解实验，排除煤中的矿物质和挥发分等其他煤中要素的影响，考察无机硫模型化合物黄铁矿的分解与硫逸出行为。利用 Py-GC 对热解过程中的气相逸出物（羰基硫与二氧化硫）的逸出进行检测，同时利用 XRD、微机定硫仪对半焦中的硫含量与硫形态进行分析[8-11]。并考察不同气氛（CO_2、Ar 和微量 O_2）对热解的影响，主要讨论不同温度下黄铁矿的分解产物与分解机理。

5.1 实验部分

5.1.1 样品

实验选取纯黄铁矿（阿拉丁购买），将其研磨、筛分，取粒径范围为小于 0.258mm 样品进行研究。

5.1.2 实验装置及分析方法

热解实验装置及方法：热解实验在小型水平固定床石英管反应器中进行，反应管内径 10mm，长度为 60cm，装置如图 3.1 所示。称取 1g 左右的纯黄铁矿放入石英管中，在程序升温前，用热解气（纯 Ar、纯 CO_2 或 3% O_2-Ar）吹扫 30min，调节气体流量为 300mL/min，以 10℃/min 的升温速率，由室温升到热解终温，终温分别为 400℃、500℃、600℃、700℃、800℃、900℃和 1000℃，在终温停留 30min，反应停止后迅速空气冷却，并收集半焦进行分析。半焦产率计算详见第 2 章 2.2.1 节式（2.1）。

5.2 结果与讨论

5.2.1 黄铁矿在 Ar 气氛下热解硫迁移行为

图 5.1 中的黄铁矿的 S-XAS 谱图与 FeS_2 的标准谱图相一致，说明所选黄铁矿样品比较纯净。由图 5.1 可看出，黄铁矿在 Ar 气氛下经 400℃和 500℃热解后的谱图与原谱图基本一致，且峰型较对称。说明黄铁矿在 Ar 气氛下热解时在 500℃以下分解很少。而 600℃后的谱图与 FeS 的标准谱图相吻合，但峰形不对称，说明黄铁矿分解不完全。在 700℃后的谱图与 FeS 的标准谱图相吻合，到 1000℃时仍检测到 FeS 的峰。这说明黄铁矿在 Ar 气氛下在 500～700℃之间就可全分解为 FeS，而 FeS 在 Ar 气氛下较稳定，在 1000℃仍不能全部分解。这可能也与黄铁矿的粒径有关，粒径大使得内部的 FeS 无法分解。

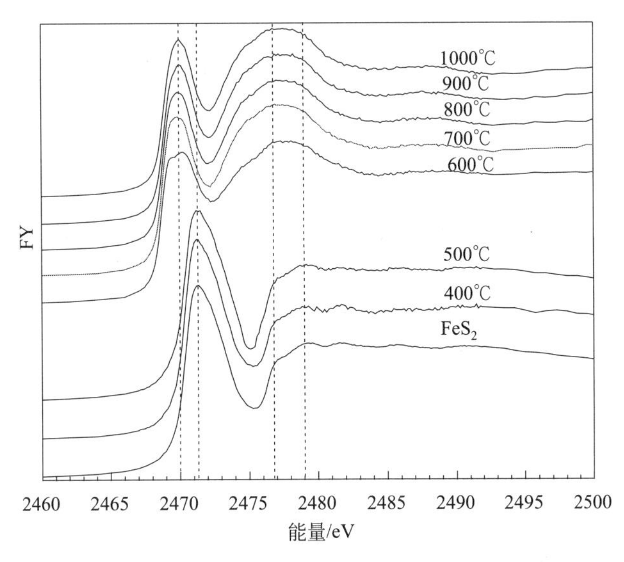

图 5.1　黄铁矿在 Ar 气氛下热解后的 S-XAS 谱图

由图 5.2 可看出，黄铁矿在 500℃以前分解很少，由于热解后 Fe-XAS 谱图与黄铁矿的谱图完全一样。Fe-XAS 谱图在 600℃时出现 FeS 的特征峰，黄铁矿特征峰减弱，但仍有残留。这与图 5.1 S-XAS 讨论相一致，说明黄铁矿在 600℃时发生了强烈分解，但还分解不完全。这与黄铁矿的存在形式有关，包裹体中里边的黄铁矿由于传质效果差仍不能分解。在 700℃后，黄铁矿的 Fe-XAS 特征峰几乎消失，谱图与 FeS 的特征峰相吻合。在 600℃以上，图 5.2 中出现了 Fe 的特征峰，说明 FeS 在 600℃以上可发生分解反应，分解为 Fe 和单质硫。由图 5.3XRD 谱图可以看出，原样中 56.3°、42.1°、63.5°为黄铁矿的较强特征峰，随着温度不断提高，特征峰的强度不断减弱，400℃、500℃时 XRD 图中黄铁矿分解产物的出峰位置与黄铁矿原样基本相同，部分特征峰消失。600℃时，在 29.2°、33.5°、45.9°与 53.2°出现了 FeS 的特征峰，随着温度的增加，特征峰的强度也不断增强。温度超过 800℃时，特征峰强度减弱。但在 1000℃时，FeS 的特征峰仍存在，同样说明 FeS 在此温度下仍不能全部分解。

因此，黄铁矿在 Ar 气氛下的热解脱硫机理如下：

$$Fe_2S_2 \xrightarrow[Ar]{500\sim700℃} FeS \xrightarrow[Ar]{>600℃} Fe+S_n$$

由黄铁矿热解后 S-XAS、Fe-XAS 和 XRD 谱图得出黄铁矿在 Ar 气氛下的热解机理：500℃以上开始分解，700℃时完全分解为 FeS。FeS 在 600℃以上可分解生成 Fe 和硫单质。

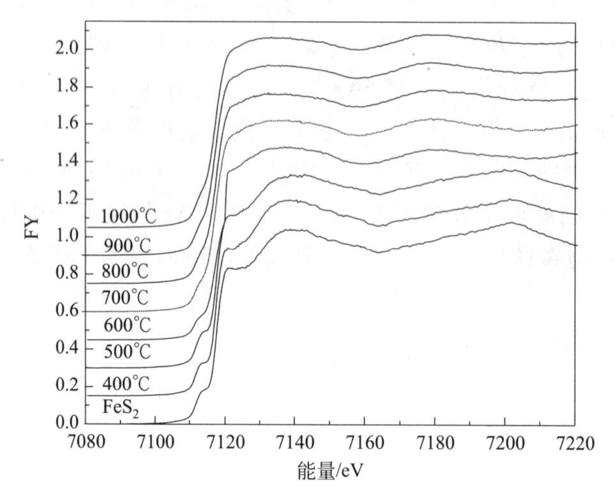

图 5.2　黄铁矿在 Ar 气氛下热解后的 Fe-XAS 谱图

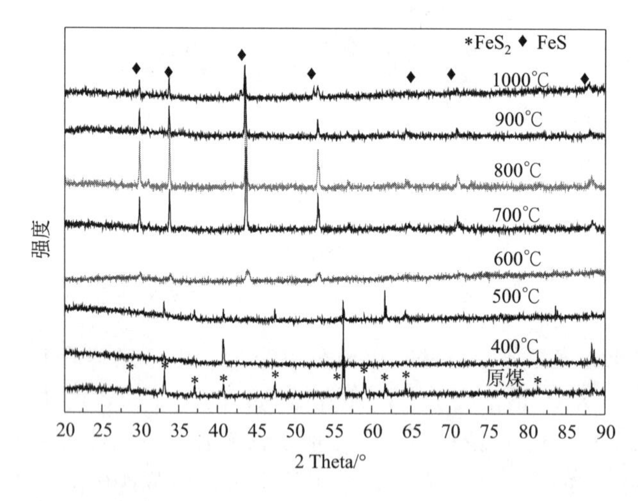

图 5.3　黄铁矿在 Ar 气氛下不同温度热解后的半焦 XRD 图

5.2.2　黄铁矿在 CO_2 气氛下热解硫迁移行为

由图 5.4 可看出，黄铁矿在 CO_2 气氛下经 500℃热解后，出现了 FeS 肩峰，说明 CO_2 气氛下黄铁矿在 500℃就可以分解，比 Ar 气氛下分解早。但在 600℃时，黄铁矿在 CO_2 气氛下的分解程度较 Ar 气氛差。600℃热解后，仍存在大量的黄铁矿，由于谱图中黄铁矿峰还非常强。在 CO_2 气氛下黄铁矿在 700℃时才可全部分解。与 Ar 气氛不同，黄铁矿在 CO_2 气氛下 500℃时就可分解，但在 700℃时才可分解完全。而 Ar 气氛下，黄铁矿在 500℃时分解并不明显，但在 600℃时就可大部分分解。同样，FeS 在 CO_2 气氛下 1000℃

时也无法完全分解。一是由于FeS本身很稳定，在CO_2气氛下1000℃时也无法完全分解。二是由于黄铁矿的粒径大，包裹在内部的FeS无法进一步发生分解反应。

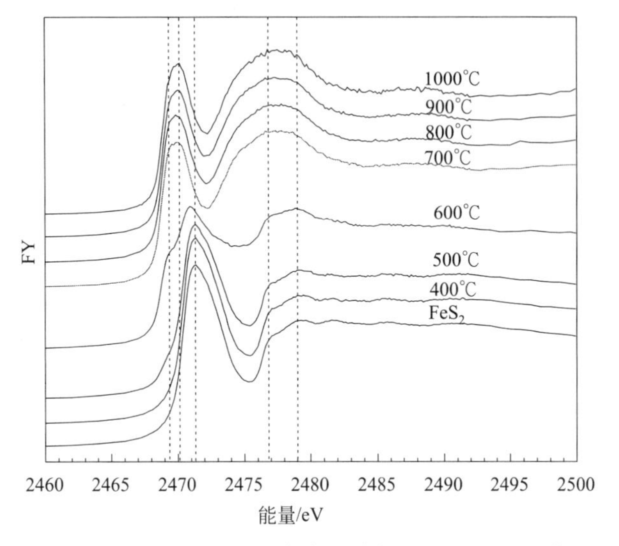

图5.4　黄铁矿在CO_2气氛下热解后的S-XAS图谱

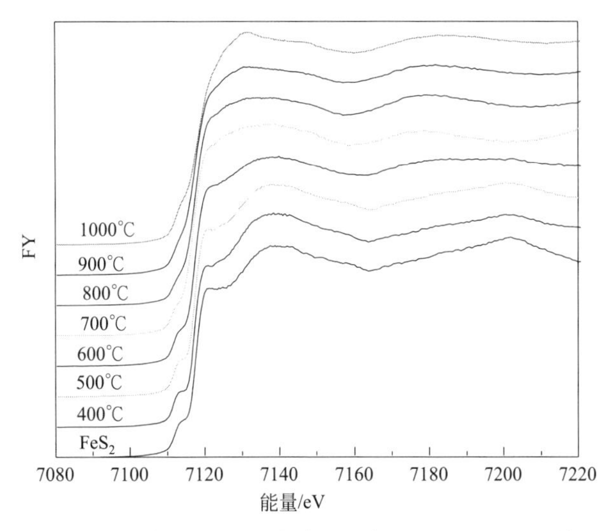

图5.5　黄铁矿在CO_2气氛下热解后的Fe-XAS图谱

由图5.5黄铁矿在CO_2氛下热解后的Fe-XAS谱也可看出，CO_2气氛下黄铁矿在500℃时可分解，由于热解后在7120eV处黄铁矿的Fe特征峰下降，出现了FeS的特征峰。在600℃时，在7120eV处黄铁矿的Fe特征峰继续下降，FeS的特征峰增强，而在700℃时，在7120eV处黄铁矿的Fe特征峰几乎消失，完全出现了FeS的特征峰，说明黄铁矿分解较完全。这与图5.3 S-XAS讨论相一致，说明黄铁矿在600℃时发生了强烈分解，但未分解完全，在700℃时才可分解完全。黄铁矿在800℃热解后与FeS的特征峰吻合得较好，说明在CO_2气氛下800℃时FeS还很稳定，不易分解。在900～1000℃之间，FeS的特征峰仍存在。说明FeS非常稳定，CO_2气氛下1000℃时仍不能完全分解。这与图5.4的S-XAS分析完全一致。但在900～1000℃之间，Fe-XAS谱中出现了Fe_3O_4的特征峰。说明 800℃以上 FeS 可与 CO_2 反应生成 Fe_3O_4 和 COS。黄铁矿在 CO_2 气氛下的热解时，Py-GC 也检测到了 COS 的逸出。

由图 5.6 黄铁矿在 CO_2 气氛下不同温度的热解半焦的 XRD 图可以看出，原样中 56.3°、42.1°、63.5°处黄铁矿较强的特征峰，随着温度不断提高，特征峰的强度不断变弱，400℃、500℃时，XRD 图中黄铁矿分解产物的出峰位置与黄铁矿的基本相同，部分特征峰消失。600℃时，在 29.2°、33.5°、44.9°与 53.2°明显出现了 FeS 的特征峰，随着温度的增加，特征峰的强度也不断增强。在 700℃时，黄铁矿的特征峰几乎消失，这也可说明黄铁矿在 CO_2 气氛下在 700℃以下可以分解完全。在 1000℃时明显出现了 Fe_4O_3 的特征峰。这说明在高温下 CO_2 可与 FeS 发生反应生成 Fe_4O_3。

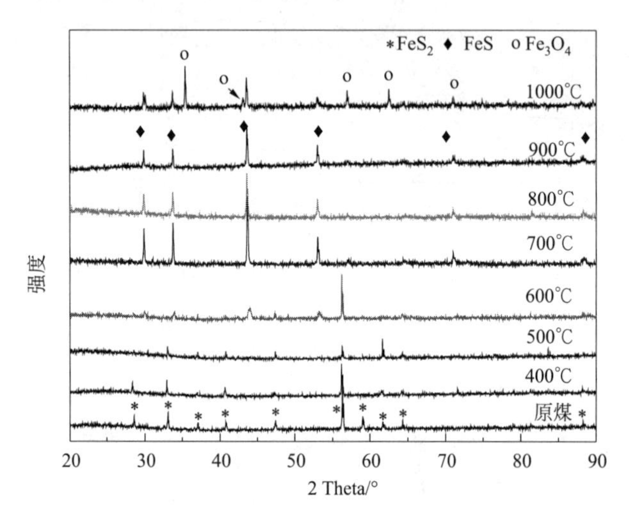

图 5.6　黄铁矿在 CO_2 气氛下不同温度的热解半焦 XRD 图

综上所述，黄铁矿在 CO_2 气氛下的热解脱硫机理如下：

$$Fe_2S_2 \xrightarrow[CO_2]{400\sim700℃} FeS \xrightarrow[CO_2]{>600℃} Fe + S_n$$

$$FeS \xrightarrow[CO_2]{>800℃} Fe_3O_4 + COS$$

因此，由黄铁矿热解后 S-XAS、Fe-XAS 和 XRD 谱图得出黄铁矿在 CO_2 气氛下的热解机理为：400℃以上开始分解，700℃时几乎完全分解为 FeS。FeS 在 600℃以上就可发生分解生成单质 Fe 和硫单质，在 800℃以上可与 CO_2 反应生成 Fe_3O_4 和 COS。

5.2.3　黄铁矿在 3% O_2 气氛下热解硫迁移行为

图 5.7 为黄铁矿在 3% O_2 气氛不同温度下热解后的 S-XAS 图谱。由图 5.3 可看出，黄铁矿在 3% O_2 气氛下经 500℃热解后，并未出现 FeS 肩峰，而出现了 $Fe_2(SO_4)_3$ 峰。在 3% O_2 气氛下，黄铁矿在 500℃时就可与氧气发生反应，生成 $Fe_2(SO_4)_3$。但是，在 3% O_2 气氛下黄铁矿在 500℃时分解也并不完全。在 600℃时，黄铁矿才可分解完全，一部分转变为 FeS，一部分转变为 $Fe_2(SO_4)_3$。在 3% O_2 气氛下黄铁矿的分解温度与 Ar 气氛相似，但分解产物不一样。Ar 气氛下黄铁矿 600℃时主要分解为 FeS，而黄铁矿在 600℃时在 3% O_2 气氛下生成了 FeS 和 $Fe_2(SO_4)_3$。生成的 $Fe_2(SO_4)_3$ 不稳定，高于

600℃容易分解，由谱图可也看出此峰在600～800℃之间呈下降趋势。900℃以上，由于FeS与O_2的反应速率增大，生成$Fe_2(SO_4)_3$的速率大于其分解速率，使得$Fe_2(SO_4)_3$的峰强度又增加。在3% O_2气氛下，FeS在900℃时仍存在。但在1000℃时，FeS可完全分解，生成$Fe_2(SO_4)_3$，这不同于Ar气氛和CO_2气氛FeS分解不完全。

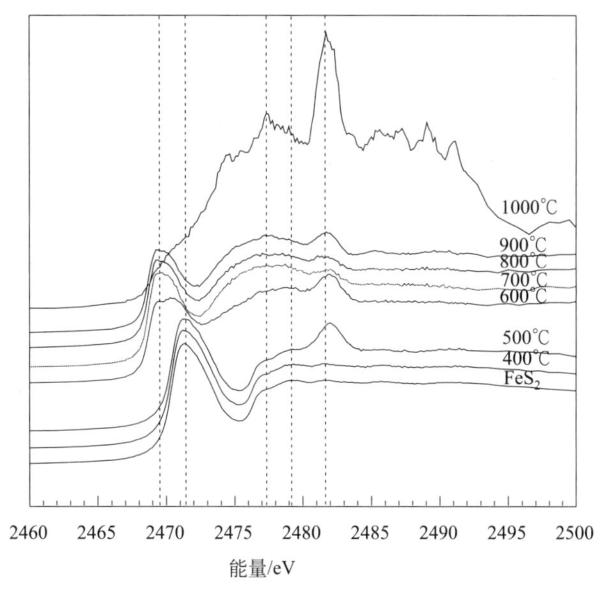

图5.7 黄铁矿在3%O_2气氛下热解后的S-XAS图谱

由图5.8黄铁矿在3%O_2气氛下热解后的Fe-XAS谱也可看出，3%O_2气氛下黄铁矿在500℃时明显分解，这与图5.5的S-XAS谱一致，由于黄铁矿的Fe-XAS强度也明显下降。3%O_2气氛下黄铁矿在500℃热解后在7150eV处出现了Fe_2O_3和$Fe_2(SO_4)_3$的特征峰。说明黄铁矿在500℃时就可与O_2反应，生成Fe_2O_3和SO_2，而生成的Fe_2O_3、SO_2又可与O_2反应，生成$Fe_2(SO_4)_3$。Py-GC也检测到了SO_2的逸出。随着温度升高，Fe_2O_3峰的强度增强，$Fe_2(SO_4)_3$的特征峰先降低后增加。这与图5.5的S-XAS谱一致，

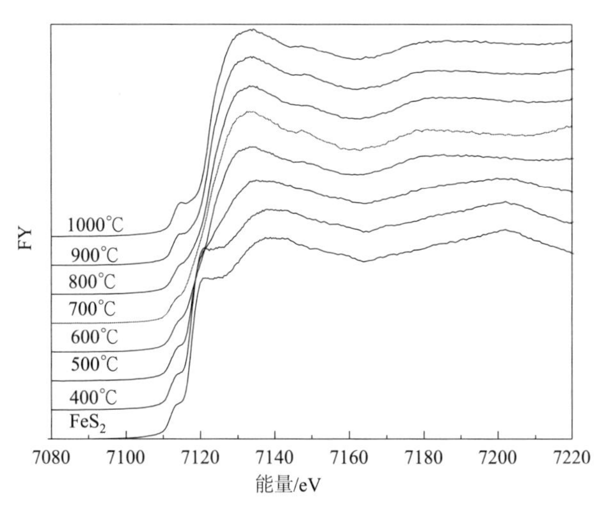

图5.8 黄铁矿在3%O_2气氛下热解后的Fe-XAS图谱

说明生成的 $Fe_2(SO_4)_3$ 不稳定，温度升高分解速率增大。当温度高于 800℃时，由于 FeS 与 $3\%O_2$ 的反应速率增大，生成 $Fe_2(SO_4)_3$ 的量大于其分解的量，因此 Fe_2SO_4 的特征峰又增加。$3\%O_2$ 气氛下黄铁矿在 600℃时热解后，黄铁矿在 7120eV 处的 Fe-XAS 特征峰几乎消失，这与图 5.7 S-XAS 讨论相一致，说明黄铁矿在 600℃时发生了强烈分解并分解完全。在 800℃热解后 Fe 的特征峰增强，说明 $3\%O_2$ 气氛也有助于 FeS 分解。$3\%O_2$ 气氛下黄铁矿在 600℃时热解后，FeS 的特征峰逐渐降低。说明 FeS 在 $3\%O_2$ 气氛下较 CO_2 气氛下易分解。

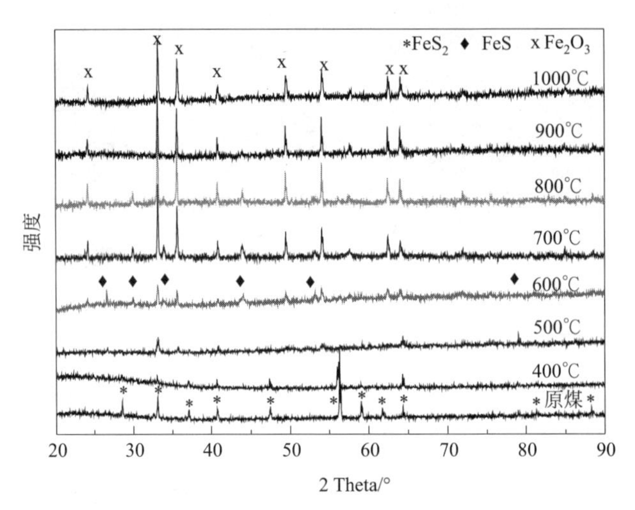

图 5.9 黄铁矿在 $3\%O_2$ 气氛下不同温度的半焦 XRD 图

由图 5.9 可以看出，原样中 56.3°、42.1°、63.5°为黄铁矿的较强的特征峰，随着温度不断提高，特征峰的强度不断变弱，400℃时，XRD 图中黄铁矿分解产物的与黄铁矿原样的出峰位置基本相同，但特征峰强度变弱。500℃时，在 35.7°、49.5°与 62.5°出现了 Fe_2O_3 的特征峰，随着温度的增加，特征峰的强度也不断增强。500～700℃之间，同时存在 FeS 与 Fe_2O_3 两种晶相。这说明在较低的温度下，微量 O_2 可以氧化黄铁矿使其分解，但是 $3\%O_2$ 的氧化能力有限，只能使部分的黄铁矿转化为 Fe_2O_3，部分黄铁矿分解形式与在 Ar 气氛和 CO_2 气氛低温下机理相似，产生 FeS 与单质硫。

综上所述，黄铁矿在 $3\%O_2$ 气氛下的热解脱硫机理如下：

$$FeS_2 \xrightarrow[3\%\ O_2]{400\sim600℃} Fe_2O_3 + SO_2 \underset{>600℃}{\overset{>400℃}{\rightleftharpoons}} Fe_2(SO_4)_3$$

$$FeS_2 \xrightarrow[3\%\ O_2]{500\sim600℃} FeS \xrightarrow{>600℃} Fe_2O_3 + SO_2$$

因此，根据黄铁矿在 $3\%O_2$ 气氛下热解后的 S-XAS、Fe-XAS 和 XRD 谱图可得黄铁矿在 $3\%O_2$ 气氛下的热解脱硫机理。黄铁矿在 400℃以上就可与 $3\%O_2$ 气氛发生反应，生成 Fe_2O_3 和 SO_2。同时，生成的 Fe_2O_3 和 SO_2 又可与 $3\%O_2$ 气氛反应生成 $Fe_2(SO_4)_3$，此反应是可逆反应，高于 600℃又发生分解。黄铁矿在 $3\%O_2$ 气氛下在 500～600℃发生了强烈的分解反应并生成 FeS，黄铁矿在 600℃时可完全分解。600℃以上，生成 FeS 也可与 $3\%O_2$ 气氛发生反应，生成 Fe_2O_3 和 SO_2。同时，生成的 Fe_2O_3 和 SO_2 又可与 $3\%O_2$ 气氛反应生成 Fe_2SO_4。

5.3 本章小结

本章通过考察不同热解温度及不同气氛对黄铁矿热解过程中变化规律的影响，得到以下结论：

① 在 Ar 气氛下，600℃热解时，黄铁矿能发生部分分解，600～700℃反应速率加快，黄铁矿完全分解为硫化亚铁。

② CO_2 气氛下，较低温度下反应与 Ar 气氛相同，当温度高于 700℃时，CO_2 可以与黄铁矿热解生成的硫化亚铁反应，生成 Fe_3O_4、COS 和 SO_2，但是这个反应进行不彻底。CO_2 气氛下脱硫率明显低于 Ar 气氛。

③ 3%O_2 气氛下，500℃以前，微量的 O_2 就可以与黄铁矿反应生成 Fe_2O_3 和 SO_2，但这个反应并不彻底，同时黄铁矿自身分解产生硫化亚铁，当温度高于 600℃时，脱硫率明显增加，反应进行彻底，温度为 1000℃时，黄铁矿基本完全分解为三氧化二铁。3%O_2 气氛下的脱硫率明显高于 Ar 与 CO_2 气氛。

参考文献

[1] Zhao H, Bai Z, Bai J, et al. Effect of coal paticle size on distribution and thermal behavior of pyrite during pyrolysis [J]. Fuel, 2015, 148: 145-151.

[2] Zhao R, Shangguan J, Lou Y, et al. Regeneration of Fe_2O_3-based high-temperature coal gas desulfurization sorbent in atmosphere with sulfur dioxide [J]. Frontiers of Chemical Enineering in China, 2010, 4 (4): 138-145.

[3] Yan J, Bai Z, Zhao H, et al. Inppropriatenes of the standard method in sulfur form analysis of char from coal pyrolysis [J]. Energy & Fuels, 2012, 26 (9): 5837-5842.

[4] Wang M, Hu Y, Wang J, et al. Transformation of sulfur during pyrolysis of inertinite-rich coals and correlation with their characteristics [J]. Journal of Analytical and Applied Pyrolysis, 2013, 104: 585-592.

[5] Suzuki A, Ohnaka A, Tano T, et al. Development of advanced simulator for desulfurization in the pulverized coal combustion process [J]. Energy & Fuels, 2012: 121-128.

[6] Shuheng T, Shengin S, Yong Q, et al. Distibution carcresis of sulfur and the main harmful trace elements in China's coal [J]. Acta Geologica Sinica-English Edition, 2010, 82 (3): 456-466.

[7] Shimp N F, Kuhn J K, Helfinstine R J. Determination of forms of sulfur in coal [J]. Energy Sources, Part A: Recovery, Utilization, and Environmental Effects, 1977, 3 (2): 116-120.

[8] Vishnubhatt P, Thome T, Lee S. Effect of pyritic sulfur and mineral hatter on organic sulfur removal from coal [J]. Petroleum Science and Technology, 1993, 11 (7): 150-155.

[9] Volchyn I A, Haponych L S. Estimate of the sulfur dioxide concentration at thermal power plants fired by donetsk coal [J]. Power Technology and Engineering, 2014, 48 (3): 174-180.

[10] Tsubouchi N, Hayashi H, Kawashima A, et al. Chemical forms of the fluorine and carbon in fly ashes recovered from electrostatic precipitators of pulverized coal-fired plants [J]. Fuel, 2011, 90 (1): 376-383.

[11] Tang D, Yang Q, Zhou C, et al. Genetic relationships between swamp microenviroment and sulfur distribution of the Late Paleozoic coals in North China [J]. Science in China Series D: Earth Sciences, 2001, 44 (6): 300-308.

第6章 PY-MS和XANES法研究煤热解过程中硫的迁移行为

6.1 热解气氛 CO_2 浓度对煤热解过程中硫迁移的影响

6.1.1 实验部分

6.1.1.1 样品

实验选取了兖州（YZ）和平朔（PS）煤，研磨、筛分，取粒径为0.154～0.258mm（60～100目）的煤样。采用HCl-HF-HCl法脱除煤中矿物质得到脱灰煤[1-3]，采取Accolla介绍的方法脱除黄铁矿得到脱黄煤，将所得煤样列于表6.1。原煤、脱灰煤、脱黄煤的工业分析（proximate analysis）、元素分析（ultimate analysis）、硫形态分析（sulfur forms analysis）列于表6.2和表6.3。两种原煤的灰成分分析（ash analysis）列于表6.4，碱酸比 $R_{B/A}$ 计算公式如下：

$$R_{B/A}=\frac{Al_2O_3+Fe_2O_3+CaO+MgO+TiO_2+K_2O+Na_2O}{SO_3+P_2O_5+SiO_2}$$

表6.1 实验用煤

煤样	标记名称	煤样	标记名称
兖州原煤	YZR	平朔原煤	PSR
兖州脱灰煤	YZDA	平朔脱灰煤	PSDA
兖州脱黄煤	YZDP	平朔脱黄煤	PSDP

表6.2 煤样的工业分析和元素分析[2]　　单位：wt%

煤样	工业分析				元素分析				
	M_{ad}	V_d	A_d	FC_d	H_d	N_d	O_d^*	S_d	C_d
YZR	3.19	37.50	12.49	50.01	4.78	1.36	8.24	3.88	69.24
YZDA	3.40	38.11	2.09	59.80	5.00	1.56	12.38	2.57	76.40
YZDP	3.55	39.33	0.96	59.71	5.12	1.59	12.78	1.73	77.81
PSR	1.83	32.19	23.39	44.42	3.95	0.98	11.84	2.58	57.27
PSDA	2.62	36.24	1.68	62.08	4.65	1.43	12.52	3.15	76.60
PSDP	3.81	36.84	1.39	61.77	4.67	1.37	13.29	3.05	76.23

注：d是干燥基；* 是差减法。

表 6.3　煤样的硫形态分析[1]　　　　　　单位：wt%

煤样	煤样硫形态				总硫中煤形态比例		
	$S_{t,d}$	$S_{p,d}$	$S_{s,d}$	$S_{o,d}^{*}$	S_p	S_s	S_o^{*}
YZR	3.88	1.51	0.21	2.16	38.92	5.41	55.67
YZDA	2.57	0.71	0.06	1.80	27.63	2.33	70.04
YZDP	1.73	0.02	0.04	1.67	1.16	2.31	96.53
PSR	2.58	0.06	0.20	2.32	2.33	7.75	89.92
PSDA	3.15	0.06	0.04	3.05	1.90	1.27	96.83
PSDP	3.05	0.01	0.06	2.98	0.33	1.97	97.70

注：S_t 是总硫；S_p 是黄铁矿硫；S_s 是硫酸盐硫；S_o 是有机硫；* 是差减法。

从表 6.2、表 6.3 可知，兖州原煤、平朔原煤的总硫（S_t）含量分别是 3.88%和 2.58%，均高于 2%，且二者的挥发分（V）含量较高，分别是 37.50%和 32.19%，均是高挥发分高硫煤。其中兖州原煤中 FeS_2（黄铁矿，S_p）含量较高，而平朔原煤中 S_o 占 89.92%，属于高有机硫煤。

表 6.4　煤样的灰成分分析[1]　　　　　　单位：wt%

煤样	SiO_2	CaO	MgO	K_2O	Na_2O	TiO_2	Al_2O_3	Fe_2O_3	SO_3	P_2O_5	$R_{B/A}$
YZR	21.64	17.62	0.94	0.42	0.3	1.72	10.72	24.62	21.25	0.03	1.31
PSR	57.26	4.21	0.2	0.25	0.29	2.98	25.60	1.24	7.43	0.17	0.54

6.1.1.2　FTIR 分析

煤样的 FTIR 分析采用 BRUKER VERTEX 70 FT-IR spectrophotometer 进行测试。先将煤样在 60℃的真空干燥箱干燥 7 h，减少水分影响。实验过程中，制样方法为 KBr 压片法，按照 1∶100 的比例将样品与 KBr 混合在玛瑙研钵体内充分研磨，压制成薄片，其测量光谱范围在 4000～400cm^{-1}，分辨率为 4cm^{-1}。

6.1.1.3　热解-质谱（Py-MS）实验装置及方法

Py-MS 热解装置如图 6.1[1,4]，热解实验在固定床反应器中进行，内径 35mm，管长 60cm[1]。称取约 1.5000g 的煤样装入反应管，在热解开始前，用热解气吹扫系统 30min，

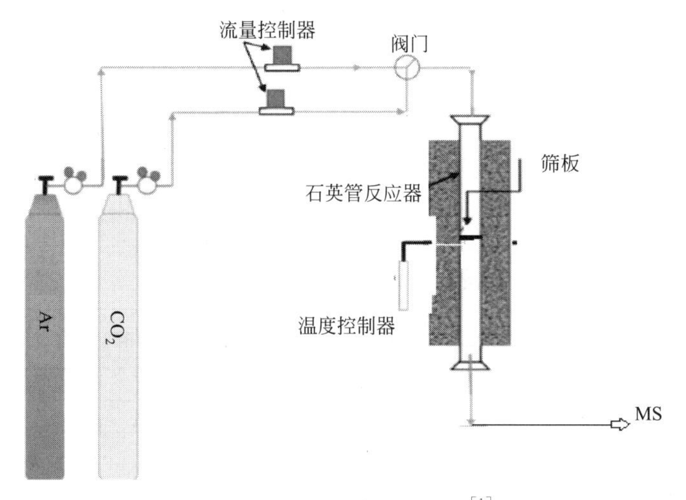

图 6.1　Py-MS 实验装置图[1]

载气总流量为300mL/min，升温速率为10℃/min，室温－1000℃，收集半焦，半焦产率（Y）见式（2.1）[1,5]。MS（Hiden QIC-20）可以在线检测CO、H_2S、COS、SO_2等气体[1,6-8]。本实验所用热解载气气氛为：纯Ar、25% CO_2-Ar、50% CO_2-Ar、75% CO_2-Ar、85% CO_2-Ar、纯CO_2。

6.1.1.4 热解-气相色谱（Py-GC）实验

Py-GC实验装置与Py-MS（图6.1）相似，内径30mm，管长70cm[1]。约1.0000 g煤样装入反应管，用热解载气吹扫30min，载气总流量为300mL/min，升温速率为10℃/min，对样品进行热解，从50℃到900℃每隔50℃取一次热解尾气，通过GC检测尾气中H_2S、COS和SO_2的含量，了解煤样在上述不同浓度CO_2气氛下热解时气相中硫逸出情况[2,5]。气相色谱柱温与检测器温度分别为80℃和250℃。

6.1.1.5 S K-edge XANES分析

煤样的S K-edge XANES谱图采用加拿大光源的Soft X-ray Microcharacterization BeamLine（SXRMB）进行测试[9,10]。首先将样品粘贴在双面导电碳带上，然后装入真空室中，通过记录样品的漏极电流，可以得到在表面敏感模式下的全电子产额（TEY）S K-edge XANES光谱和使用Si（Li）漂移检测器检测的荧光产额（FY）S K-edge XANES光谱。用上游离子室中的Ar K-edge和硫酸盐的白线峰位置2481.6eV校准能量标度，实验的能量精度是0.1eV。首先选择了多种含硫模型化合物作为参考物来确定煤中硫的形态及其S K-edge XANES谱[9,10]。将PSR、PSDA、PSDP及其在Ar、75% CO_2-Ar、85% CO_2-Ar和CO_2气氛下热解收集的900℃半焦进行S K-edge XANES测试。

6.1.2 结果与讨论

6.1.2.1 不同浓度CO_2气氛对脱硫率的影响

表6.5是兖州/平朔原煤、脱灰煤与脱黄铁矿煤在纯Ar、25%CO_2-Ar、50%CO_2-Ar、75%CO_2-Ar、85%CO_2-Ar和纯CO_2气氛下热解时的脱硫率（DR）和半焦产率（Y）。脱硫率顺序为CO_2>85%CO_2-Ar>75%CO_2-Ar>50%CO_2-Ar>25%CO_2-Ar>Ar，然而半焦产率顺序相反。另外，五种不同浓度CO_2气氛下的脱硫效果均比Ar气氛下好。在Ar气氛下，硫的脱除十分有限，仅有一些不稳定的硫，如二硫化物、硫化物等，可以被脱除[11]。当CO_2浓度从25%增加到100%，脱硫率也逐渐增加，这表明随着CO_2浓度的增加，CO_2对脱硫效果的影响增强。同时，由于CO_2参与到煤的热解反应中，促进了C-C键的断裂，故而半焦产率降低[12]。与Ar气氛相比，在75%CO_2-Ar气氛下煤样的半焦产率下降约2%，脱硫率则增加5%到17%。

表6.5 不同浓度CO_2气氛下煤样的半焦产率（Y）与脱硫率（DR） 单位：%

煤样	Ar		25%CO_2-Ar		50%CO_2-Ar		75%CO_2-Ar		85%CO_2-Ar		CO_2	
	Y	DR	Y	DR	Y	DR	Y	DR	Y	DR	Y	DR
YZR	64.72	52.57	62.06	56.16	61.90	58.28	61.20	59.60	58.19	63.44	55.46	77.16
YZDA	66.12	61.67	64.45	67.73	63.64	69.51	62.52	70.92	59.57	74.54	55.02	75.30

续表

煤样	Ar		25%CO_2-Ar		50%CO_2-Ar		75%CO_2-Ar		85%CO_2-Ar		CO_2	
	Y	DR	Y	DR	Y	DR	Y	DR	Y	DR	Y	DR
YZDP	67.04	53.26	64.57	67.15	63.58	70.07	62.26	72.44	60.39	73.66	53.39	76.02
PSR	63.64	65.35	62.75	68.97	62.08	69.57	61.63	70.79	58.05	71.41	54.88	75.78
PSDA	61.19	61.62	61.06	66.72	59.08	68.06	58.78	71.12	57.07	73.42	55.27	78.21
PSDP	60.94	56.93	60.61	67.95	59.49	70.64	58.42	73.52	56.95	76.14	54.98	81.00

在 Ar、25%CO_2-Ar、50%CO_2-Ar、75%CO_2-Ar、85%CO_2-Ar 气氛下，兖州脱灰煤和脱黄铁矿煤的半焦产率高于兖州原煤，而在纯 CO_2 气氛下，这个规律相反。在纯 Ar、25%CO_2-Ar、50%CO_2-Ar、75%CO_2-Ar、85%CO_2-Ar 气氛下，兖州脱灰煤和脱黄铁矿煤的脱硫率高于原煤，而在 CO_2 气氛下，兖州原煤和脱黄铁矿煤的脱硫率高于脱灰煤。这表明，在 Ar 气氛下，兖州原煤中的矿物质表现为有一定的固硫作用，从表 6.4 可知兖州原煤中矿物质碱酸比 $R_{B/A}$ 为 1.31，一般认为煤中碱性矿物质越多，热解过程中矿物质起到的固硫作用越明显[7,13]。25%CO_2-Ar、50%CO_2-Ar、75%CO_2-Ar 和 85%CO_2-Ar 气氛下矿物质的作用与 Ar 气氛下相似；而在纯 CO_2 气氛下，煤中的矿物质对硫的脱除起促进作用[14]。

在 Ar、25%CO_2-Ar、50%CO_2-Ar、75%CO_2-Ar 和 85%CO_2-Ar 气氛下，平朔脱灰煤和脱黄铁矿煤的半焦产率低于原煤。在 Ar 和 25%CO_2-Ar 气氛下，平朔原煤的脱硫率在原煤、脱灰煤与脱黄煤中最高，然而在 50%CO_2-Ar、75%CO_2-Ar、85%CO_2-Ar 和纯 CO_2 气氛下，平朔脱灰煤或脱黄铁矿煤的脱硫率高于原煤。这表明与兖州煤相比，在不同气氛下热解时，矿物质对平朔煤脱硫的影响不同。在 Ar 和 25%CO_2-Ar 气氛下，平朔原煤中的矿物质（$R_{B/A}=0.54$）对脱硫有明显的促进作用，而在 50%CO_2-Ar、75%CO_2-Ar、85%CO_2-Ar 和纯 CO_2 气氛下，却显示了一定的固硫作用。另一方面，在热解过程中，平朔原煤的矿物质也可以阻碍传热和传质作用，在脱除了矿物质与黄铁矿之后，传热和传质效果增强会变得强烈，故而其脱灰煤与脱黄铁矿煤的半焦产率更低[11]。

6.1.2.2 不同浓度 CO_2 气氛下热解过程中硫的产物分布及释放行为

热解过程中，煤中的硫一部分转变成小分子含硫化合物释放到气相（Gas），一部分进入焦油（Tar），其余滞留在半焦中（Char）。一般进入气相中的含硫化合物主要为 H_2S，COS 和 SO_2 等。

（1）热解过程中硫的产物分布

图 6.2 和图 6.3 为不同热解气氛下，兖州/平朔原煤、脱灰煤与脱黄铁矿煤热解后硫的产物分布图。对比两图发现兖州与平朔煤样热解时，三相的产物分布有很大不同。对于兖州原煤、脱灰煤和脱黄铁矿煤（图 6.2），在 Ar、25%CO_2-Ar、50%CO_2-Ar、75%CO_2-Ar、85%CO_2-Ar 和纯 CO_2 气氛下热解时，煤中的硫主要分布在气相与半焦中，焦油中的硫相对较少，且随着 CO_2 浓度的增加，进入气相的硫增加，相反，半焦与焦油中的硫减少，这说明 CO_2 能促进煤中硫转移至气相。特别在高浓度 CO_2（>75%）气氛下，焦油中的硫急剧减少，气相中的硫明显增加，这说明 CO_2 不仅有利于无机硫的分解，也有利于煤中有机硫的分解，使 C-S 键断裂，硫主要转化为 H_2S、COS 和 SO_2 等气体进入气相[1,15]。

对于平朔原煤、脱灰煤和脱黄铁矿煤（图 6.3），在 Ar、25%CO_2-Ar、50%CO_2-Ar 和 75%CO_2-Ar 气氛下热解时，平朔原煤中大部分硫分布在焦油中，随着 CO_2 浓度的增加，气相中的硫含量增加，在 85%CO_2-Ar 气氛下，可以发现气相中的硫含量与焦油中的相近，而在纯 CO_2 气氛下，气相中的硫含量明显比焦油中的高。对于脱灰煤与脱黄铁矿煤，在 75%CO_2-Ar（仅脱黄铁矿煤）、85%CO_2-Ar 和 CO_2 气氛下，与原煤相比，进入气相与半焦中的硫减少，同时转移至焦油中的硫增加，这表明在高 CO_2 浓度（>75%）气氛下平朔原煤中的一些矿物质可以促进焦油中的含硫化合物发生二次分解，转化成 H_2S、COS、SO_2 等。

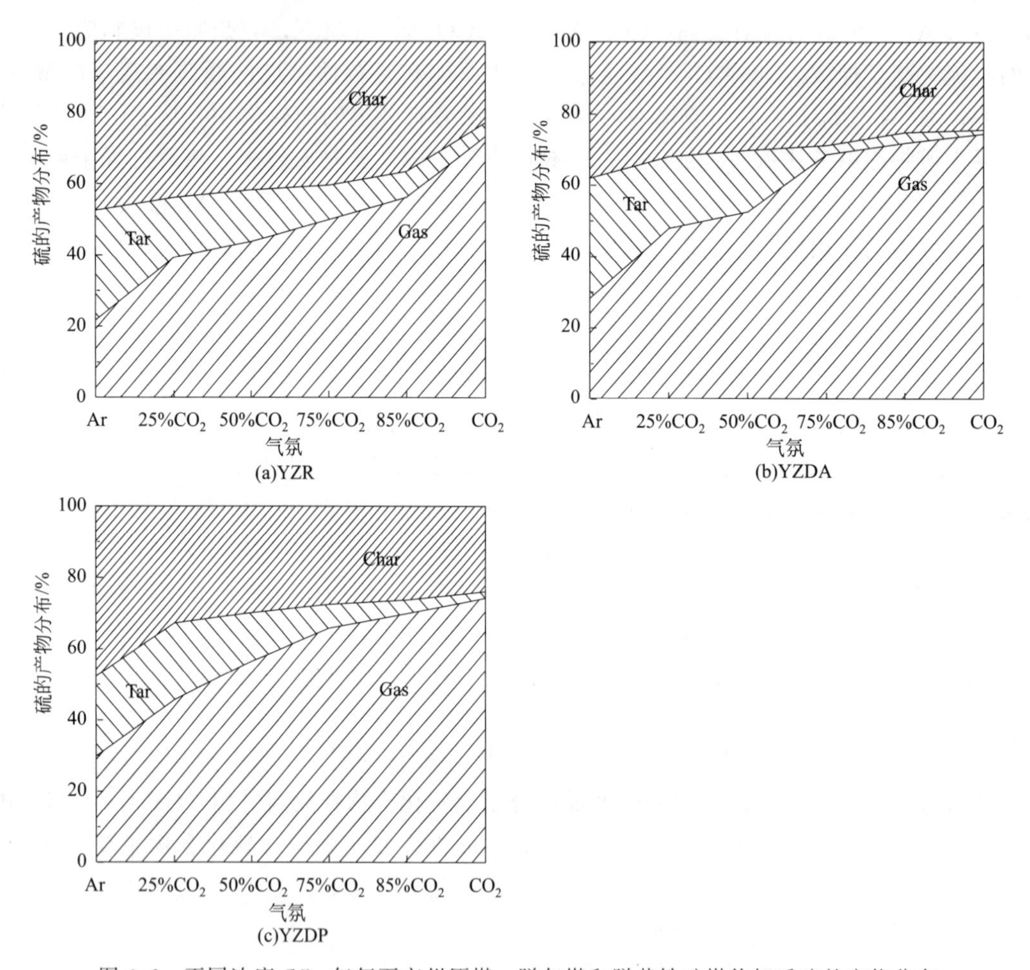

图 6.2　不同浓度 CO_2 气氛下兖州原煤、脱灰煤和脱黄铁矿煤热解后硫的产物分布

（2）不同浓度 CO_2 气氛下煤热解过程中含硫气体的释放量

在 6.1.2.2 节中分析了煤样在不同浓度 CO_2 气氛下热解时，硫在气（Gas）、液（Tar）、固（Char）三相中的分布。一般认为气相中主要是 H_2S、COS、SO_2，通过 Py-GC 可以定量分析在纯 Ar、25%CO_2-Ar、50%CO_2-Ar、75%CO_2-Ar、85%CO_2-Ar、纯 CO_2 气氛下热解过程中 H_2S、COS、SO_2 逸出量。表 6.6 为纯 Ar、25%CO_2-Ar、50%CO_2-Ar、75%CO_2-Ar、85%CO_2-Ar、纯 CO_2 气氛下单位质量煤样热解过程中含硫气体逸出量。

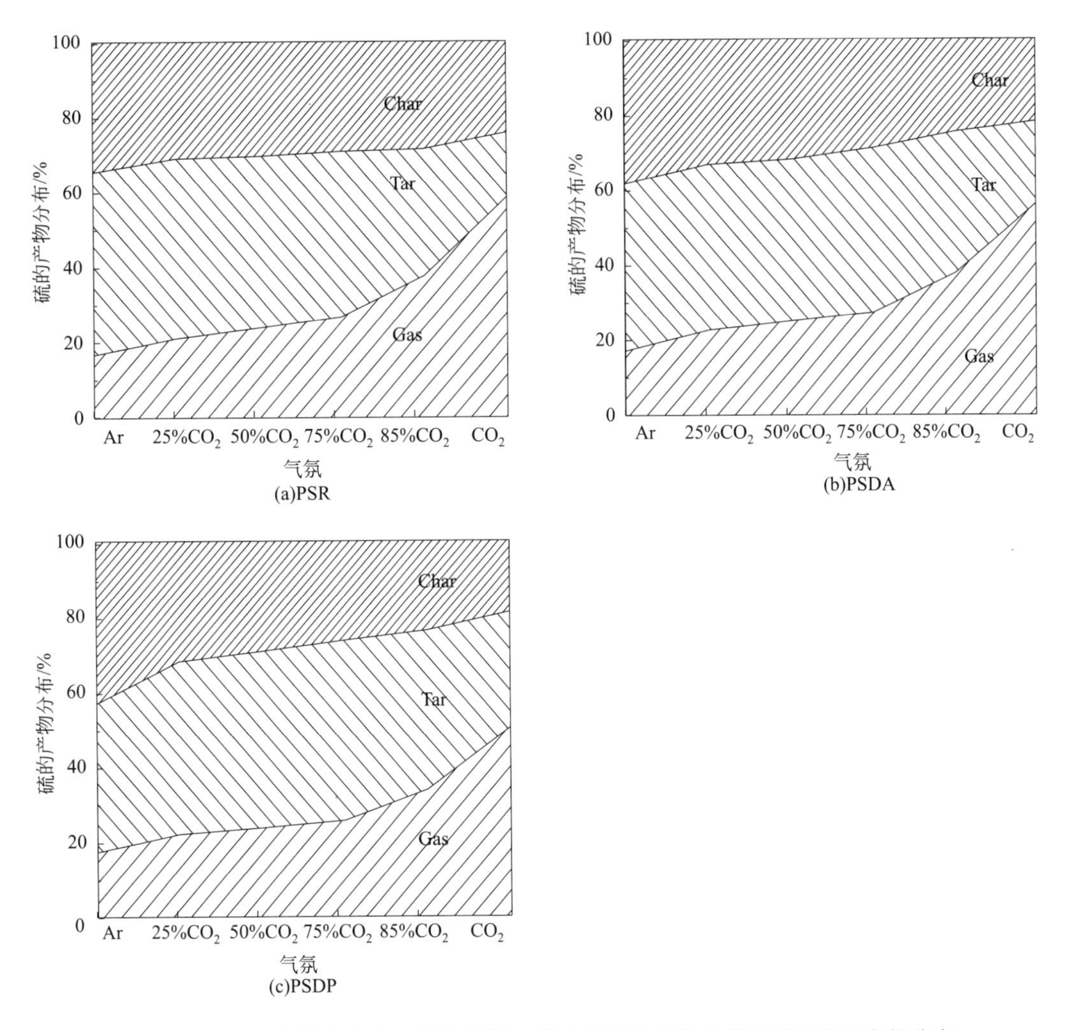

图 6.3　不同热解气氛下平朔原煤、脱灰煤和脱黄铁矿煤热解后硫的产物分布

由表 6.6 可知，在 25%CO_2-Ar、50%CO_2-Ar、75%CO_2-Ar、85%CO_2-Ar、纯 CO_2 气氛下，样品热解过程中含硫气体的逸出量均高于 Ar 气氛，其中 COS 最为明显。兖州原煤在 25%CO_2-Ar 气氛下，COS 的逸出量是 Ar 气氛的 6.5 倍，在纯 CO_2 气氛下，COS 的逸出量是 Ar 的 14 倍，这说明 CO_2 有利于 COS 释放进气相。一般认为，在 Ar 气氛下，COS 主要来源于 FeS_2 或有机硫分解产生的活性硫与含氧官能团反应，H_2S 与含氧官能团或者气体的二次反应，以及煤中含氧有机硫（如亚砜、砜等）的分解[16]，但煤中的含氧有机硫的量较少，由热解直接产生的 COS 十分少，因此 COS 的产生主要依赖于活性硫与含氧官能团的结合或 H_2S 与含氧官能团的二次反应[16]。在 Ar 气氛下，煤样热解时产生的 H_2S 的逸出量远高于 COS，这说明活性硫与内部氢结合概率较大，而加入 CO_2 后高温下，CO_2 与煤基质反应生成 CO，CO 与活性硫结合生成 COS，随着 CO_2 浓度增大生成的 CO 增多，CO 与活性硫结合概率增大，COS 的逸出量增加越明显。

兖州脱黄铁矿煤在纯 Ar（除 SO_2）、25%CO_2-Ar（除 SO_2）、50%CO_2-Ar、75%CO_2-Ar、85%CO_2-Ar 和纯 CO_2 气氛下，H_2S、COS 和 SO_2 逸出量比平朔脱黄铁矿煤高，这表明兖州煤中的有机硫较活泼。兖州原煤和脱灰煤在纯 Ar（除 SO_2）、25%CO_2-

Ar、50%CO_2-Ar、75%CO_2-Ar、85%CO_2-Ar 和纯 CO_2 气氛下，H_2S、COS 和 SO_2 逸出量也高于平朔原煤及其脱灰煤，这是由于兖州原煤和脱灰煤富含 FeS_2，FeS_2 发生一次分解生成 FeS 和 S，CO_2 能进一步促进 FeS 二次分解的发生，使得 FeS_2 分解更彻底，而平朔原煤与脱灰煤中 FeS_2 的含量较少[1,15]，故而产生的含硫气体量小于兖州原煤和脱灰煤。

表 6.6 不同浓度 CO_2 气氛下热解时含硫气体的释放量 单位：%

样品	CO_2			85% CO_2-Ar			75% CO_2-Ar			50% CO_2-Ar			25% CO_2-Ar			Ar		
	H_2S	COS	SO_2	H_2S	COS	SO_2	H_2S	COS	SO_2	H_2S	COS	SO_2	H_2S	COS	SO_2	H_2S	COS	SO_2
YZR	0.314	0.324	0.0948	0.250	0.220	0.0916	0.242	0.177	0.0807	0.240	0.134	0.0648	0.208	0.130	0.056	0.138	0.0236	0.0551
YZDA	0.315	0.263	0.193	0.281	0.246	0.188	0.272	0.238	0.174	0.255	0.135	0.133	0.243	0.127	0.107	0.225	0.0278	0.0269
YZDP	0.377	0.292	0.0725	0.370	0.258	0.0712	0.357	0.240	0.060	0.344	0.173	0.0474	0.319	0.122	0.0145	0.266	0.0252	0.00683
PSR	0.229	0.228	0.129	0.200	0.0797	0.0968	0.165	0.0423	0.0601	0.149	0.0361	0.0538	0.136	0.0294	0.0459	0.110	0.0215	0.0361
PSDA	0.249	0.161	0.151	0.207	0.0814	0.0889	0.159	0.0637	0.0497	0.147	0.0584	0.0445	0.134	0.0511	0.0410	0.116	0.0249	0.0308
PSDP	0.240	0.168	0.176	0.213	0.094	0.085	0.167	0.072	0.058	0.155	0.063	0.0458	0.149	0.0517	0.0414	0.140	0.026	0.0358

6.1.2.3 不同浓度 CO_2 气氛对热解过程中硫逸出的影响

（1）不同浓度 CO_2 气氛对 H_2S 逸出的影响

图 6.4 与图 6.5 是 Ar 气氛下兖州煤/平朔煤热解过程中 H_2S 逸出曲线。在惰性气氛下，不稳定有机含硫化合物，如脂肪类硫醚硫醇等，分解温度约在 300～500℃，黄铁矿的分解温区约在 600～700℃，芳香类硫化物约在 700～800℃，噻吩类硫在高于 900℃才能分解[17]，由图 6.4 与图 6.5 知，在 Ar 气氛下，两种原煤与其脱灰煤的 Py-MS-H_2S 曲线有两个逸出峰，分别记为 A_1、A_2，且两峰的最大逸出峰温：$A_1 < A_2$，脱黄铁矿煤的 Py-MS-H_2S 曲线仅有一个逸出峰，此逸出峰对应原煤的 A_1。因此，A_1 为煤中不稳定有机含硫化合物分解而产生的 H_2S 逸出峰；A_2 是 FeS_2 及少量稳定有机硫分解而产生的 H_2S 逸出峰[18,19]。

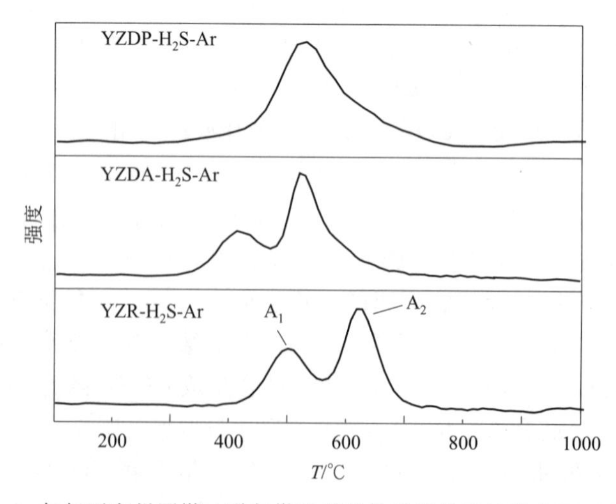

图 6.4 Ar 气氛下兖州原煤、脱灰煤和脱黄铁矿煤热解过程中 H_2S 逸出曲线

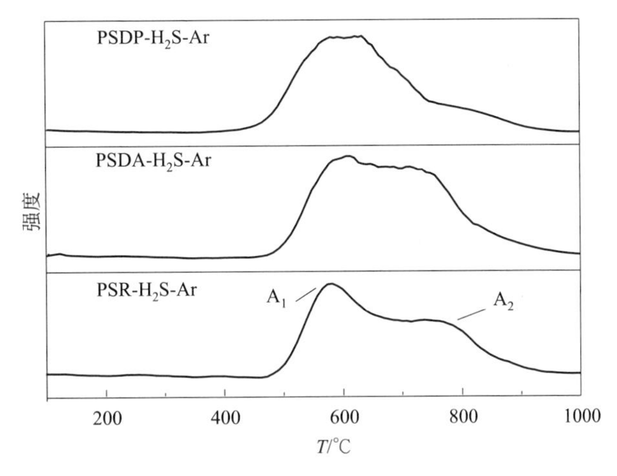

图 6.5　Ar 气氛下平朔原煤、脱灰煤和脱黄铁矿煤热解过程中 H_2S 逸出曲线

图 6.6 为不同浓度 CO_2 气氛下兖州原煤的 Py-MS-H_2S 逸出曲线。兖州原煤是高黄铁矿煤，约占全硫的 38.92%，有机硫约占 55.67%，因此 A_1 与 A_2 较明显。在 Ar 气氛下，兖州原煤的 H_2S 的两个最大逸出峰温为 503℃、620℃；在 25%CO_2-Ar 下，为 566℃、692℃；在 50%CO_2-Ar 下，为 567℃、705℃；在 75%CO_2-Ar 下，为 583℃、740℃；在 85%CO_2-Ar 下，为 539℃、689℃；在纯 CO_2 下，为 417℃、536℃。在上述 6 种热解气氛下，H_2S 的 A_1 最大峰温：75%CO_2-Ar＞50%CO_2-Ar≈25%CO_2-Ar＞85%CO_2-Ar＞Ar＞CO_2，A_2 最大峰温：75%CO_2-Ar＞50%CO_2-Ar＞25%CO_2-Ar＞85%CO_2-Ar＞Ar＞CO_2，但 H_2S 的逸出总量：CO_2＞85%CO_2-Ar＞75%CO_2-Ar＞50%CO_2-Ar＞25%CO_2-Ar＞Ar（表 6.6）。

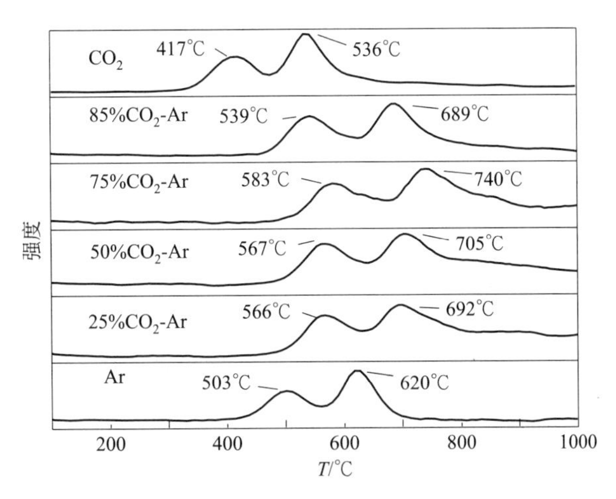

图 6.6　不同浓度 CO_2 气氛下兖州原煤热解过程中 H_2S 逸出曲线

图 6.7 为不同浓度 CO_2 气氛下平朔原煤的 Py-MS-H_2S 逸出曲线。平朔原煤中有机硫占 89.92%，FeS_2 占 2.33%，属于高有机硫煤，故 A_1 较 A_2 明显。在 Ar 气氛下，平朔原煤的 H_2S 的两个最大逸出峰温为 528℃、649℃；在 25%CO_2-Ar 下，为 570℃、710℃；在 50%CO_2-Ar 下，为 597℃、795℃；在 75%CO_2-Ar 下，为 571℃、711℃；在 85%CO_2-Ar 下，为 539℃、672℃；在纯 CO_2 下，为 431℃、551℃。在上述 6 种热解气氛下，

H_2S的A_1最大峰温：50%CO_2-Ar＞75%CO_2-Ar≈25%CO_2-Ar＞85%CO_2-Ar＞Ar＞CO_2，A_2最大峰温：50%CO_2-Ar＞75%CO_2-Ar≈25%CO_2-Ar＞85%CO_2-Ar＞Ar＞CO_2，但H_2S的逸出总量：CO_2＞85%CO_2-Ar＞75%CO_2-Ar＞50%CO_2-Ar＞25%CO_2-Ar＞Ar（表6.6）。

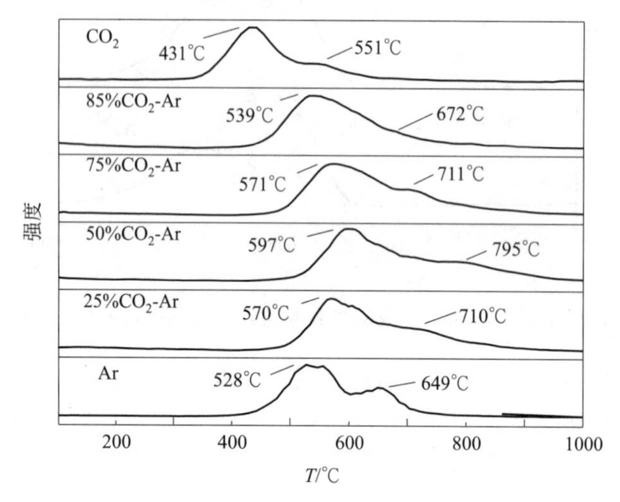

图6.7　不同浓度CO_2气氛下平朔原煤热解过程中H_2S逸出曲线

对比Ar气氛，在纯CO_2气氛下，两种原煤的两个逸出峰温分别下降了约80～100℃，这表明纯CO_2气氛有利于无机硫和有机硫在低温下热解逸出。同时，CO_2可以促使一部分的稳定有机硫分解，从而增加H_2S的逸出量，这是由于CO_2参与了煤中硫的分解，使煤中的C-S键断裂概率增加[1,15]。在其他4种不同浓度CO_2气氛下，与纯Ar气氛相比，H_2S的逸出温度向高温移动，同时也促进了煤中稳定有机硫的分解生成H_2S。CO_2的浓度越大（＞75%CO_2-Ar），对H_2S逸出的影响逐渐趋向于纯CO_2气氛。这可能是因为煤在热解过程生成胶质体在低温时阻碍了含硫的逸出，随着温度的升高，阻碍作用减弱，故使得H_2S的逸出温度向高温移动，也可能是由于在低温时煤中的硫发生了转化，生成相对稳定的含硫化合物留在半焦中，温度升高，相对稳定的含硫化合物分解逸出，这与CO_2能促进稳定有机硫分解的结论一致。

图6.8是不同气氛下兖州原煤、脱灰煤与脱黄铁矿煤的H_2S逸出曲线，图中曲线所代表的气氛从上到下依次为CO_2、85%CO_2-Ar、75%CO_2-Ar、50%CO_2-Ar、25%CO_2-Ar、Ar。由图6.8（b）可知，在Ar气氛下，兖州脱灰煤的H_2S的两个最大逸出峰温为418℃、522℃，明显低于原煤，在不同热解气氛下，H_2S的A_1峰最大峰温：85%CO_2-Ar＞25%CO_2-Ar≈50%CO_2-Ar＞75%CO_2-Ar＞CO_2＞Ar，A_2峰最大峰温：85%CO_2-Ar＞75%CO_2-Ar＞25%CO_2-Ar＞50%CO_2-Ar＞CO_2＞Ar，但兖州脱灰煤的H_2S逸出总量：CO_2＞85%CO_2-Ar＞75%CO_2-Ar＞50%CO_2-Ar＞25%CO_2-Ar＞Ar（表6.6），且高于相应气氛下原煤H_2S的释放量。这是由于CO_2和S竞争与矿物质结合，但CO_2与矿物质反应的概率较大，从而减少S或含硫气体与之反应的概率，使得H_2S的释放量高于原煤[1,15]，但高浓度CO_2（＞75%CO_2-Ar）气氛下对H_2S最大逸出峰温的影响不同于原煤。

由图6.8（c）可知，兖州脱黄铁矿煤的H_2S的最大逸出峰温：25%CO_2-Ar≈50%

CO_2-Ar>75%CO_2-Ar>85%CO_2-Ar>Ar>CO_2，而 H_2S 的释放量：CO_2>85%CO_2-Ar>75%CO_2-Ar>50%CO_2-Ar>25%CO_2-Ar>Ar（表 6.6），说明在无矿物质及黄铁矿影响时，纯 CO_2 气氛十分有利于有机硫低温分解。综上，当把不同浓度 CO_2 作为热解气时，H_2S 的逸出峰温与原煤［图 6.8（a）］类似。

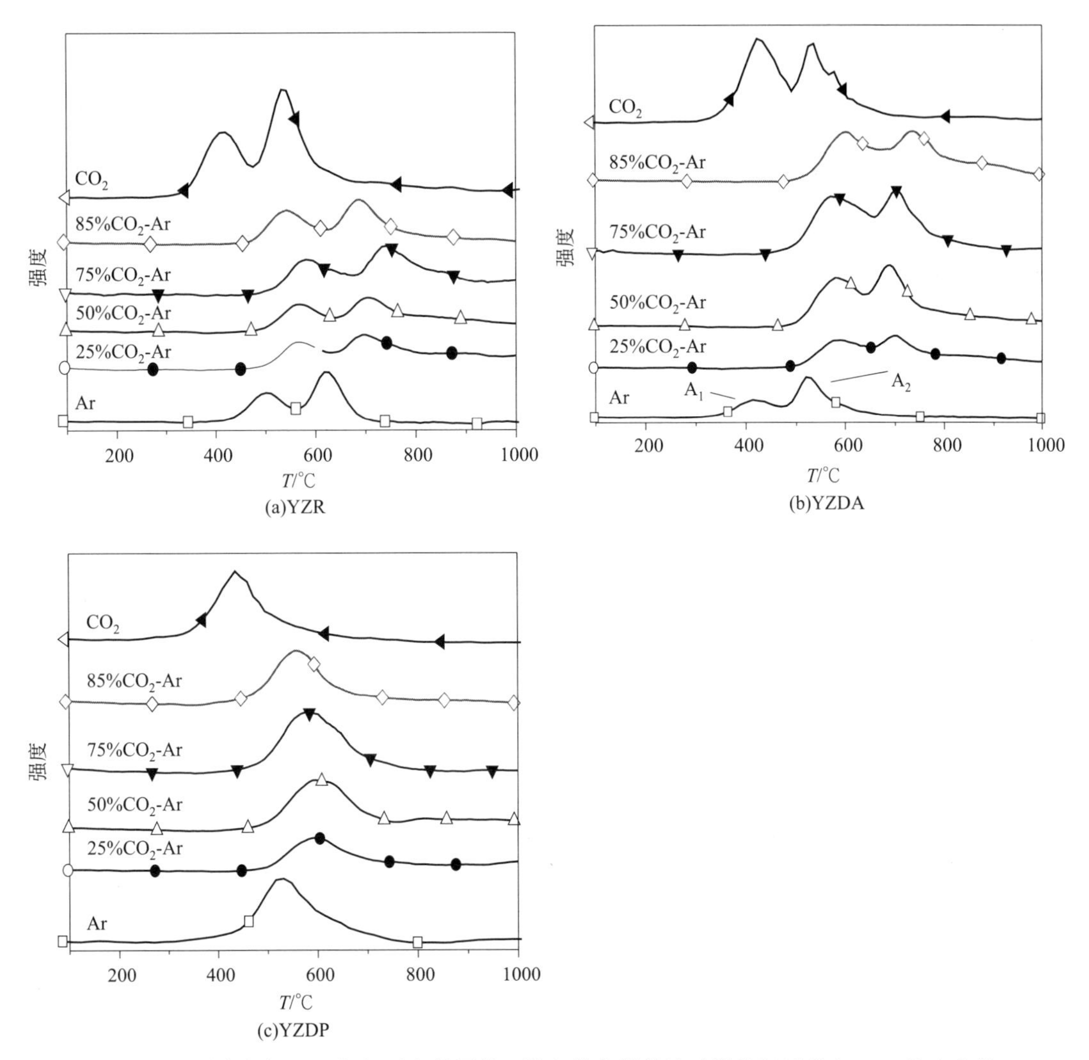

图 6.8 不同浓度 CO_2 气氛下兖州原煤、脱灰煤和脱黄铁矿煤热解过程中 H_2S 逸出曲线

图 6.9 是不同气氛下平朔原煤、脱灰煤与脱黄铁矿煤的 H_2S 逸出曲线，图中曲线所代表的气氛从上到下依次为 CO_2、85%CO_2-Ar、75%CO_2-Ar、50%CO_2-Ar、25%CO_2-Ar、Ar。由图 6.9（b）知，在纯 Ar、25%CO_2-Ar、50%CO_2-Ar、75%CO_2-Ar、85%CO_2-Ar 和纯 CO_2 气氛下，与原煤［图 6.9（a）］相比，平朔脱灰煤的两个逸出峰趋向于一个总包峰，且在加入 CO_2 之后，H_2S 最大逸出峰温均低于 Ar 气氛，在纯 CO_2 气氛下时最为明显，H_2S 逸出量为 CO_2>85%CO_2-Ar>75%CO_2-Ar>50%CO_2-Ar>25%CO_2-Ar>Ar（表 6.6），说明 CO_2 在较低温度下有利于有机硫分解，同时增加 H_2S 释放量。

由图 6.9（c）可知，在 Ar 气氛下，平朔脱黄铁矿煤的 H_2S 逸出峰的最大峰温为 611℃，高于脱灰煤，表明少量的 FeS_2 中的 Fe^{2+}、Fe^{3+} 能催化有机硫低温分解。闫金定

等将 Fe^{2+}、Fe^{3+} 添加到苯甲基硫醚模型化合物中发现能使其热解温度提前，故 Fe^{2+}、Fe^{3+} 有催化有机硫分解的作用[20]。与 Ar 气氛下相比，在 25%CO_2-Ar、50%CO_2-Ar、75%CO_2-Ar、85%CO_2-Ar 气氛下热解时，H_2S 的最大逸出峰温降低了 10～20℃左右，而在纯 CO_2 气氛下，温度下降最明显约 210℃，且低于 PSDA。H_2S 的逸出总量：CO_2＞85%CO_2-Ar＞75%CO_2-Ar＞50%CO_2-Ar＞25%CO_2-Ar＞Ar（表 6.6），与平朔原煤、脱灰煤相比，H_2S 逸出总量在增加的同时半焦产率最低，这表明脱黄铁矿过程有利于 H_2S 释放，因为当脱黄铁矿煤热解时，加强了煤内部的传热与传质作用，使得焦产量下降[11]。

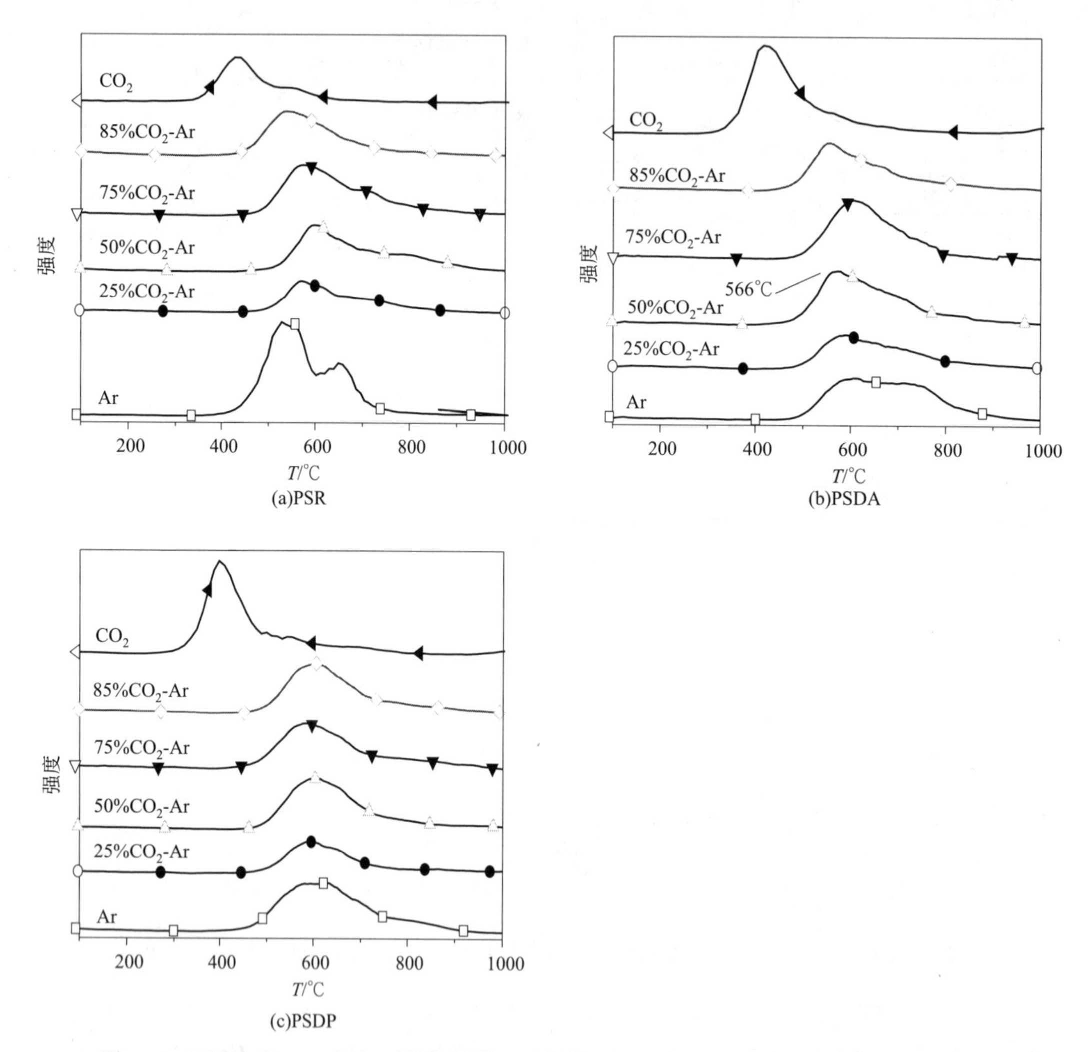

图 6.9　不同浓度 CO_2 气氛下平朔原煤、脱灰煤和脱黄铁矿煤热解过程中 H_2S 逸出曲线

（2）不同浓度 CO_2 气氛对 COS 逸出的影响

图 6.10 为 Ar、25%CO_2-Ar、50%CO_2-Ar、75%CO_2-Ar、85%CO_2-Ar 和 CO_2 气氛下兖州原煤热解时 COS 逸出曲线。由图 6.10 可知，对于兖州原煤，在上述气氛下，COS 逸出曲线有一个明显峰，最大逸出峰温：75%CO_2-Ar（752℃）＞50%CO_2-Ar（708℃）≈25%CO_2-Ar（700℃）＞85%CO_2-Ar（692℃）＞Ar（613℃）＞CO_2（536℃），这与兖州原煤的 Py-MS-H_2S 曲线中 A_2 最大逸出峰温一致，因此，此峰为 FeS_2 分解而产生的

COS逸出峰。同时也说明不同浓度 CO_2 气氛对黄铁矿分解生成COS作用较为复杂。在Ar气氛下，500℃处有一小肩峰，该峰是煤中不稳定有机硫分解时生成的COS的信号峰，与图6.7相比，此峰的信号强度较弱，这表明在惰性（Ar）气氛下不稳定有机硫在低温分解时优先形成 H_2S。随着 CO_2 浓度的增加（从25%到85%）肩峰逐渐向高温移动且与大峰重合。在纯 CO_2 气氛下，仅有一个明显信号峰，主要来源于黄铁矿与部分稳定有机硫分解，与Ar气氛比，最大逸出峰温下降约77℃。对比Ar气氛，在5种 CO_2 气氛下高温时，COS随温度升高而增加，这是由于高温下 CO_2 不仅能促进C-S键断裂，还可与煤基质发生 $CO_2+C \longrightarrow CO$ 反应，活性硫或含硫气体与CO反应生成COS[1,15]。在Ar、25% CO_2-Ar、50% CO_2-Ar、75% CO_2-Ar、85% CO_2-Ar和 CO_2 气氛下，COS的逸出总量：CO_2>85% CO_2-Ar>75% CO_2-Ar>50% CO_2-Ar>25% CO_2-Ar>Ar（表6.6），表明 CO_2 对于无机硫分解形成COS起到了极大的促进作用。

由图6.11可知，对于平朔原煤，在5种不同浓度 CO_2 气氛下，COS最大逸出峰温高于Ar气氛，COS的逸出量：CO_2>>85% CO_2-Ar>75% CO_2-Ar>50% CO_2-Ar>25% CO_2-Ar>Ar（表6.6）。在Ar气氛下，平朔原煤的COS的逸出曲线在564℃有明显一个峰，这与其他5种 CO_2 气氛下COS的肩峰位置吻合，且峰强度相当。在25% CO_2-Ar、50% CO_2-Ar、75% CO_2-Ar、85% CO_2-Ar、纯 CO_2 气氛下热解时，COS逸出曲线在700～900℃之间出现一个明显信号峰，此峰应归属于稳定有机硫分解和FeS分解生成的COS，而平朔原煤中 FeS_2 极少，因此此峰主要来源于稳定有机硫分解，这说明 CO_2 更有利于较为稳定有机硫分解，产生COS。COS主要有以下可能产生途径：在Ar气氛下，COS来源于煤中含氧物与S反应或是含硫气体之间的再次反应[1,15,16,21]；在其他5种 CO_2 气氛下COS可能产生途径：一种是与Ar气氛下羰基硫产生途径相同；另一种是活性硫或含硫气体与 CO_2 或CO直接反应生成COS[1,15]。

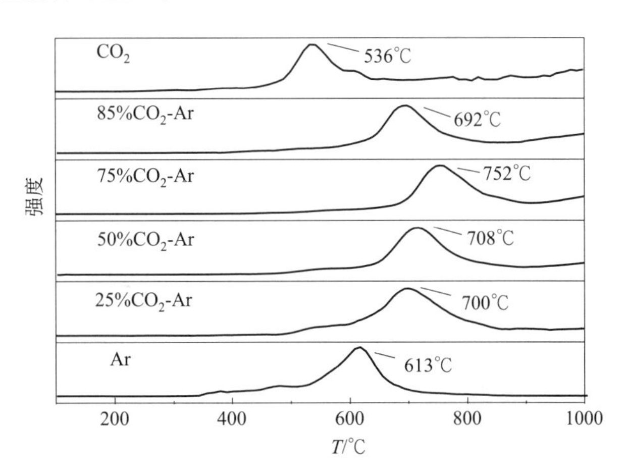

图6.10 不同浓度 CO_2 气氛下兖州原煤热解过程中COS逸出曲线

对于平朔脱灰煤［图6.12（b）］，图中曲线所代表的气氛从上到下依次为 CO_2、85% CO_2-Ar、75% CO_2-Ar、50% CO2-Ar、25% CO_2-Ar、Ar。在纯Ar、25% CO_2-Ar、75% CO_2-Ar、85% CO_2-Ar和纯 CO_2 气氛下，Py-MS-COS曲线与原煤相似。在Ar气氛下，其COS最大逸出峰温高于原煤［图6.12（a）］，除50% CO_2-Ar、75% CO_2-Ar气氛，在其他3种不同浓度 CO_2 气氛下，平朔脱灰煤的COS最大逸出峰温与原煤基本一致；

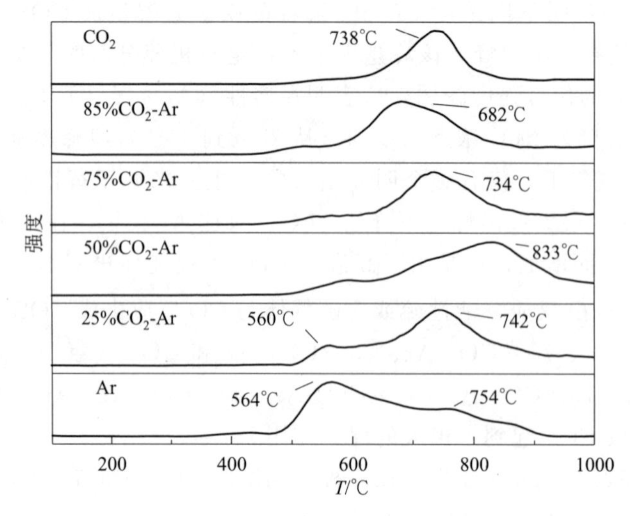

图 6.11 不同浓度 CO_2 气氛下平朔原煤热解过程中 COS 逸出曲线

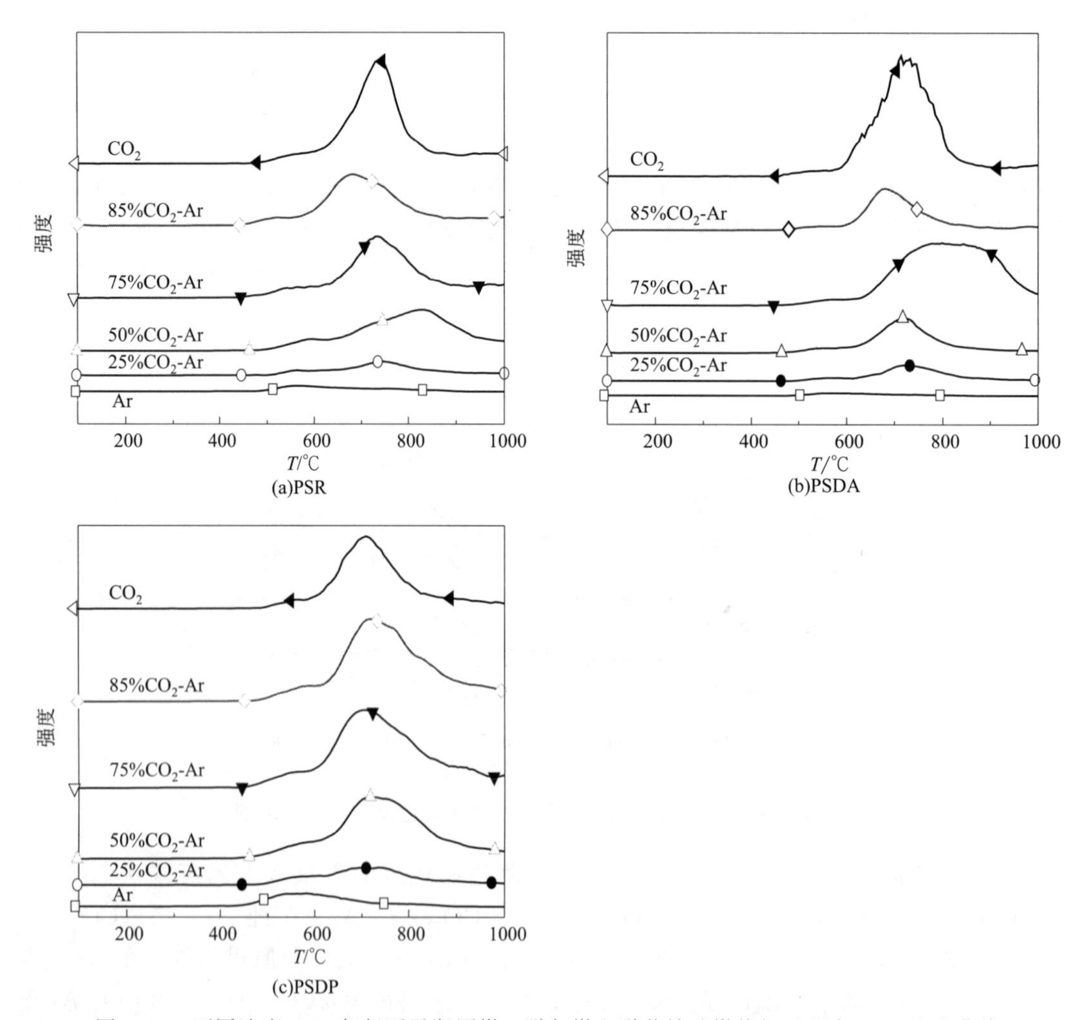

图 6.12 不同浓度 CO_2 气氛下平朔原煤、脱灰煤和脱黄铁矿煤热解过程中 COS 逸出曲线

而在 Ar、25%CO_2-Ar、50%CO_2-Ar、75%CO_2-Ar、85%CO_2-Ar 气氛下，平朔脱灰煤的 COS 释放总量均高于原煤，在纯 CO_2 气氛下其低于原煤。这表明矿物质对 COS 的释放与气氛的反应性有关，矿物质在弱反应性气氛下能阻碍 COS 的形成，而在强反应性气氛下能促进 COS 的形成[11]。高温热解时，纯 CO_2 气氛对平朔脱灰煤中稳定有机硫分解的促进作用与原煤相似。

对于平朔脱黄铁矿煤［如图 6.12（c）］，在纯 Ar、25%CO_2-Ar、75%CO_2-Ar、85%CO_2-Ar 和纯 CO_2 气氛下，Py-MS-COS 曲线与平朔脱灰煤相似。Ar 气氛下，平朔脱黄铁矿煤的 COS 最大逸出峰温略低于脱灰煤，除 50%CO_2-Ar、75%CO_2-Ar 气氛，在其他 3 种不同浓度 CO_2 气氛下，平朔脱黄铁矿煤的 COS 最大逸出峰温与原煤和脱灰煤基本一致。COS 的逸出总量：CO_2＞85%CO_2-Ar＞75%CO_2-Ar＞50%CO_2-Ar＞25%CO_2-Ar＞Ar（表 6.6），且在上述 6 种热解气氛下，平朔脱黄铁矿煤的 COS 逸出总量高于脱灰煤，这表明在上述气氛下脱黄铁矿过程有利于 COS 的释放，这可能是因为脱黄铁矿煤内部传热与传质作用的加强。

（3）不同浓度 CO_2 气氛对 SO_2 逸出的影响

由图 6.13 可知，兖州原煤在纯 Ar、25%CO_2-Ar、50%CO_2-Ar、75%CO_2-Ar、85%CO_2-Ar 气氛下，SO_2 有两个最大逸出峰，温度分别为 509℃ 和 618℃（Ar）、570℃ 和 702℃（25%CO_2-Ar）、572℃ 和 702℃（50%CO_2-Ar）、587℃ 和 745℃（75%CO_2-Ar）、543℃ 和 692℃（85%CO_2-Ar），纯 CO_2 气氛下演变为一个较宽的单峰（464℃）。在纯 Ar、25%CO_2-Ar、50%O_2-Ar、75%CO_2-Ar、85%CO_2-Ar 气氛下兖州原煤的 SO_2 最大逸出峰温基本与相同条件下 H_2S 一致；在纯 CO_2 气氛下转变为温度范围从 240 到 680℃ 的单峰。相同条件下 SO_2 的逸出总量：CO_2＞85%CO_2-Ar＞75%CO_2-Ar＞50%CO_2-Ar＞25%CO_2-Ar＞Ar（表 6.6），故 5 种 CO_2 气氛对 SO_2 逸出的影响与 H_2S 相似。

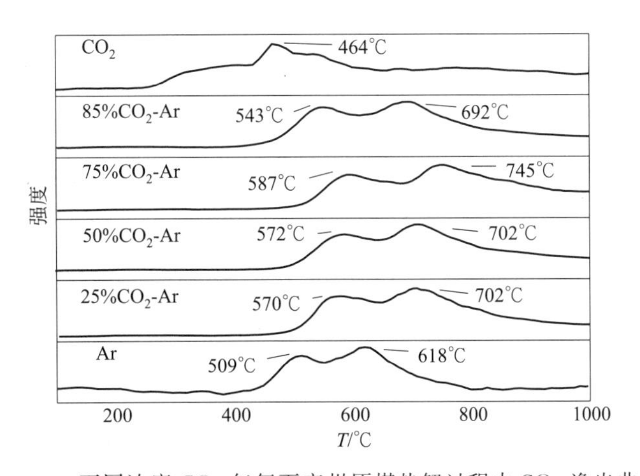

图 6.13 不同浓度 CO_2 气氛下兖州原煤热解过程中 SO_2 逸出曲线

平朔原煤是高有机煤，由图 6.14 可知平朔原煤在 Ar 气氛下，SO_2 逸出曲线有一个明显信号峰（最大逸出峰温：528℃）和一个肩峰（最大逸出峰温：649℃），加入一定浓度 CO_2 后，SO_2 的信号峰逐渐变成一个大包峰，且较明显单峰的最大逸出峰温及肩峰的峰温与相同条件下平朔原煤的 H_2S 最大逸出峰温度一致。可以推测这两个峰分别是由不稳定有机硫和稳定有机硫分解生成的 SO_2，这也说明了热解过程中 CO_2 有利于煤中硫的分解，在纯 CO_2 气氛下能明显降低其分解温度[1,15]。

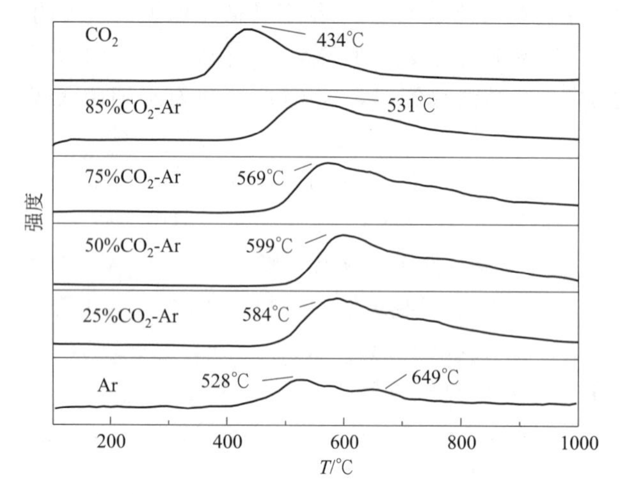

图 6.14 不同浓度 CO_2 气氛下平朔原煤热解过程中 SO_2 逸出曲线

图 6.15 中曲线从上到下依次为 CO_2、85% CO_2-Ar、75% CO_2-Ar、50% CO_2-Ar、25% CO_2-Ar 和纯 Ar 气氛下，平朔原煤、脱灰煤与脱黄铁矿煤的 Py-MS-SO_2 逸出曲线，矿物质对 SO_2 的逸出规律的影响与 H_2S 类似。Ar 气氛下热解时，煤中硫分解产生·S·，·S·与煤中含氧物质反应，产生 SO_2，这种生成方式与 H_2S 十分相似[1,15,21]。而在上述 5 种不同浓度 CO_2 气氛下，少量的 COS 在高温时可以转化成 SO_2[1,15]。

6.1.2.4 S K-edge XANES 研究煤热解过程中焦中硫的变迁与转化

图 6.16 为平朔煤的 FTIR 谱图，煤样在 3417cm^{-1} 处有较强的—OH 吸收峰，主要来源于煤中水分；在 2920cm^{-1} 和 2854cm^{-1} 处也存在吸收峰，这归属于环烷烃或脂肪族中亚甲基—CH_2—的反对称和对称振动的吸收峰；在 1581cm^{-1} 处也有明显吸收峰，归属于芳香 C═C 的伸缩振动，是苯环的骨架振动而产生的吸收峰；此外，对于平朔原煤，在

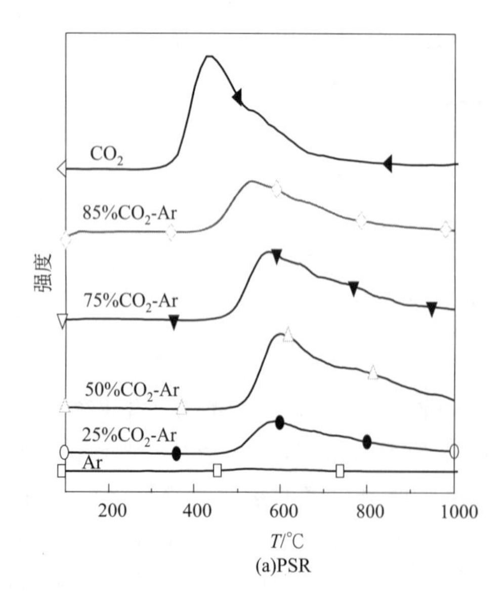

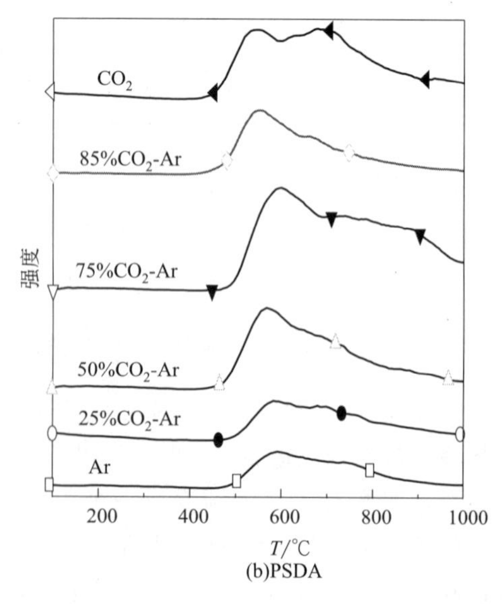

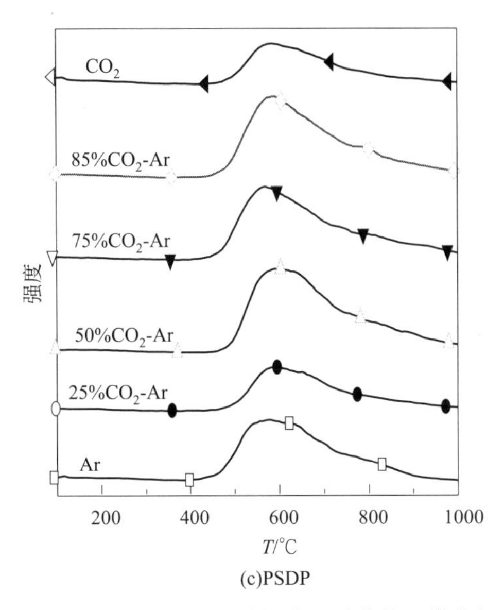

(c)PSDP

图 6.15 不同浓度 CO_2 气氛下平朔原煤、脱灰煤和脱黄铁矿煤热解过程中 SO_2 逸出曲线

$1023cm^{-1}$ 处也存在有较强吸收峰，这是 Si—O—Si 或 Si—O—C 的振动吸收峰，这是由于平朔原煤灰成分（表 6.4）中有较多的 SiO_2（占 57.26%）。

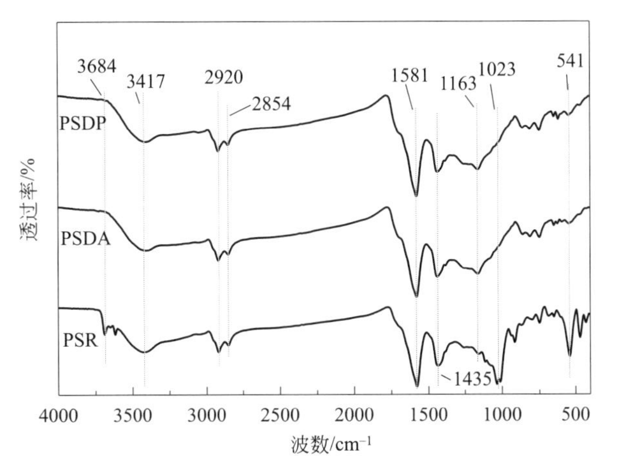

图 6.16 平朔煤样的 FTIR 谱图

为了详细了解热解过程中煤中硫的转化，对平朔原煤、脱灰煤与脱黄铁矿煤及其在纯 Ar、75%CO_2-Ar、85%CO_2-Ar 和纯 CO_2 气氛下热解时得到的 900℃半焦测量其 S K-edge XANES 谱图，用于分析不同形态硫及其浓度。S K-edge XANES 谱图如图 6.17 所示，图中曲线从上到下依次为 PSR、PSDA、PSDP。平朔脱灰煤和脱黄铁矿煤的 S-K-edge XANES 谱图形状与原煤非常相似，这些谱峰来源于硫化物（包括噻吩硫）。另外从图 6.16 三者的 FTIR 谱图可以看出，脱灰与脱黄铁矿过程并未使煤样中的有机结构产生大的变化。

图 6.18、图 6.19 是在纯 Ar、75%CO_2-Ar、85%CO_2-Ar 和纯 CO_2 气氛下，平朔原煤和脱灰煤及其 900℃半焦的 S-K-edge XANES 谱图。在纯 Ar、75%CO_2-Ar、85%CO_2-Ar 和纯 CO_2 气氛下，平朔原煤和脱灰煤半焦中的噻吩硫发生了富集，与热解前的煤样相

比，半焦的S K-edge XANES谱图中，在约2473.2eV处的吸收峰强度增大，因为在热解过程中，一些有机含硫化合物，如苯硫醚容易发生转化，形成噻吩硫。平朔原煤在纯CO_2气氛下以及脱灰煤在75%CO_2-Ar气氛下，这种现象比较明显。同时，CO_2浓度对硫转化的影响非常相似，因为从图6.18、图6.19不难发现在75%CO_2-Ar、85%CO_2-Ar和纯CO_2气氛下，900℃的S K-edgeXANES谱图相似，在3种CO_2气氛下，约2473.2eV处的吸收峰强度高于Ar气氛，这表明在CO_2气氛下，半焦中的硫主要是稳定噻吩硫，而其他不稳定的硫类在热解过程中可以被脱除或发生转化形成稳定的噻吩类硫。但在Ar气氛下，硫的脱除是十分有限的，因为仅有一些不稳定的硫类，如二硫化物、硫化物和亚砜等，可以被脱除[11]。如图6.19、图6.20，在纯Ar、75%CO_2-Ar、85%CO_2-Ar和纯CO_2气氛下，与未热解煤样相比，约在2481.6eV处的硫酸盐的吸收峰变化不大。由6.1.2.2节中表6.6可知，75%CO_2-Ar、85%CO_2-Ar和纯CO_2气氛下，平朔原煤、脱灰煤含硫气体逸出量远高于Ar气氛，在75%CO_2-Ar、85%CO_2-Ar下，平朔原煤与脱灰煤的含硫气体总量相近，在纯CO_2气氛下，含硫气体总量原煤>脱灰煤，这表明原煤中的矿物质并未吸收含硫气提转化为硫酸盐，滞留在焦内，故硫酸盐吸收峰变化不大。

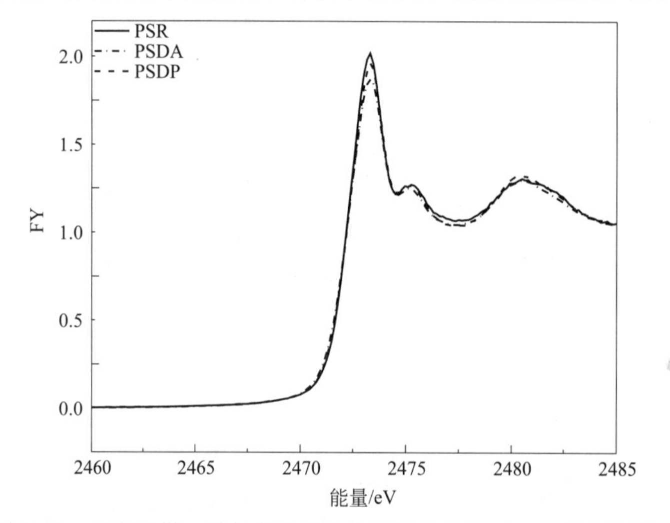

图6.17 平朔原煤、脱灰煤和脱黄铁矿煤的S K-edge XANES谱图

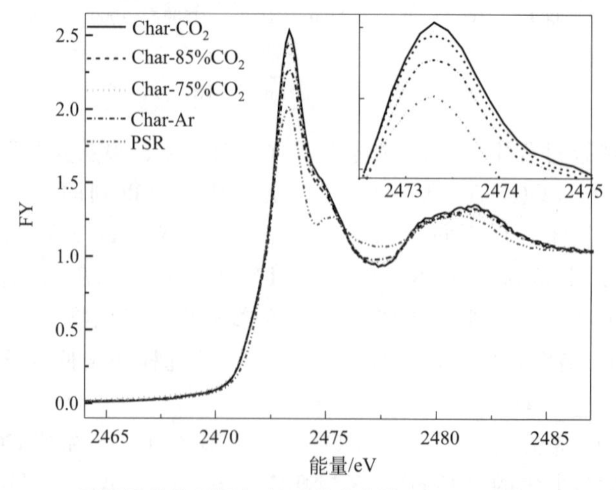

图6.18 平朔原煤及不同气氛下的半焦的S K-edge XANES谱图

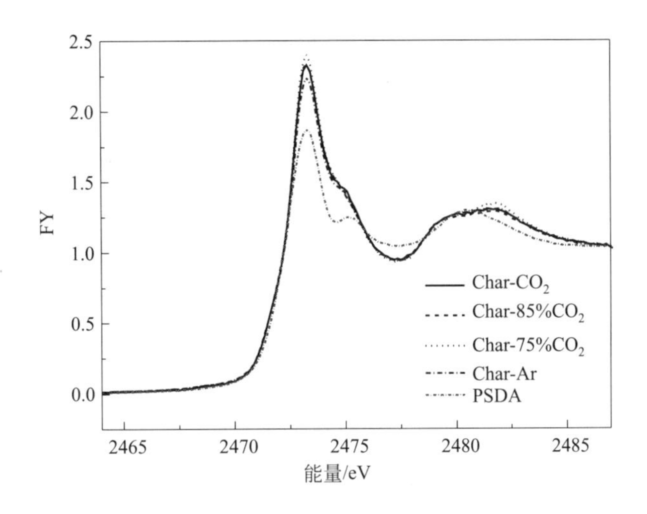

图 6.19　平朔脱灰煤及不同气氛下的半焦的 S K-edge XANES 谱图

6.2　纯 CO_2 气氛下热解温度对煤热解过程硫迁移的影响

通过对兖州/平朔原煤及其脱灰煤和脱黄铁矿煤在纯 Ar、25%CO_2-Ar、50%CO_2-Ar、75%CO_2-Ar、85%CO_2-Ar 和纯 CO_2 气氛下程序室温升温到 900℃热解时硫变化的分析可以发现煤样在纯 CO_2 气氛下的脱硫率最高，极大地增加 H_2S、COS 和 SO_2 的释放量，纯 CO_2 能够明显降低 H_2S 和 COS 的逸出温度，但不同浓度 CO_2（25%、50%、75%、85%）气氛对煤样热解时含硫气体的释放作用比较复杂，使得其逸出温度高于 Ar 气氛下。综上，本节选择在纯 CO_2 气氛下考察热解温度对煤热解脱硫的影响。

6.2.1　实验部分

热解-气相色谱（Py-GC）实验装置与第 2 章中图 2.1 相同。称取约 1.0000g 煤样放入反应管中，用热解气（Ar、CO_2）吹扫 30min，流量为 300mL/min，以 10℃/min 的升温速率对兖州/平朔原煤及其脱灰煤和脱黄铁矿煤进行热解，热解终温分别为 400℃、500℃、600℃、700℃、800℃，并在热解终温下恒温 20min。

6.2.2　结果与讨论

6.2.2.1　纯 CO_2 气氛下热解温度对脱硫率的影响

热解温度对煤中硫的脱除和分配影响很大，一方面，随着温度升高，煤释放挥发分的程度加深，在这一过程中硫释放量也会增加；另一方面根据其自身稳定性不同的特点，煤中不同形态硫随着热解温度的升高而分解[22]。

表 6.7 为不同的热解温度下，在纯 Ar 和纯 CO_2 气氛下，兖州原煤、脱灰煤和脱黄铁矿煤的脱硫率（DR）和半焦产率（Y）。在两种气氛下，随着温度的升高，脱硫率逐渐增加，半焦产率逐渐降低。在纯 Ar 气氛下，半焦产率高于纯 CO_2 气氛下（除原煤在 400℃时），这是因为 CO_2 参与了煤的热解反应过程，使煤的大分子结构分解，产生小分子挥发分随着热解气体逸出。在纯 Ar 气氛下，兖州原煤的脱硫率高于脱灰煤和脱黄铁矿煤，说明兖州原煤中的矿物质对脱硫起促进作用，这与样品的灰分含量中酸性矿物质含量较高一致（表 6.4）。在纯 Ar 气氛下，与脱灰煤相比，脱黄铁矿煤的脱硫率在低温下较大，可能是由于煤（去除了矿物的影响）中的活泼有机硫比较多（如二硫化物等），低温（600℃之前）分解；而当热解终温高于 600℃时，脱灰煤的脱硫率大于脱黄铁矿煤，这可能是脱灰煤中的 Fe^{2+} 或 Fe^{3+}（表 6.4 中 Fe_2O_3 为 24.62%）起到了促进硫脱除的作用。在纯 CO_2 气氛下，不同热解终温时兖州原煤的脱硫率低于其脱灰煤和脱黄铁矿煤，说明纯 CO_2 气氛抑制了煤中酸性矿物质对含硫化合物分解的催化作用。与纯 Ar 气氛热解相比，纯 CO_2 气氛下，脱灰煤和脱黄铁矿煤在低温下的脱硫率相对较高，如 400℃，脱黄铁矿煤脱硫率达到 45.28%，而在纯 Ar 气氛下脱硫率仅为 18.16%，这是由于纯 CO_2 使得有机硫热解温度降低，脱硫率增加了 27.12%；在 800℃时，其脱硫率达到 74.43%，而在 Ar 气氛下只有 51.58%，说明 CO_2 气氛促使煤中稳定噻吩有机硫分解，降低半焦中硫含量。同样，对于脱灰煤，在 500℃热解时，纯 CO_2 气氛下脱硫率达到 64.49%，而 Ar 气氛下只有 27.76%，在 800℃，纯 CO_2 气氛下脱硫率达到 74.53%，而 Ar 气氛下只有 57.63%，这表明纯 CO_2 气氛不仅有利于有机硫的分解，而且促进煤中由 FeS_2 产生的 FeS 分解。

表 6.7 Ar、CO_2 气氛下不同热解温度时兖州原煤、脱灰煤和脱黄铁矿煤的半焦产率与脱硫率

T/℃	Ar						CO_2					
	YZR		YZDA		YZDP		YZR		YZDA		YZDP	
	Y/%	DR/%	Y/%	DR/%	Y/%	DR/%	Y/%	DR/%	Y/%	DR/%	Y/%	DR/%
400	88.54	38.87	88.08	10.73	90.48	18.16	89.56	18.92	87.71	53.23	84.68	45.28
500	76.31	45.00	70.64	27.76	72.64	45.99	71.90	29.33	70.34	64.49	69.38	67.47
600	71.24	52.56	66.99	41.17	68.28	49.88	67.01	54.45	65.02	71.83	66.27	70.23
700	69.46	55.98	65.03	54.43	66.78	50.38	66.11	61.23	63.06	73.04	62.78	71.37
800	67.16	57.11	62.43	57.63	62.06	51.58	62.40	67.97	61.99	74.53	61.44	74.43

表 6.8 为不同热解终温时，在纯 Ar 和纯 CO_2 气氛下，平朔原煤、脱灰煤和脱黄铁矿煤的脱硫率（DR）和半焦产率（Y）。在两种气氛下，随着热解温度的升高，脱硫率逐渐增加，半焦产率逐渐降低。在纯 Ar 气氛下，其半焦产率高于纯 CO_2 气氛但脱硫率小于纯 CO_2 气氛，这与兖州煤样的热解规律类似。在纯 Ar 气氛下，平朔原煤的脱硫率高于其脱灰煤和脱黄铁矿煤，这说明在惰性气氛下原煤中的矿物质对脱硫起到促进作用（表 6.4 中 $R_{B/A}=0.54$）。在纯 Ar 气氛下，当热解温度低于 500℃时，脱黄铁矿煤的脱硫率高于脱灰煤，可能是煤样中含有一部分易分解的活泼有机硫；而当热解终温高于 600℃时，脱灰煤的脱硫率大于脱黄铁矿煤（二者脱硫率差值小于 3%），这是脱灰煤中少量的 Fe^{2+} 或 Fe^{3+} 对脱硫起到一定促进作用。在纯 CO_2 气氛下，不同热解终温时原煤的脱硫率略高于脱灰煤与脱黄铁矿煤（除 800℃），说明高温时，纯 CO_2 气氛下煤中的矿物质对硫转移至气相或焦油表现为微弱的阻碍作用。平朔煤为高有机硫煤，纯 CO_2 气氛下，在 400℃、500℃、

600℃、700℃、800℃热解时，其脱硫率均有很大提高，这再次证明了 CO_2 可以增加有机硫中的C-S键断裂概率，使硫从煤基质中转移至气相[15,21]。

表 6.8　Ar、CO_2 气氛下不同热解温度时平朔原煤、脱灰煤和脱黄铁矿煤的半焦产率与脱硫率

T/℃	Ar						CO_2					
	PSR		PSDA		PSDP		PSR		PSDA		PSDP	
	Y/%	DR/%	Y/%	DR/%	Y/%	DR/%	Y/%	DR/%	Y/%	DR/%	Y/%	DR/%
400	88.60	27.33	88.47	11.64	82.90	21.91	82.47	38.65	84.11	18.96	81.56	26.18
500	74.25	52.46	69.83	45.05	70.41	47.28	70.37	54.38	68.45	51.35	68.25	51.97
600	70.12	61.47	66.00	54.94	66.42	50.83	65.94	68.41	63.84	64.23	64.25	65.86
700	67.94	63.13	64.72	56.93	63.75	54.66	60.01	72.13	60.93	71.82	59.70	73.02
800	65.90	64.10	63.27	58.10	62.26	55.17	57.82	74.86	58.49	76.03	56.85	78.42

6.2.2.2　纯 CO_2 气氛下热解温度对硫产物分布及释放行为的影响

（1）不同温度下热解过程中硫的产物分布

为了考察纯Ar、纯 CO_2 气氛下不同温度时热解过程中硫的三相分布，实验采用SK-DL-5000通过电位滴定法对两种气氛下不同热解温度时制备的半焦进行总硫测定，释放到气相中 H_2S、COS和 SO_2 通过SP-7800定量检测。图6.20、图6.21、图6.22、图6.23分别为纯Ar和纯 CO_2 气氛下兖州与平朔煤样在不同热解终温时的产物分布图。

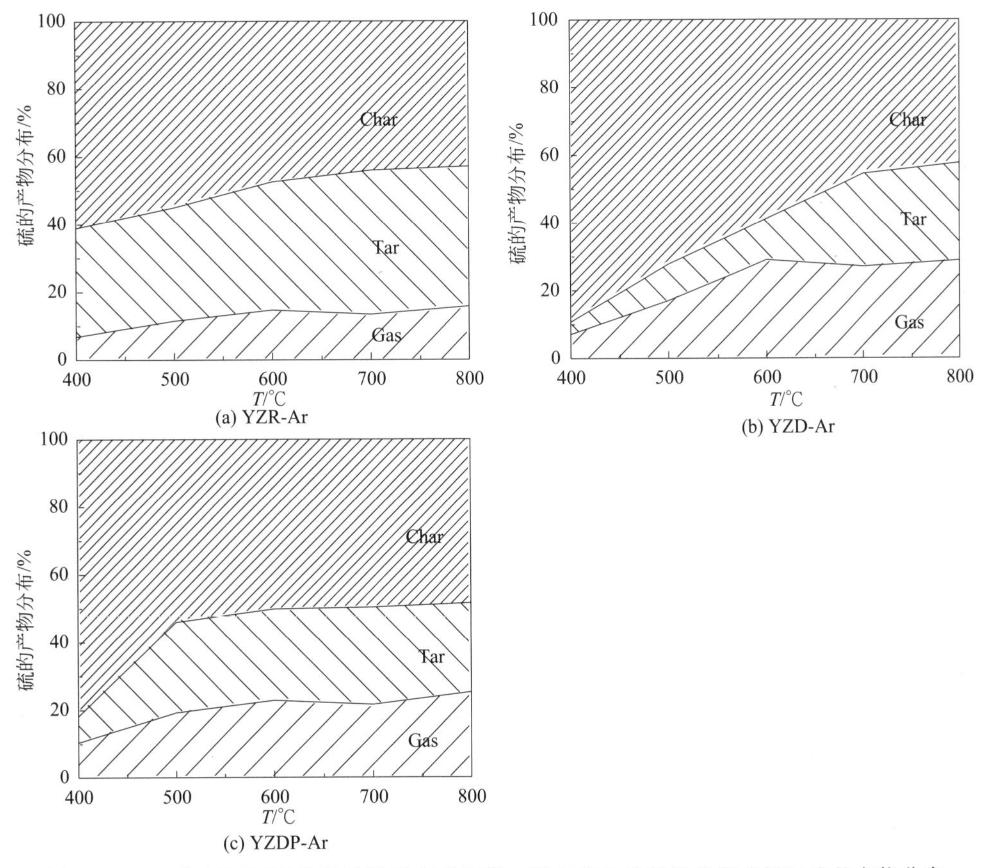

图 6.20　Ar气氛下不同热解终温时兖州原煤、脱灰煤和脱黄铁矿煤热解后硫的产物分布

图 6.20 为纯 Ar 气氛下不同温度时，兖州原煤、脱灰煤和脱黄铁矿煤热解过程中三相硫分布图。由图 6.20(a)、(b) 可知，在热解过程中兖州原煤和脱灰煤的温度转折点分别为 500℃、600℃、700℃。其中一些不稳定的有机硫在 300～500℃左右分解[23]。由于二者含有大量黄铁矿硫（表 6.3 中 YZR：38.92%，YZDA：27.63%），300℃后黄铁矿（FeS_2）逐渐分解，约 600～700℃，黄铁矿（FeS_2）完全分解生成 FeS。随着温度升高，FeS 会进一步分解[24,25]。由于兖州原煤属于炼焦煤，在热解过程中会产生大量的焦油，使得焦油中硫的比例较高。对于脱灰煤，硫主要分布在半焦中，与原煤相比，焦油中的硫减少，气相中的硫含量增加。从图 6.20(b) 可以看出，脱灰煤热解过程中，在 500℃处有明显的转折点，这主要是由于煤中不稳定有机硫和黄铁矿的分解。700℃处的转折点主要是煤中一些简单噻吩分子和 FeS 分解转移到焦油中，导致半焦中硫含量减少的同时焦油中硫含量增加，而气相中硫含量增加不明显。

图 6.21 为纯 CO_2 气氛下不同温度时，兖州原煤、脱灰煤和脱黄铁矿煤热解过程中三相硫分布图。在纯 CO_2 气氛下，热解过程中兖州原煤［图 6.21(a)］、脱灰煤［图 6.21(b)］和脱黄铁矿煤［图 6.21(c)］三个温度转折点也分别为 500℃、600℃、700℃，热

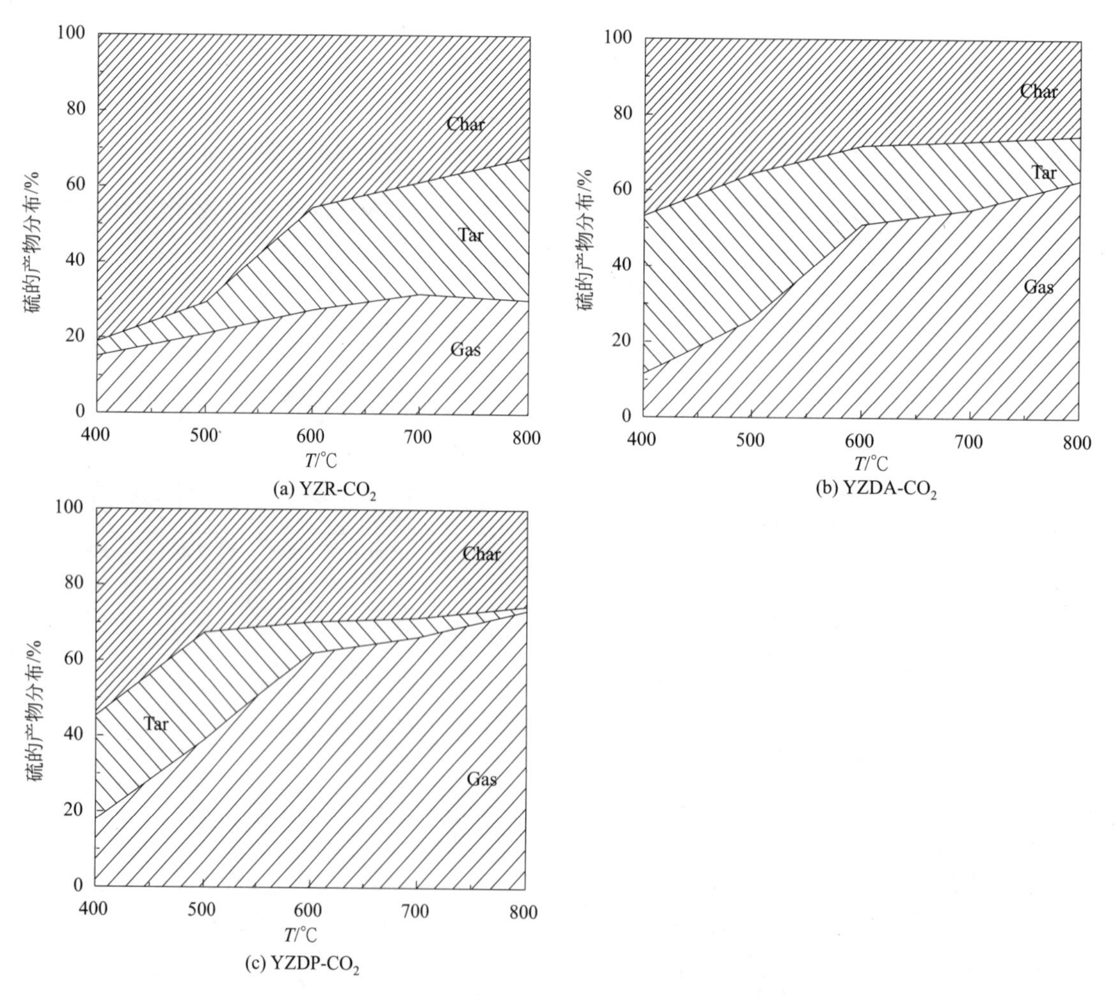

图 6.21　CO_2 气氛下不同热解终温时兖州原煤、脱灰煤和脱黄铁矿煤热解后硫的产物分布

解规律类似于 Ar 气氛；并且在 600℃前，$S_{Char,CO_2}>S_{Char,Ar}$ 和 $S_{Tar,CO_2}<S_{Tar,Ar}$。与纯 Ar 气氛相比，脱灰煤和脱黄铁矿煤在 CO_2 气氛下热解过程中焦油中的硫含量逐渐降低。同时，在相应温度下，气相中的硫显著增加。表明 CO_2 气氛有利于半焦和焦油中的硫转移到气相中，其中，脱黄铁矿煤在热解时表现得最明显。这可证明 CO_2 有利于有机硫分解到气相中。

图 6.22 为纯 Ar 气氛下不同热解温度时，平朔原煤、脱灰煤和脱黄铁矿煤过程中三相硫分布图。由图 6.22(a)、(b)、(c) 可知，在较低温度下时，硫主要分布于半焦中，在 400℃时，原煤半焦、脱灰煤半焦中的硫约占 70%、85%，而脱黄铁矿煤半焦中的硫约占 80%。随着热解温度上升，煤内部分活泼有机硫和极少量的 FeS_2 开始分解，此时半焦中硫减少，气相和焦油中的硫开始增加，其中转移至焦油中的硫多于转移至气相中的硫，由图 6.22(a)、(b) 可知，平朔原煤及脱灰煤热解时，在 500℃、600℃处存在明显变化，由前面的分析可知 500℃之前，煤中的部分活泼有机硫分解，致使焦中的硫明显减少，500℃之后，煤内活泼有机硫继续分解，至 600℃时，煤中不稳定有机硫已基本分解完全。600℃之后焦中的硫变化不大，气相中的硫继续增加，但增加的趋势缓慢。对比原煤与脱灰煤发现，原煤焦油中的硫高于脱灰煤，这说明原煤中的矿物质使硫更多地转移到焦油中。由图

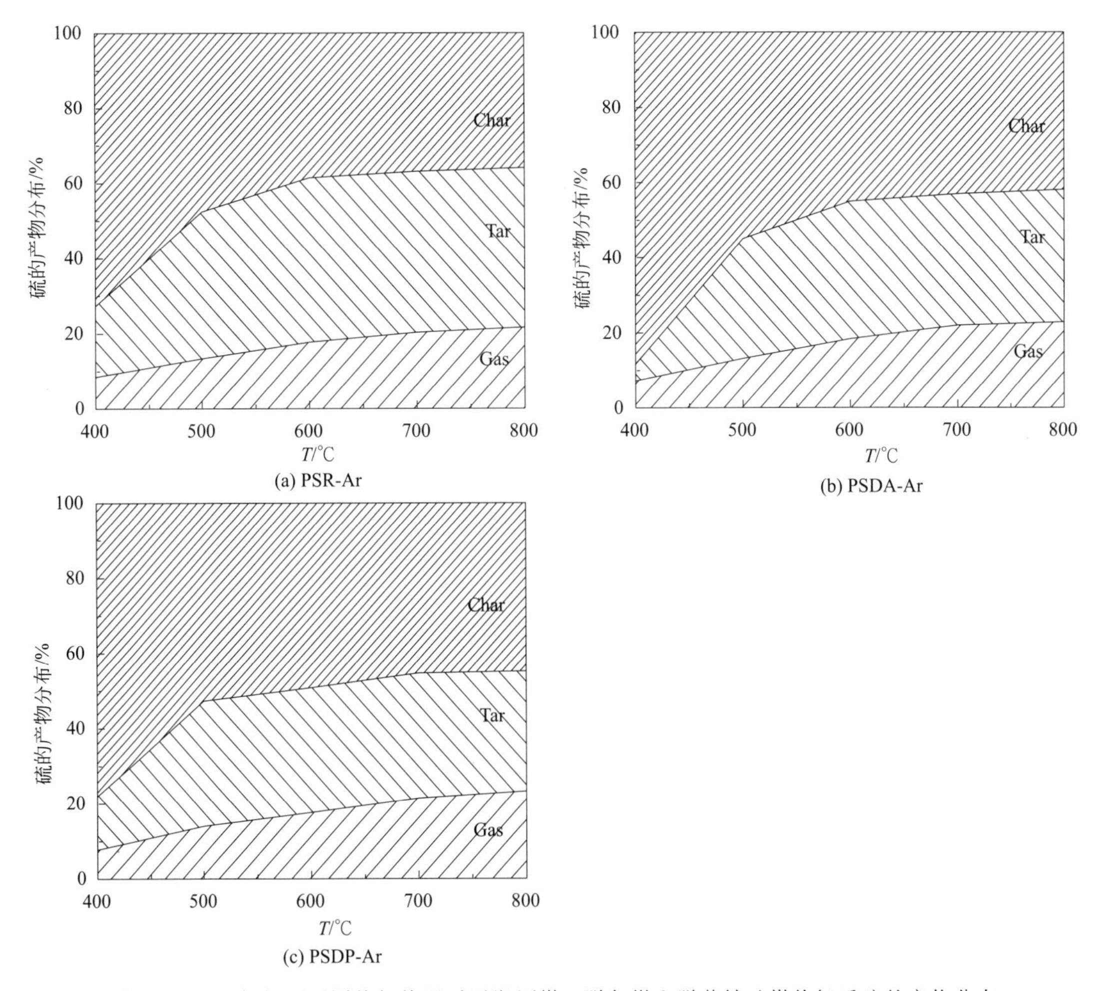

图 6.22 Ar 气氛下不同热解终温时平朔原煤、脱灰煤和脱黄铁矿煤热解后硫的产物分布

6.22(c) 可知，脱黄铁矿煤半焦中的硫在500℃处有明显变化，这与原煤、脱灰煤相似，但500℃之后焦中硫的变化不明显，这与表6.8中样品的脱硫率结果一致，说明Ar气氛下煤中矿物质起到了催化作用。

图6.23为纯CO_2气氛下不同温度时，平朔原煤、脱灰煤和脱黄铁矿煤热解过程中三相硫分布图。由图6.23可知，在纯CO_2气氛下，三相硫分布与Ar气氛相似。低温热解时，硫主要分布于半焦中，但纯CO_2气氛下，焦中的硫少于Ar气氛。在400℃时，平朔原煤半焦、脱灰煤半焦中的硫约占60%和80%，而脱黄铁矿煤半焦中硫约占77%。随着温度升高，半焦中的硫减少，而气相中的硫迅速增加。对比Ar气氛可以发现纯CO_2气氛下焦油中的硫明显减少，而气相中的硫明显增加，这说明CO_2气氛有利于煤中硫转移至气相。由图6.23(a)、(b)、(c) 可知焦中的硫在500℃、600℃、700℃处变化明显，且焦中的总硫低于相同温度Ar气氛焦中的总硫，这说明纯CO_2气氛下煤中有机硫的热解温度提前，部分稳定有机硫发生分解，脱硫率增大。在700℃之后，焦中的硫：$S_{Char,PSR}<S_{Char,PSDA}<S_{Char,PSDP}$，且原煤焦油中的硫明显减少，这说明纯$CO_2$气氛下平朔原煤中的矿物质能促进焦油中硫发生二次反应，进而转移至气相。

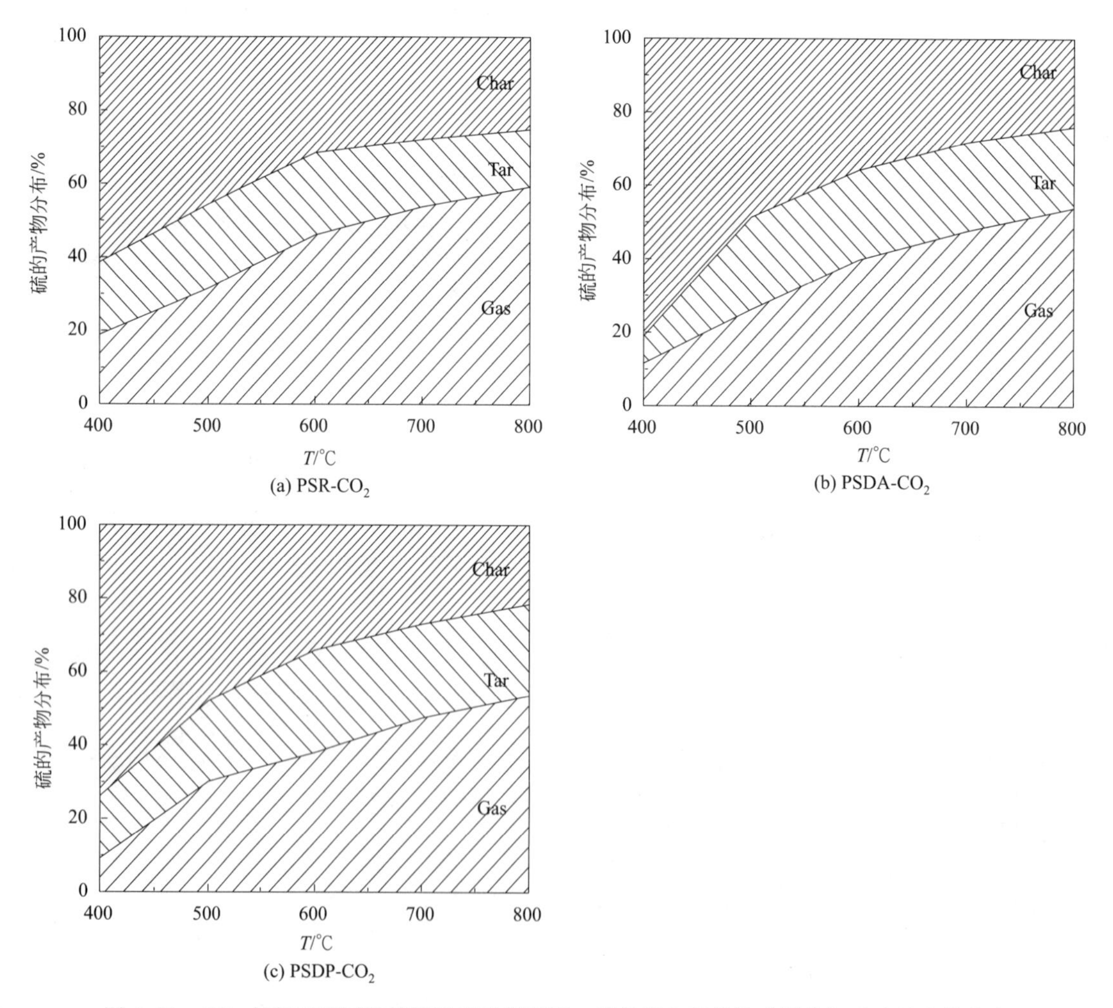

图6.23 CO_2气氛下不同热解终温时平朔原煤、脱灰煤和脱黄铁矿煤热解后硫的产物分布

（2）不同热解温度下煤热解过程中含硫气体的释放

图 6.24 是纯 Ar、纯 CO_2 气氛下不同热解终温时，兖州原煤、脱灰煤与脱黄铁矿煤含硫气体释放量曲线。由图 6.24(a) 知，纯 Ar 气氛下，不同热解温度时，H_2S 释放量为 YZR＜YZDA（除 400℃）＜YZDP，由于惰性气氛下煤中含硫化合物分解主要生成 H_2S，原煤中的矿物质能与煤热解过程产生的·S·或与生成的 H_2S 反应，使得原煤热解释放的 H_2S 的量最低[11]。在 CO_2 气氛下，500℃之前，H_2S 的释放量：YZDA＜YZR＜YZDP，在 500℃之后，H_2S 释放量：YZR＜YZDA＜YZDP，这说明 CO_2 气氛下矿物质在较高温度时能促进 H_2S 的释放。脱黄铁矿煤在两种气氛下均有较高的释放量，表明兖州煤中的有机硫比较活泼。

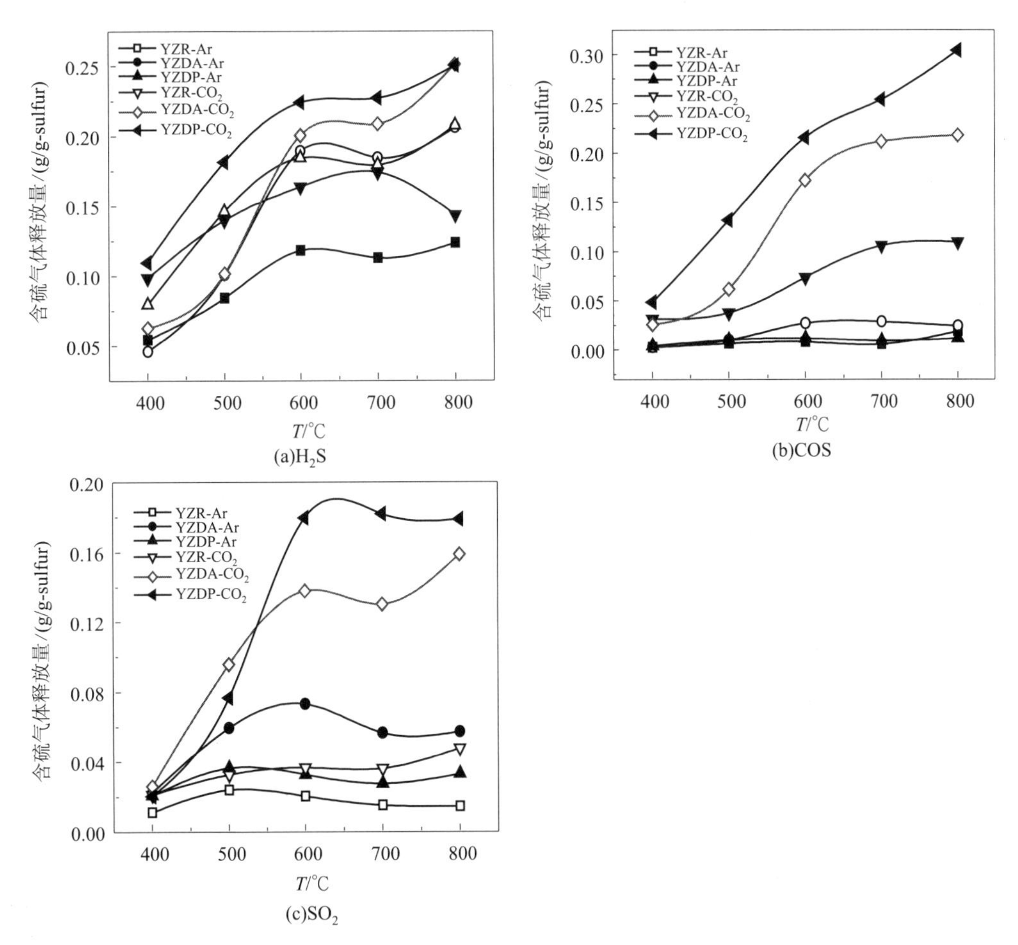

图 6.24 Ar、CO_2 气氛下不同热解终温时兖州原煤、脱灰煤和脱黄铁矿煤的含硫气体释放量曲线

对比两种气氛，兖州原煤、脱灰煤与脱黄铁矿煤在纯 CO_2 气氛下 H_2S 的逸出量均高于 Ar 气氛，H_2S 的释放量（除原煤在 700℃之后）呈现递增趋势。600℃之前，H_2S 的量增加较明显，对兖州原煤、脱灰煤与脱黄铁矿煤的 Py-MS-H_2S 逸出曲线（图 6.8）分析可知，纯 CO_2 气氛下，600℃之前，H_2S 主要来源于兖州煤中不稳定有机硫和 FeS_2 分解，而 600℃之后 H_2S 继续增加且明显高于相应温度时 Ar 气氛下 H_2S 的量，这是由于 CO_2 使稳定有机硫分解生成 H_2S。

图 6.24(b) 是两种气氛下兖州原煤、脱灰煤与脱黄铁矿煤的 COS 释放量曲线。在两

种气氛下，COS释放量均随着温度的升高而增加，且纯CO_2气氛下COS释放量明显高于Ar气氛，高温阶段的影响最为明显，这表明CO_2气氛有利于COS的释放，研究表明在高温时CO_2与煤基质反应生成CO，而此阶段COS与CO的逸出成正相关[1,15,21]。COS的形成主要来源于含硫化合物分解产生的活性硫与活性氧的反应，或者H_2S与含氧基团或气体的二次反应等[16]。在高温下，CO_2一方面可以提供热解过程中产生的活性硫所结合的活性氧或者含氧气体（如CO）从而生成COS，另一方面与热解气中的H_2S发生二次反应生成COS[1,15]。

图6.24(c)是两种气氛下，兖州原煤、脱灰煤与脱黄铁矿煤的SO_2释放量曲线。两种气氛下SO_2释放量随着温度的升高而增加。在纯CO_2气氛下，脱灰煤和脱黄铁矿煤的SO_2释放量明显高于Ar气氛，这与COS相似。在Ar气氛下，煤中硫分解生成·S·，与含氧物质反应产生SO_2，而在CO_2气氛下，CO_2可以提供反应所需的氧，使SO_2释放量显著增加，部分COS也可以在较高温度下分解生成SO_2[1,15,21]。

图6.25是纯Ar、纯CO_2气氛下不同热解终温时，平朔原煤、脱灰煤与脱黄铁矿煤的含硫气体释放量曲线。由图6.25(a)可知，在Ar气氛下，H_2S释放量随温度升高而递增。CO_2气氛下，对应温度下三者的H_2S释放量远高于Ar气氛（除脱灰煤与脱黄铁矿煤在400℃时），说明CO_2有利于有机硫分解释放H_2S。CO_2气氛下，H_2S释放量：PSR＞PSDA＞PSDP，这是煤中矿物质起到了一定促进作用。

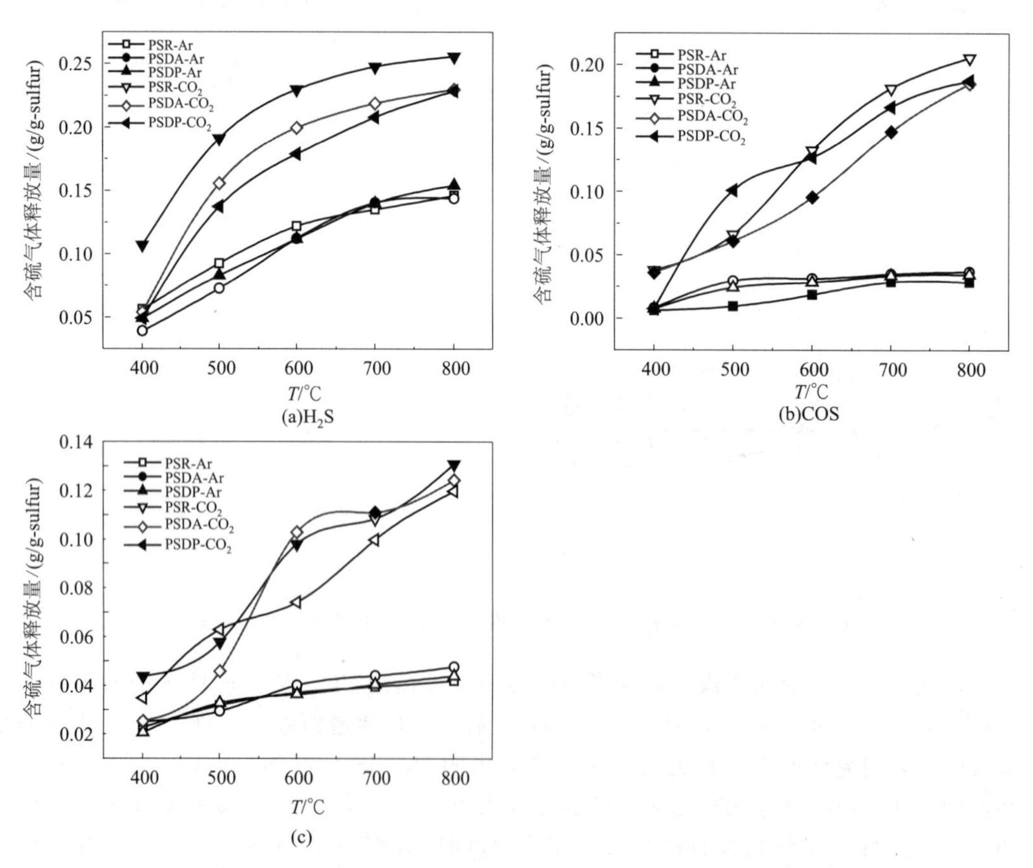

图6.25　Ar、CO_2气氛下不同热解终温时平朔原煤、脱灰煤和脱黄铁矿煤的含硫气体释放量曲线

由图 6.25(b) 可知，在 Ar 气氛下，平朔原煤、脱灰煤与脱黄铁矿煤热解时，COS 释放量随温度升高而递增，脱灰煤与脱黄铁矿煤的 COS 释放量略高于原煤。在 CO_2 气氛下，三者的 COS 释放量远高于 Ar 气氛，高温时最明显，这与兖州煤样的 COS 释放分析结论一致，是由 COS 的生成途径导致。

图 6.25(c) 是两种气氛下平朔煤的 SO_2 释放量曲线。两种气氛下 SO_2 释放量随着温度的升高而增加。在不同的热解温度时，CO_2 气氛下，SO_2 释放量明显高于 Ar 气氛，这与 COS 相似。在 Ar 气氛下，有机硫分解生成·S·，与含氧基质或挥发物中的氧反应产生 SO_2，在 CO_2 气氛下，CO_2 提供了氧，使 SO_2 释放量显著增加，部分 COS 也可以在较高温度下分解成 SO_2[1,15,21,]。

6.2.2.3 S K-edge XANES 研究热解温度对硫变迁与转化的影响

利用 S K-edge XANES 对 Ar、CO_2 气氛下兖州原煤、脱灰煤与脱黄铁矿煤及不同热解温度热解时所得半焦进行表征，分析不同形态硫的变迁与转化行为。图 6.26 是兖州煤的 FTIR 谱图，脱灰与脱黄铁矿过程对于煤的有机结构影响不大，这有利于利用 S K-edge XANES 分析煤中的各形态硫。

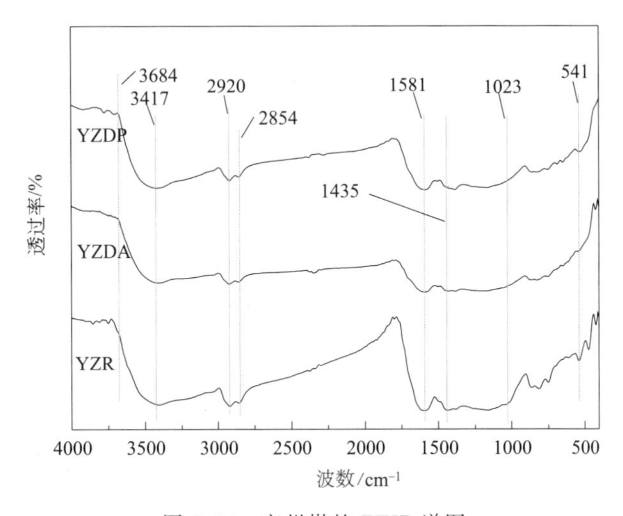

图 6.26　兖州煤的 FTIR 谱图

(1) 兖州煤及半焦的 S K-edge XANES 谱图分析

图 6.27、图 6.28 是兖州原煤在 Ar 和 CO_2 气氛下不同温度热解时半焦的 S K-edge XANES 谱图。对于富含黄铁矿硫的兖州原煤而言，在 Ar 和 CO_2 气氛下，2473eV 处还原态硫的吸收峰强度随着温度的升高发生变化，在低温下，此吸收峰主要是较为活泼的硫醚类硫的分解，随着温度的升高，吸收峰强度略有增高，这是由于高温下煤中的有机硫内部发生相互转化，转变成更为稳定的噻吩硫富集在焦内[26]。400℃时，两谱图在 2469.7eV 处会出现新的吸收峰，Ar 气氛下在 700℃吸收峰强度达到最大，然后吸收峰强度降低；而 CO_2 气氛下在 600℃达到最大值然后降低，在 800℃时几乎消失，此峰属于 FeS 的吸收峰，表明在 Ar 和 CO_2 气氛下随着温度的升高黄铁矿硫首先分解生成活性硫和 FeS，在 700℃左右（在 Ar 气氛下）和 600℃左右（在 CO_2 气氛下）分解完全，随着温度的升高，生成的 FeS 的继续分解导致 FeS 吸收峰强度降低。

在 Ar 气氛下，兖州原煤半焦的 S K-edge XANES 谱图中 700℃时新出现了 CaS 的吸收峰（约在 2478eV 处），这是由于兖州原煤中 CaO 含量较高，约占灰分的 17.62%（表 6.4），能与 H_2S 反应生成 CaS；然而，在 CO_2 气氛下没有出现 CaS 峰，这说明 CO_2 气氛不利于 CaS 的形成。在 Ar 和 CO_2 气氛下，半焦在 2481.6eV 处氧化态硫的吸收峰强度随着温度的升高而明显下降，这表明此处的部分氧化态硫不稳定，发生分解。兖州原煤中含有大量的 FeS_2，约占总硫的 38.92%（表 6.3），FeS_2 在存放过程中氧化成 $Fe_2(SO_4)_3$，$Fe_2(SO_4)_3$ 在 500℃左右分解温度[27]，因此 2481.6eV 峰强度降低源于 $Fe_2(SO_4)_3$ 分解。

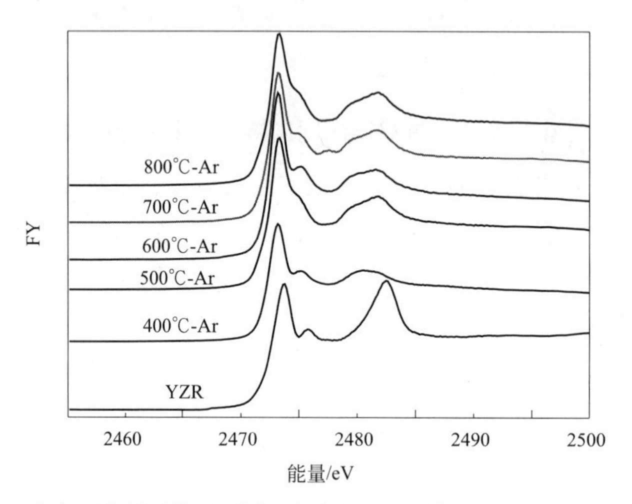

图 6.27 Ar 气氛下兖州原煤及不同温度半焦在 FY 模式下 S K-edge XANES 谱图

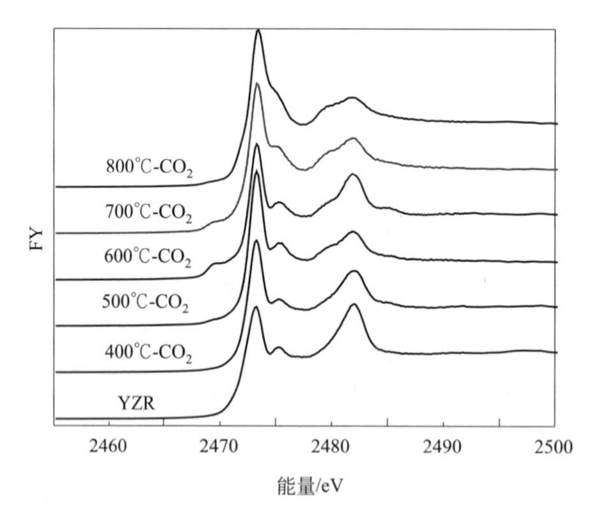

图 6.28 CO_2 气氛下兖州原煤及不同温度半焦在 FY 模式下 S K-edge XANES 谱图

图 6.29、图 6.30、图 6.31 和图 6.32 是在 Ar 和 CO_2 气氛下不同温度热解时，兖州脱灰煤和脱黄铁矿煤半焦的 S K-edge XANES 谱图。与原煤相似，在两种气氛下，二者半焦的 S K-edge XANES 谱图中，在 2473eV 处的还原态硫的吸收峰强度随着热解温度升高而增强。对于脱灰煤，400℃时，在 2469.7eV 处也出现了 FeS 吸收峰，但强度弱于原煤。对于脱黄铁矿煤，在热解温度范围内其半焦的 S K-edge XANES 谱图中没有此吸收峰，这一现象可以从表 6.3 煤的硫形态分析中得到解释，因为 3 种煤样中 S_p：YZR＞YZDA＞

YZDP。在图6.30、图6.31中，并未出现CaS的吸收峰，这是因为脱灰过程将煤中绝大部分灰脱除，包括CaO。并且脱灰煤与脱黄铁矿煤半焦的S K-edge XANES谱图在2481.6eV处氧化态硫的吸收峰强度变化不明显，这是因为脱灰、脱黄铁矿过程除去了$Fe_2(SO_4)_3$，灰成分比例非常小，可以忽略不计。

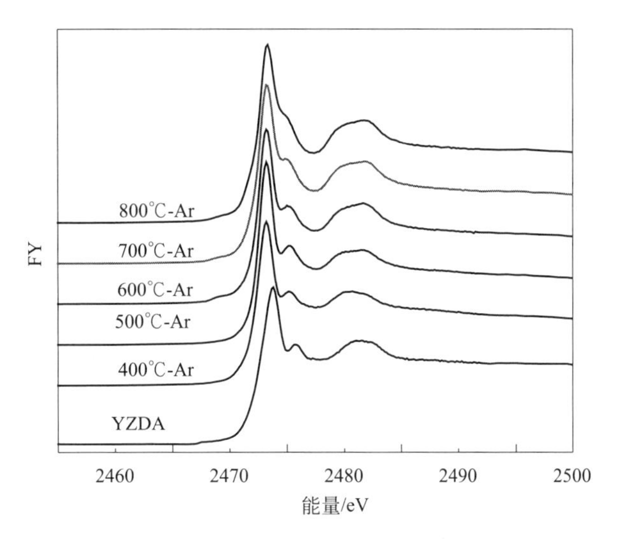

图6.29 Ar气氛下兖州脱灰煤及不同温度半焦在FY模式的S K-edge XANES谱图

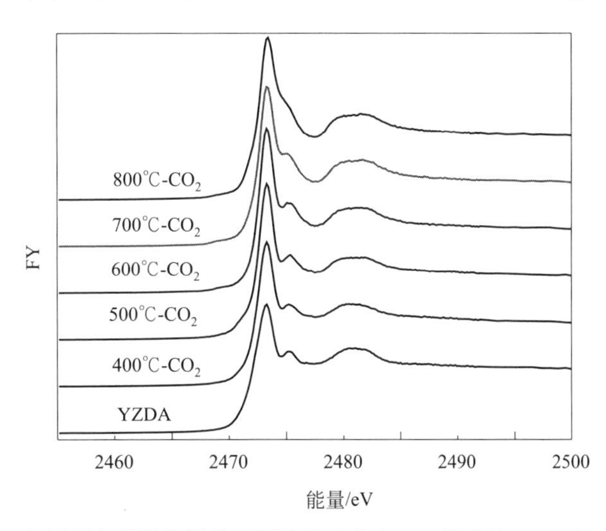

图6.30 CO_2气氛下兖州脱灰煤及不同温度半焦在FY模式的S K-edge XANES谱图

(2) 不同温度下不同形态硫在半焦中的分布

图6.33和图6.34分别为在Ar和CO_2气氛下，以未热解前兖州原煤、脱灰煤和脱黄铁矿煤中的总硫为基准，不同形态硫在半焦中的分布。兖州原煤主要含有黄铁矿硫(FeS_2)、硫化物硫（Sulfide)、噻吩类硫（Thiophene)、硫酸盐硫（Sulfate）及少量二硫化物硫（Disulfide)、亚砜（Sulfoxide)、砜类化合物硫（Sulfone）和磺酸盐硫（Sulfonate)。脱灰煤除硫酸盐硫，脱黄铁矿煤除黄铁矿硫和硫酸盐硫，其他形态硫与原煤相似。由表6.3可见，原煤和脱灰煤中黄铁矿硫分别占38.92%和27.63%，而S K-edge XANES谱图拟合结果显示黄铁矿比例明显较小，这归因于FeS_2的“自吸效应”[28,29]，FeS_2表面

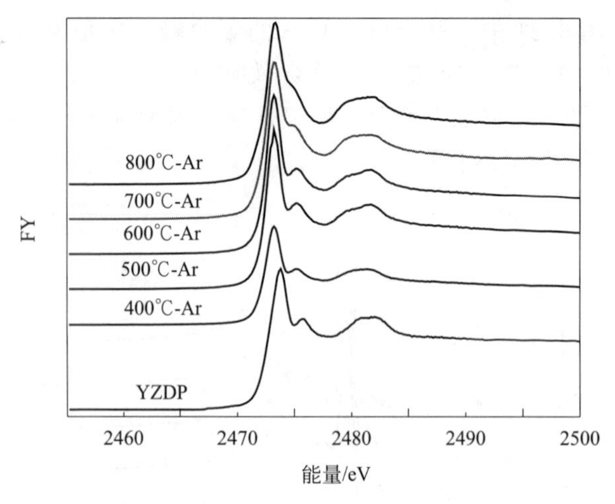

图 6.31　Ar 气氛下兖州脱黄铁矿煤及不同温度半焦在 FY 模式的 S K-edge XANES 谱图

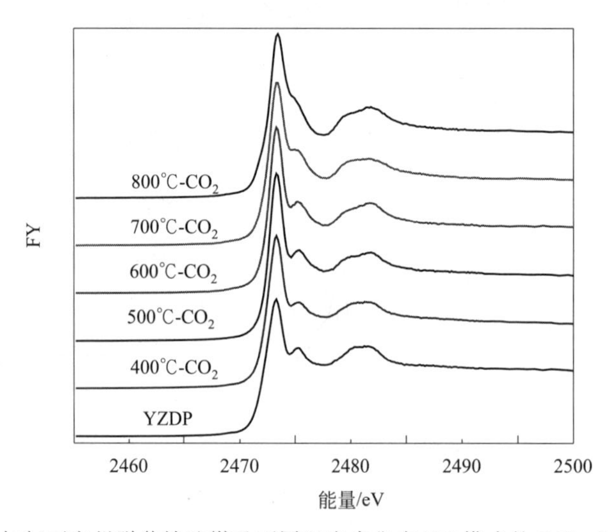

图 6.32　CO_2 气氛下兖州脱黄铁矿煤及不同温度半焦在 FY 模式的 S K-edge XANES 谱图

的氧化层减弱了其吸收信号，从 S K-edge XANES 谱图中看不到明显的 FeS_2 吸收峰，而热解生成的 FeS 有明显的吸收峰，也证明了 FeS_2 的“自吸效应”。

如图 6.33(a)、(b) 和图 6.34(a)、(b) 所示，在 Ar 和 CO_2 气氛下，兖州原煤和脱灰煤在低温阶段主要是活性泼有机硫化物和黄铁矿（FeS_2）的分解，如二硫化物在 500℃已经分解完全。在 Ar 气氛下［图 6.34(a)］，兖州原煤半焦中有 FeS 生成，这是煤中黄铁矿分解的结果，700℃左右时 FeS 的比例最大，700℃后 FeS 的比例降低，这是因为高温时 FeS 会发生二次分解；磺酸盐在 500℃完全分解；在 500℃之前硫酸盐硫含量急剧下降。而在 CO_2 气氛下［图 6.34(a)］，原煤中黄铁矿在 600℃时完全分解，产生 FeS，600℃之后 FeS 继续分解；磺酸盐在 400℃完全分解；在 500℃以前硫酸盐硫含量的变化并不明显。在 Ar 气氛下，原煤中噻吩硫在 400～600℃时明显减少，600℃后变化不明显；而硫化物在 500℃以后略有增加，事实上，FeS 分解产生的 S 在未与活性氢或活性氧反应时，可与煤中有机质结合，先生成硫化物等，再转化为噻吩类硫[26]。在 CO_2 气氛下也得出类似的结论，但总的来说，CO_2 气氛下的有机硫含量小于 Ar 气氛。与原煤相比，可以发现，在两种气氛下热解过程中［图 6.34(b)、图 6.35(b)］，脱灰煤半焦中形态硫的变化具有相

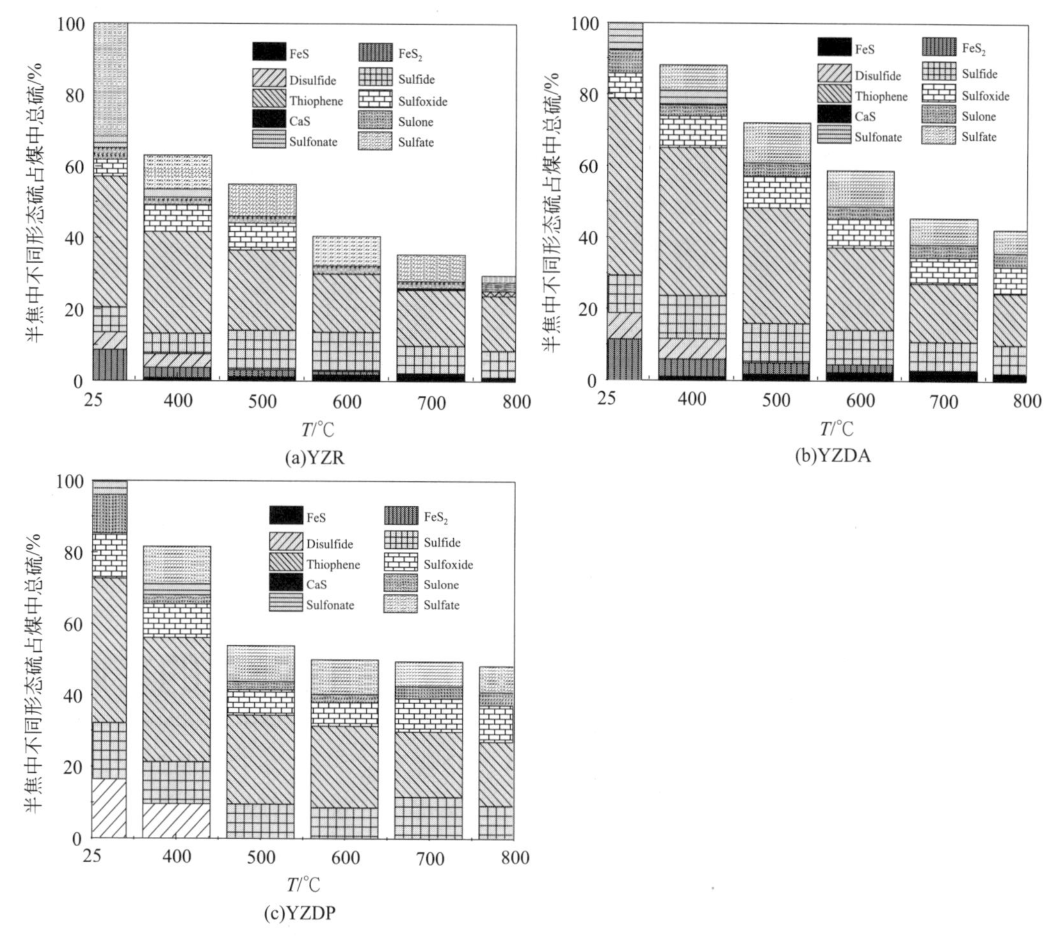

图 6.33 Ar 气氛下兖州原煤、脱灰煤和脱黄铁矿煤及其不同温度半焦中不同形态硫占煤中总硫的分布图

似的规律，由于脱除了矿物质的影响，CO_2 气氛下噻吩硫在 400℃时变化已非常明显。从图 6.33(c)、图 6.34(c) 可以看出，去除矿物质和 FeS_2 后，脱黄铁矿煤中有机硫的相互转化非常活跃。在 Ar 气氛下，煤中噻吩硫经热解分解，一部分以气体的形式进入气相，一部分随焦油进入液相，一部分固定在半焦中，另一部分则转化成活泼硫化物、砜等，在 CO_2 气氛下，这种转化更为活跃，但是，由于 CO_2 可促进稳定有机硫分解进入气相，因此半焦中残留的含量减少。

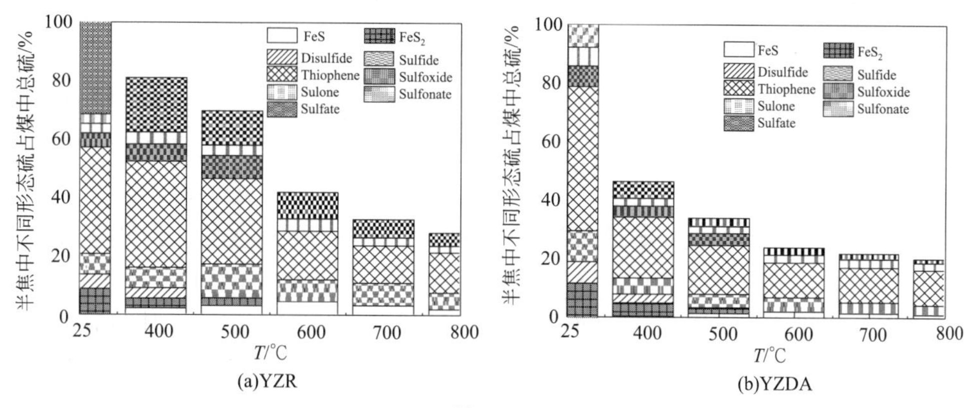

图 6.34

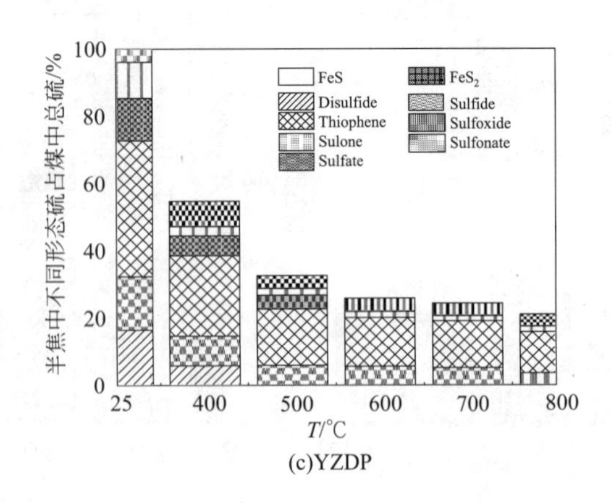

图 6.34　CO_2 气氛下兖州原煤、脱灰煤和脱黄铁矿煤及不同温度半焦中不同形态硫占煤中总硫的分布图

6.3　3% O_2-Ar 气氛对煤热解过程硫迁移的影响

对于煤中的黄铁矿、不稳定有机硫来说，在微量氧气氛[30-32]下很容易脱除，黄铁矿在 600℃时几乎就被全部脱除，对于稳定有机硫在氧化性气氛下的脱除仍有一定的难度，主要是因为稳定有机硫的脱除需要更高的温度，那么在脱除有机硫的同时煤中的有机质也将被氧化，从而易发生硫向更难分解的有机硫转化[33,13]。本章选用高有机硫平朔煤在 3% O_2-Ar 气氛下进行热解分析，进一步探讨微氧气氛对有机硫热解的影响。

6.3.1　实验部分

热解-气相色谱（Py-GC）实验装置与第 2 章中图 2.1 相同。称取约 1.0000g 煤样实验，用热解气（Ar、CO_2、3% O_2-Ar）吹扫 30min，流量为 300mL/min，升温速率为 10℃/min，热解终温为 900℃，其余操作步骤与 6.1.1.5 节相同。

6.3.2　结果与讨论

6.3.2.1　3% O_2-Ar 气氛对煤热解脱硫率的影响

表 6.9 表示在 Ar、纯 CO_2、3% O_2-Ar 气氛下，平朔煤在热解终温为 900℃的脱硫率（DR）与半焦产率（Y）。在 3% O_2-Ar 气氛下，煤样的脱硫率最大，但半焦产率最小。由前文论述可知 CO_2 气氛有利于 C-S 键的断裂，从而使得脱硫率提高，而 3% O_2-Ar 气氛同样也是选择性地使 C-S 键断裂而非 C-C 键，但 3% O_2-Ar 气氛下样品的脱硫率大于 CO_2 气氛下，这说明 3% O_2-Ar 气氛更活跃，反应性更高。脱硫率顺序：PSDP＞PSDA＞PSR，半焦产率：PSDA＞PSDP＞PSR，这与 CO_2 气氛下热解时的脱硫率与半焦产率顺序一致，故在 3% O_2-Ar 气氛下，矿物质等对脱硫的影响与 CO_2 相似（见 6.1.2.1 节）。

表 6.9 不同气氛下煤样的半焦产率（Y）与脱硫率（DR）

样品	Ar		CO_2		3% O_2-Ar	
	Y/%	DR/%	Y/%	DR/%	Y/%	DR/%
PSR	63.64	65.35	54.88	75.78	35.28	80.41
PSDA	61.19	61.62	55.27	78.21	46.79	82.44
PSDP	60.94	56.93	54.98	81.00	33.50	85.33

6.3.2.2 3% O_2-Ar 气氛对煤热解过程时硫的产物分布的影响

图 6.35 为纯 Ar、纯 CO_2、3% O_2-Ar 气氛下 900℃时，平朔原煤、脱灰煤与脱黄铁矿煤热解过程中三相硫分布图。由图 6.35(a) 可知，对于平朔原煤，在纯 Ar 气氛下热解时，硫主要分布在半焦（Char）和焦油（Tar）中。与 Ar 气氛相比，在 CO_2 与 3% O_2-Ar 气氛下，原煤中的硫主要分布在气相中，焦油中的硫很少，但 CO_2 与 3% O_2-Ar 气氛下，半焦中的硫变化不明显，这表明在 CO_2 与 3% O_2-Ar 两种气氛下，气相中增加的硫大部分来自于焦油中硫的二次分解。

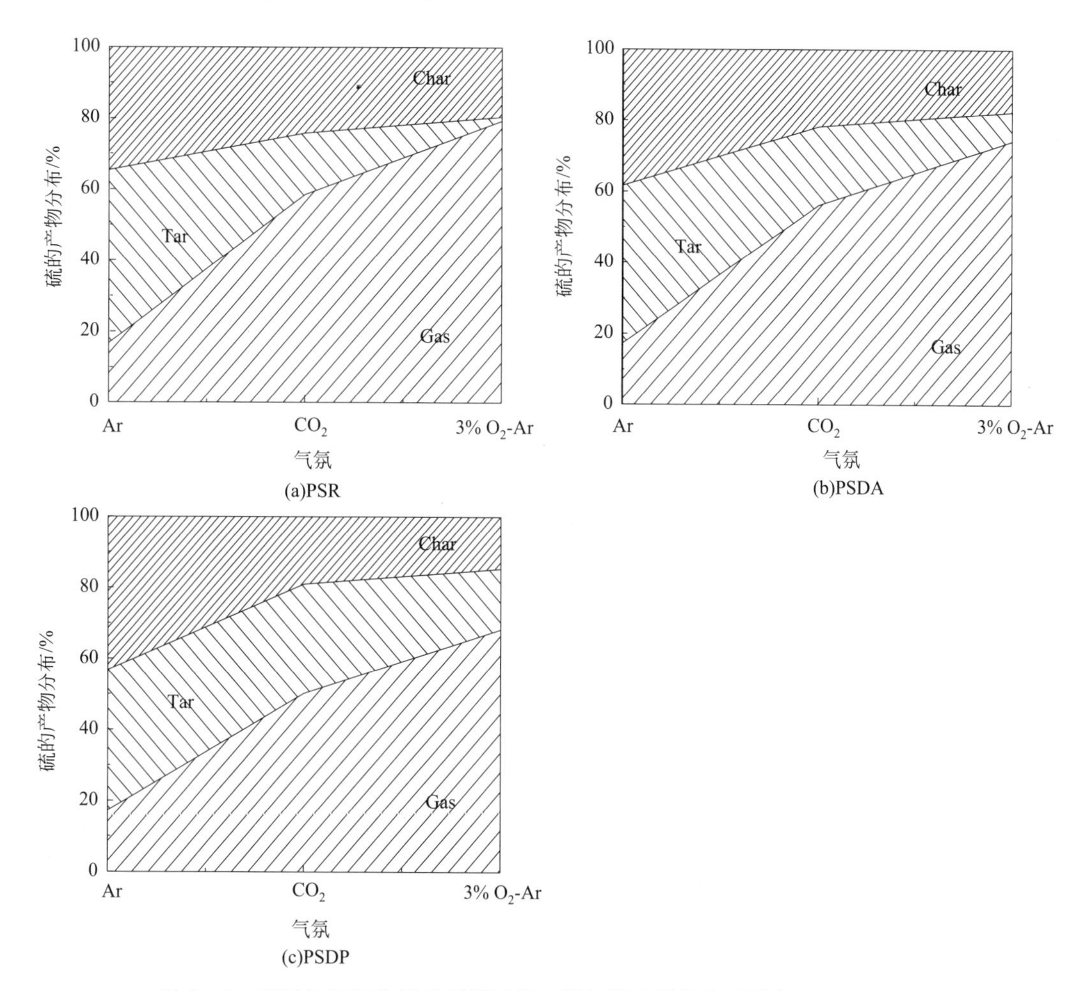

图 6.35 不同气氛下热解后平朔原煤、脱灰煤和脱黄铁矿煤中硫的产物分布

由图 6.35(b)、(c) 可知，在 Ar 气氛下，平朔脱灰煤及脱黄铁矿煤热解后硫主要分布于焦油、半焦内。在 CO_2、3% O_2-Ar 气氛下，二者焦油中硫含量高于原煤，但半焦中的硫低于原煤，这可能是由于脱除了矿物质，更有利于焦中的硫分解，不利于焦油中硫发生二次分解转移至气相。

6.3.2.3 3% O_2-Ar 气氛对煤热解过程中含硫气体逸出的影响（Py-GC）

(1) 3% O_2-Ar 气氛对 H_2S 逸出的影响

图 6.36 为在纯 Ar、纯 CO_2、3% O_2-Ar 气氛下，平朔煤样的 H_2S 释放曲线。由图 6.36(a) 可知，在 3 种热解气氛下，平朔原煤的 H_2S 释放浓度在 500℃时最大，H_2S 的最大释放浓度顺序为 CO_2＞3% O_2-Ar＞Ar，同样地，H_2S 的释放总量顺序为 CO_2＞3% O_2-Ar＞Ar ［图 6.36(d)］，这表明 CO_2 气氛比 Ar 和 3% O_2-Ar 气氛更有利于 H_2S 的逸出。然而在 3% O_2-Ar 气氛下，700℃之前 H_2S 逸出完全，此温度远低于 CO_2 气氛，这是因为 3% O_2-Ar 可以在较低温度下使 C-S 键断裂[33]。

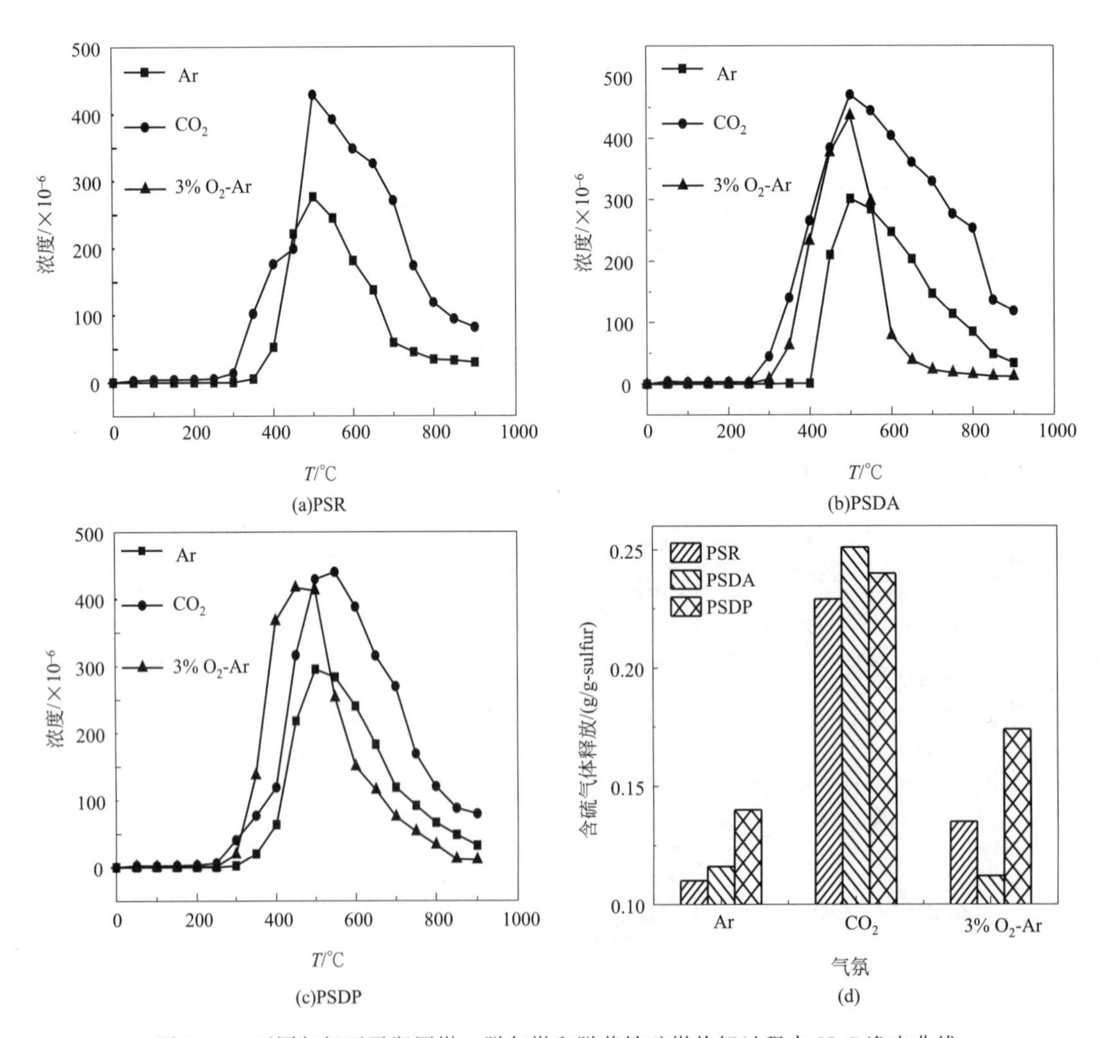

图 6.36　不同气氛下平朔原煤、脱灰煤和脱黄铁矿煤热解过程中 H_2S 逸出曲线

由图 6.36（b）可知，对于平朔脱灰煤，在 3 种气氛下，H_2S 的释放浓度在 500℃时达到最大，H_2S 的最大释放浓度顺序为 CO_2>3% O_2-Ar>Ar，但 H_2S 的释放总量顺序为 CO_2>Ar>3% O_2-Ar［图 6.36(d)］，这进一步证明了 CO_2 气氛比其他两种气氛有利于 H_2S 的释放。在 3% O_2-Ar 气氛下，脱灰煤的 H_2S 释放总量低于原煤。与原煤的结论类似，脱灰煤的 H_2S 也在较低温度下逸出完全，这进一步证明了 3% O_2-Ar 能在较低温度下使有机硫中的 C-S 键断裂[33]。

由图 6.36(c) 可知，对于平朔脱黄铁矿煤，在 3% O_2-Ar 气氛下，H_2S 的最大释放浓度峰温降为 450℃，而 CO_2 气氛下则升至 550℃，H_2S 最大释放浓度顺序与脱灰煤一致，H_2S 的释放总量则为 CO_2>3% O_2-Ar>Ar［图 6.36(d)］。与原煤和脱灰煤相比，在 3 种气氛下，脱黄铁矿煤的 H_2S 释放总量最高，但半焦产率却最低，这表明在热解过程中脱黄煤内部的传热和传质作用增强，从而有利于 H_2S 的逸出[11]。

（2）3% O_2-Ar 气氛对 COS 逸出的影响

图 6.37 为在纯 Ar、纯 CO_2、3% O_2-Ar 气氛下，平朔煤样的 COS 释放曲线。对于平朔原煤，COS 释放浓度及释放总量在 CO_2 气氛下最大。如图 6.37(a) 所示，与 H_2S 相比，COS 的释放峰温均向高温方向移动，这表明更多的 COS 来源于稳定的硫化物分解。在 3% O_2-Ar 气氛下，COS 释放峰温为 550℃远低于 CO_2 气氛下的 650℃。COS 的释放总量为 CO_2>3% O_2-Ar>Ar［图 6.37(d)］且在 CO_2 与 3% O_2-Ar 气氛下，COS 释放总量远高于 Ar 气氛，这表明 CO_2 和 3% O_2-Ar 气氛都可以促进稳定有机硫的分解，从而使脱硫率增大。同时在 3% O_2-Ar 气氛下，COS 在 700℃时也释放完全，这再次证明了 3% O_2-Ar 气氛可以在低温下促使稳定有机硫中的 C-S 键断裂。

由图 6.37(b) 可知，对于平朔脱灰煤，在纯 Ar、纯 CO_2、3% O_2-Ar 气氛下，COS 的释放规律与原煤相似，不同的是，在 CO_2 与 3% O_2-Ar 气氛下，脱灰煤的 COS 释放总量低于原煤且 CO_2 气氛下 COS 的释放总量高于 3% O_2-Ar 气氛［图 6.37(d)］，这表明矿物质对 COS 释放的影响与气氛相关，这与前文分析一致，综合分析发现纯 CO_2 气氛是最有利于 COS 释放的气氛。

由图 6.37(c) 可知，对于平朔脱黄铁矿煤，在 3 种气氛下，COS 的释放峰温与脱灰煤相似，但 COS 释放总量高于脱灰煤，为 3% O_2-Ar>CO_2>Ar［图 6.37(d)］，这说明在 3 种气氛下，脱黄铁矿过程同样有利于 COS 的释放。

（3）3% O_2-Ar 气氛对 SO_2 逸出的影响

图 6.38 为在纯 Ar、纯 CO_2、3% O_2-Ar 气氛下，平朔煤的 SO_2 释放曲线。如图 6.38(a) 所示，在 3% O_2-Ar 气氛下，平朔原煤的 SO_2 逸出浓度及最大逸出峰温明显高于其他两种气氛，SO_2 的释放总量为 3% O_2-Ar>>CO_2>Ar［图 6.38(d)］，且在 3% O_2-Ar 气氛下热解结束时 SO_2 仍保持较高的释放浓度，说明 3% O_2-Ar 气氛在较高温度时可以促进煤中稳定有机硫，如稳定噻吩硫，发生分解，相应地在此气氛下原煤有较高的脱硫率。对于平朔脱灰煤［图 6.38(b)］，与原煤相比，在 3% O_2-Ar 和 CO_2 气氛下其 SO_2 释放总量增加，在 Ar 气氛下，SO_2 的释放总量却减少［图 6.38(d)］，这说明在 3% O_2-Ar 和 CO_2 气氛下原煤中的碱性矿物质会吸收 SO_2 转化成硫酸盐等留在焦内。在 3% O_2-Ar 气氛下，脱灰煤与脱黄铁矿煤［图 6.38(c)］的 SO_2 释放温区要窄于其原煤，这是由于其内部传热与传质增加，使得反应在较低温度时即可发生。

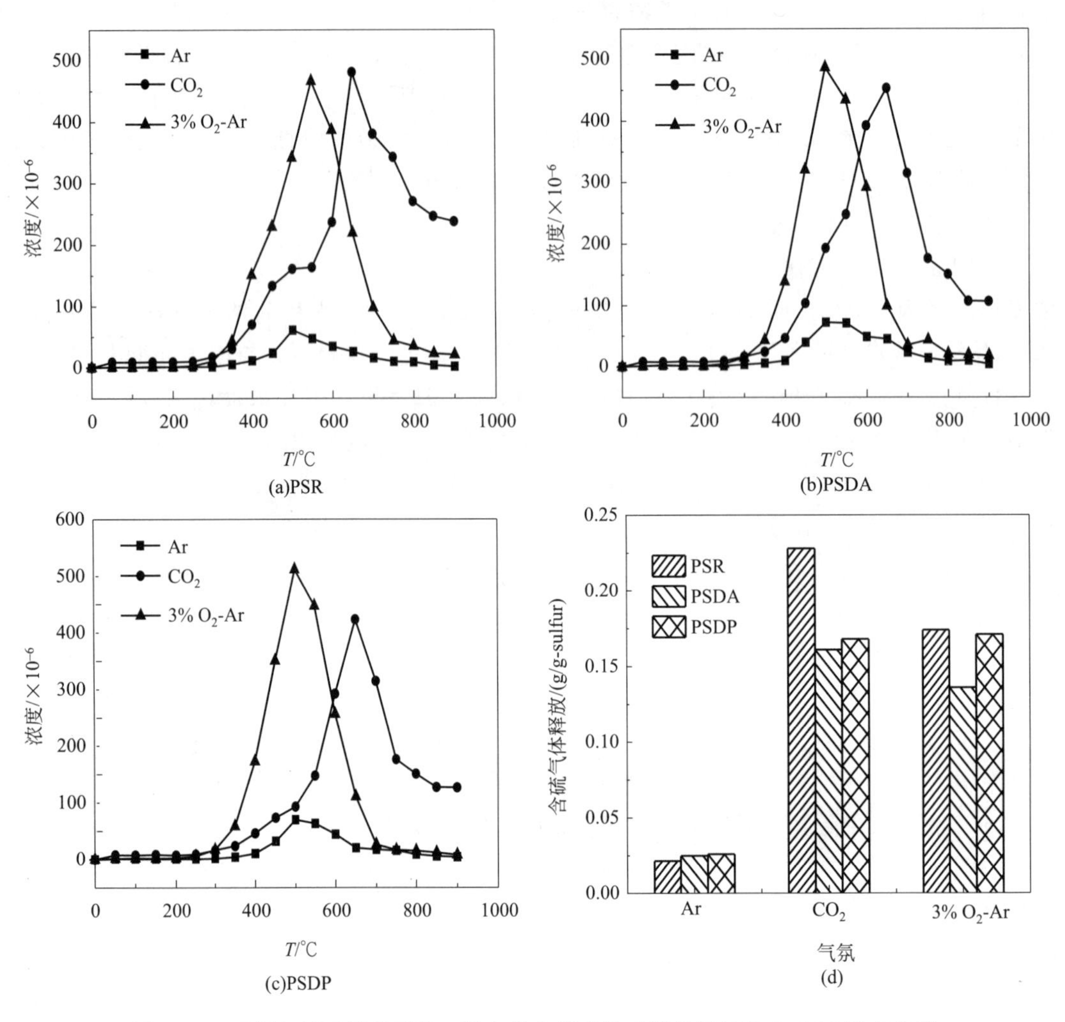

图 6.37　不同气氛下平朔原煤、脱灰煤和脱黄铁矿煤热解过程中 COS 逸出曲线

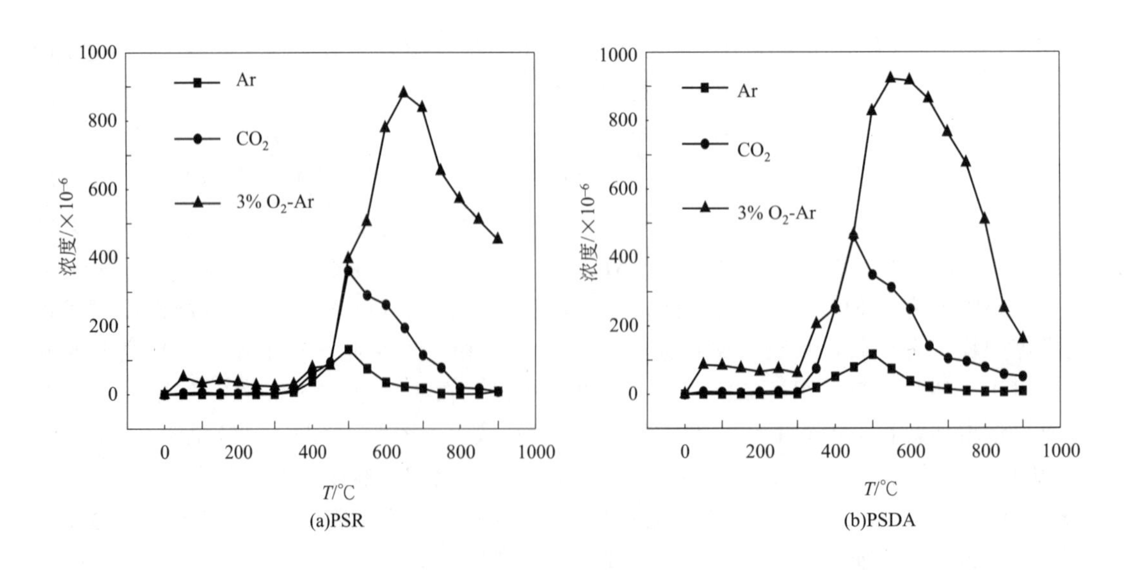

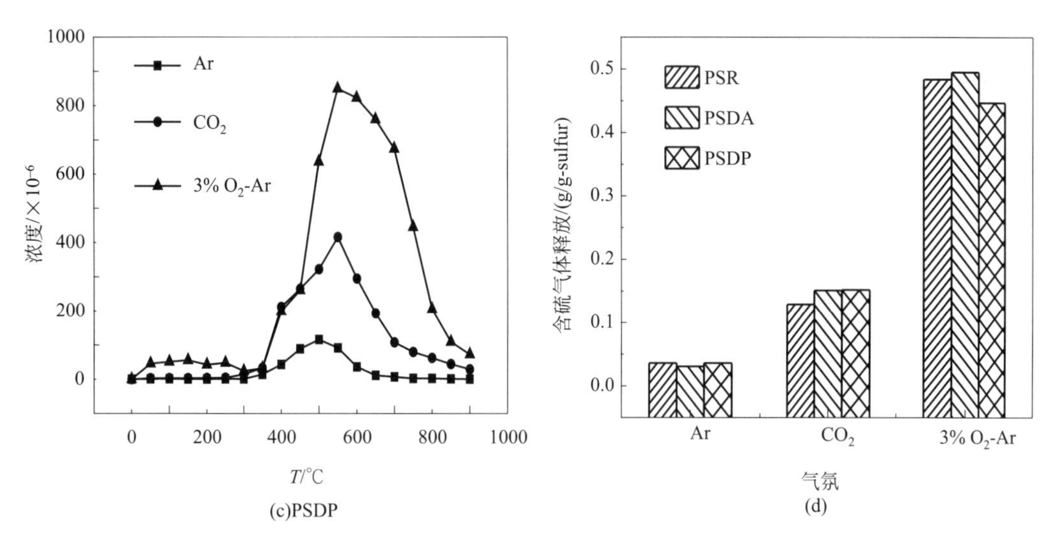

图 6.38　不同气氛下平朔原煤、脱灰煤和脱黄铁矿煤解过程中 SO_2 逸出曲线

6.3.2.4　S K-edge XANES 研究 3% O_2-Ar 气氛下煤热解时硫的变迁与转化

图 6.39、图 6.40 为纯 Ar、纯 CO_2、3% O_2-Ar 气氛下，900℃时平朔原煤和脱灰煤及其半焦的 S K-edge XANES 谱图。图 6.39 中曲线从上到下依次为 3% O_2-Ar、CO_2、Ar、PSR。图 6.40 中曲线从上到下依次为 3% O_2-Ar、CO_2、Ar、PSDA。由图可知，3% O_2-Ar 气氛下，2473.2eV 处噻吩硫的吸收峰强度最低，这说明 3% O_2-Ar 气氛更有利于分解煤中的噻吩硫，这也验证了第 5 章 6.3.2.3 节关于 3% O_2-Ar 气氛下煤样有较高的脱硫率及在高温区时气相中有较高浓度的含硫气体逸出。与 Ar 气氛相比，在 3% O_2-Ar 气氛下，原煤与脱灰煤位于 2481.6eV 处硫酸盐硫的吸收峰强度增强，且脱灰煤半焦内硫酸盐吸收峰强度低于原煤。从图 6.38(d) 可知，热解时脱灰煤的 SO_2 释放总量略高于原煤，这是因为在 3% O_2-Ar 气氛下，热解生成了大量的 SO_2，而煤样中的碱性矿物质能吸收 SO_2 形成稳定的硫酸盐硫，残存在半焦中。

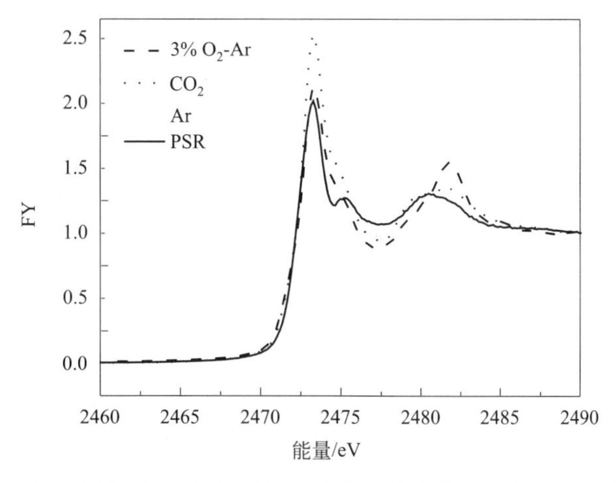

图 6.39　平朔原煤及不同气氛下的半焦的 S K-edge XANES 谱图

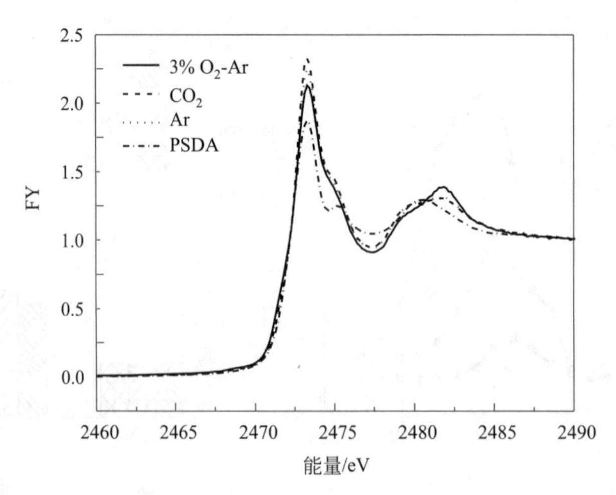

图 6.40 平朔脱灰煤及不同气氛下的半焦的 S K-edge XANES 谱图

6.4 本章小结

论文采用 Py-GC、Py-MS 及 S K-edge XANES 探究平朔煤与兖州煤在不同浓度 CO_2 气氛（纯 Ar、25%CO_2-Ar、50%CO_2-Ar、75%CO_2-Ar、85%CO_2-Ar、纯 CO_2）下热解时煤内的硫释放与转化规律；同利用 Py-GC、S K-edge XANES 考察了温度和气氛在热解过程中对硫迁移和转化的影响，以及 3% O_2-Ar 气氛在热解过程中对煤中硫变迁的影响，得到下列结论：

① 不同浓度 CO_2 气氛下，脱硫率随着 CO_2 浓度增加而升高，半焦产率却降低。硫在气（Gas）、液（Tar）、固（Char）三相的分布不同：对于兖州煤，热解后硫主要分布在气相与半焦中，焦油中硫较少。随着 CO_2 浓度的增加，转移入气相的硫增加；对于平朔煤，热解后大部分硫分布在焦油中，随着 CO_2 浓度的增加，气相中的硫含量（尤其 COS）增加，分布在其他两相中的硫减少。纯 CO_2 能够明显降低 H_2S 和 COS 的逸出温度，不同浓度 CO_2（25%、50%、75%、85%）气氛使含硫气体逸出温度向高温移动，并在高温下促进了稳定有机硫分解、释放。通过对平朔煤及半焦 S K-edge XANES 谱图分析可知：热解时半焦中的噻吩硫易发生富集，在约 2473.2eV 处噻吩硫吸收峰强度增强，这可能是煤中其他形态硫转化成噻吩硫。

② 在 Ar 和纯 CO_2 气氛下，随着温度的升高，煤样的脱硫率逐渐增加，半焦产率逐渐降低，气相中的硫也逐渐增加。兖州煤在 Ar 气氛下热解时，硫逸出后主要分布在焦油中，且随着温度升高，焦油中的硫含量增加；在 CO_2 气氛下，兖州原煤焦油中硫含量的变化趋势与 Ar 气氛相同，而脱灰煤和脱黄铁矿煤焦油中硫的变化趋势与 Ar 气氛相反，硫主要分布在气相中。对于平朔煤，在纯 CO_2 气氛下低温热解时，硫主要分布于半焦中，但硫含量低于 Ar 气氛。随着温度升高，焦中的硫减少，气相中的硫迅速增加，这说明 CO_2 气氛有利平朔煤中硫转移至气相。

通过 S K-edge XANES 分析兖州煤及其不同热解温度半焦中各形态硫发现：两种气氛下，煤样在低温阶段主要是活泼有机硫化物和黄铁矿的分解。随着热解温度的升高，兖州原煤与脱灰煤在 400℃以上 2469.7eV 处产生新的吸收峰（FeS），Ar 气氛下此吸收峰强度在 700℃时达到最大，CO_2 气氛下在 600℃达到最大，随后吸收峰强度降低。在 Ar 气氛下，兖州原煤中噻吩硫在 400～600℃时明显降低，600℃后变化不明显。CO_2 气氛下，原煤中噻吩硫在 400～600℃时增强，600℃略有降低。

③ 在 3% O_2-Ar 气氛下热解时，煤样的脱硫率最高，且含硫气体以 SO_2 为主。平朔原煤半焦的 S K-edge XANES 谱图中位于 2481.6eV 处硫酸盐硫的吸收峰强度明显增强，这是因为在 3% O_2-Ar 气氛下，热解生成了大量的 SO_2，而煤样中的碱性矿物质能吸收 SO_2 形成稳定的硫酸盐硫，残存在半焦中。

参考文献

[1] 王鑫龙．模型化合物及煤在 CO_2 气氛下热解过程中硫释放行为的研究［D］．呼和浩特：内蒙古大学，2016.

[2] 孟丽莉，付春慧，王美君，等．碱金属碳酸盐对褐煤程序升温热解过程中 H_2S 和 NH_3 生成的影响［J］．燃料化学学报，2012，02：138-142.

[3] 张晋玲，王美君，陈望舒，等．逐级酸处理对锡盟褐煤的结构及热解特性的影响：气相产物的生成［J］．燃料化学学报，2013，10：1160-1165.

[4] Zhang X，Dong L，Zhang J，et al. Coal pyrolysis in a fluidized bed reactor simulating the process conditions of coal topping in cfb boiler［J］. Journal of Analytical and Applied Pyrolysis，2011，91（1）：241-250.

[5] 谢丽丽．模型化合物及煤热解过程中硫释放行为的研究［D］．呼和浩特：内蒙古大学，2014.

[6] Xiao H，Zhou J，Liu J，et al. Desulfurization characteristic of organic calcium at high temperature［J］. Huanjing Kexue，2007，28（8）：147-155.

[7] Hacifazlioglu H，Toroglu I. Pilot-scale studies of ash and sulfur removal from fine coal by using the cylojet flotation cell［J］. Energy Sources，Part A：Recovery，Utilization，and Environmental Effects，2014，36（18）：18-24.

[8] Mukai H，Tanaka A，Fujii T，et al. Regional characteristics of sulfur and lead isotope ratios in the atmosphere at several chinese urban sites［J］. Environmental Science & Technology，2001，35（6）：114-125.

[9] Liu L，Liu H，Cui M，et al. Calcium-promoted catalytic activity of potassium carbonate for steam gasification of coal char：transformation of sulfur［J］. Fuel，2013，112：687-694.

[10] Taghiei M，Huggins F，Shah N，et al. In situ X-ray absorption fine structure Spectroscopy investigation of sulfur functional groups in coal during pyrolysis and oxidation［J］. Energy & Fuels，1992，6（3）：293-300.

[11] Yang N，Guo H，Liu F，et al. Effects of atmospheres on sulfur release and its transformation behavior during coal thermolysis［J］. Fuel，2018，215：446-453.

[12] 郭慧卿，付琦，王鑫龙，等．CO_2 气氛对煤热解过程中硫逸出的影响［J］．燃料化学学报，2017，45（5）：523-528.

[13] Karaca S. Desulfurization of a turkish lignite at various gas atmospheres by pyrolysis. Effect of mineral matter［J］. Fuel，2003，82（12）：1509-1516.

[14] Kawser J，Junichiro H，Li C. Pyrolysis of a Victorian brown coal and gasification of nascent char in CO_2 atmosphere in a wire-mesh reactor［J］. Fuel，2004，83（7）：833-843.

[15] 郭慧卿，付琦，王鑫龙，等．CO_2 气氛对煤热解过程中硫逸出的影响［J］．燃料化学学报，2017，45（5）：523-528.

[16] Gryglewicz G，Wilk P，Yperman J，et al. Interaction of the organic matrix with pyrite during pyrolysis of a high-sulfur bituminous coal［J］. Fuel，1996，75：1499-1504.

[17] Hu H，Zhou Q，Zhu S，et al. Product distribution and sulfur behavior in coal pyrolysis［J］. Fuel process Technol，2004，85：849-861.

[18] Gornostayev S，Härkki J，Kerkkonen O. Transformations of pyrite during formation of metallurgical coke［J］. Fuel，2009，88（10）：2032-2036.

[19] Blasing M, Melchior T, Muller M. Influence of the temperature on the release of inorganic species during high-temperature gasification of hard coal [J] . Energy & Fuels, 2010, 24 (8): 4153-4160.
[20] 闫金定．炭载含硫化合物热解行为的研究 [D] ．太原：中国科学院山西煤化所，2005.
[21] Wang X, Guo H, Liu F, et al. Effects of CO_2 on sulfur removal and its release behavior during coal pyrolysis [J] . Fuel, 2016, 165: 484-489.
[22] 王美君．典型高硫煤热解过程中硫、氮的变迁及其交互作用机制 [D] ．太原：太原理工大学，2013.
[23] Telfer M, Zhang D K. The influence of water-soluble and acid-soluble inorganic matter on sulfur transformations during pyrolysis of low-rank coals [J] . Fuel, 2001, 80 (14): 2085-2098.
[24] Spears D A, Tarazona M R M, Lee S. Pyrite in UK coals: its environmental significance [J] . Fuel, 1994, 73 (7): 1051-1055.
[25] Zhao H, Bai Z, Yan J, et al. Transformations of pyrite in different associations during pyrolysis of coal [J] . Fuel Processing Technology, 2015, 131: 304-310.
[26] Wang M, Liu L, Wang J, et al. Sulfur K-edge XANES study of sulfur transformationduring pyrolysis of four coals with different ranks [J] . Fuel Processing Technology, 2015, 131: 262-269.
[27] Yani S, Zhang D K. An experimental study of sulphate transformation during pyrolysis of an Australian lignite [J] . Fuel Processing Technology, 2010, 91: 313-321.
[28] Bolin T B, Direct determination of pyrite content in Argonne Premium coals by the use of sulfur X-ray near edge absorption spectroscopy [J] . Energy & Fuels, 2010, 24 (10): 5479-5482.
[29] George G N, Gorbaty M L, Kelemen S R, et al. Direct determination and quantification of sulfur forms in coals from the Argonne Premium sample program [J] . Energy & Fuels, 1991, 5 (1): 93-97.
[30] 齐永琴．流化床中煤的热解预脱硫研究 [D] ．太原：中科院山西煤化所，2003.
[31] Andrzej C, Wojciech S. Sulfur distribution within coal pyrolysis products [J] . Fuel Processing Technology, 1998, 55 (1): 1-11.
[32] Zhong M, Zhang Z, Zhou Q, et al. Continuous high-temperature fluidized bed pyrolysis of coal in complex atmospheres: Product distribution and pyrolysis gas [J] . Journal of Analytical and Applied Pyrolysis, 2012, 97: 123-129.
[33] Liu F, Li B, Li W, et al. Py-MS study of sulfur behavior during pyrolysis of high sulfur coals under different atmospheres [J] . Fuel Processing Technology, 2010, 91 (11): 1486-1490.

第 7 章

噻吩类模型化合物在惰性和氧化性气氛下脱硫机理的理论研究

煤炭是我国主体能源，并仍在未来几十年继续发挥重要作用[1]。但是，在煤炭直接利用过程中，一些含硫气体（H_2S，SO_2 和 COS 等）会释放到空气中，并造成严重的环境污染[2]，因此，高硫煤在使用前需要脱硫。煤[3-6] 中的硫主要包括有机硫，即硫醚、硫醇和噻吩以及无机硫酸盐，其中具有稳定共轭环结构的有机噻吩硫是最难去除的。因此，高阶煤中的噻吩硫是煤最终经济有效利用的主要障碍[7,8]。只有噻吩硫被有效地去除，煤的清洁和有效利用才能真正实现。

热解是煤热转化过程的中间阶段，同时也是一种清洁高效的煤脱硫的技术手段。为了开发更有效的脱硫技术，为煤中硫的释放行为提供更多可靠信息，彻底了解噻吩的脱硫机理是很有必要的。一般来说，煤热解反应主要分为两大类：裂化和缩聚[9,10]。裂解反应主要发生在煤热解过程的早期，而缩聚反应主要在后期。在热解的初始阶段，两个芳香核结构之间的弱键，如桥键、侧链和官能团，将首先断裂。随着温度的继续升高，芳族核结构开始发生缩聚反应（包括噻吩、苯和乙烯等小分子与稠合的芳族环结构和多环芳族结构的缩合），并伴随有 H_2 的释放。因此，在惰性气氛下噻吩缩聚过程中可能发生噻吩加氢脱硫反应。目前，有关噻吩脱硫的许多研究集中在 C-S 键断裂机理[11] 和分子内氢转移机理[12]。事实上，由于极高的能垒（1，2-β-H 为 97.39kcal/mol，1，2-α-H 为 93.41kcal/mol，α-H 迁移至 S 时为 84kcal/mol）[13,14]，远远大于零的反应能和过多的基元反应步骤，噻吩的初始氢迁移机理和 C-S 键直接断裂机理很难发生。另一方面，过多的基元反应步骤将使得在脱硫过程中通过催化剂调节最高反应能垒充满挑战。自由基机理[15] 要求有供氢物种或含有烷基侧链的化合物来提供氢或甲基，显然自由基机理不适用于解释在惰性气氛下不含烷基侧链的噻吩、苯并噻吩的脱硫行为。因此，噻吩的脱硫机理有待进一步研究。

Wynberg[16] 发现在 1023～1248K 噻吩热解过程中会产生苯并噻吩、萘和 H_2S 等。基于这些产物，作者认为噻吩可能通过 Diels-Alder 反应形成 H_2S 和苯并噻吩及其他 PAHs。此外，对于在 623K 时苯并噻吩的热解，Katritzky[17] 认为 Diels-Alder 反应引起的二聚化反应最有可能伴随着与四元环化合物的加合物形成和 H_2S 的释放。Bordwell[18] 还报告说，砜类的热解极有可能发生 Diels-Alder 二聚反应，随后释放 SO_2 并生成二氢萘并[2,1-*b*]苯并[*d*]噻吩-7-二氧化物。尽管已经有实验推测噻吩类化合物可能通过发生

Diels-Alder 反应进行脱硫，但是，关于噻吩和苯并噻吩的 Diels-Alder 反应机理的理论研究很少，且脱硫机理尚不清楚。

已经有大量的关于煤基模型化合物的实验和理论研究[19-26]。然而，惰性和氧化性气氛，微观水平上噻吩化合物的热解机理仍然不清楚，在分子水平上研究噻吩硫的释放、转化迁移行为仍是巨大的挑战。因此，本文选择噻吩和苯并噻吩作为煤基模型化合物，以研究在惰性和氧化性气氛下的脱硫机理。本文旨在获得在惰性和氧化性气氛下热解过程中噻吩、苯并噻吩的脱硫机理，并为煤热解脱硫工艺的发展提供一些具体的理论指导。

7.1 理论计算方法

7.1.1 几何优化和能量计算

所有几何优化和振动频率计算均由 Gaussian09 软件包[27] 完成，计算方法为 M06-2X/6-311g (d)[28,29]，单点能量计算选择更为精确的 M06-2X/def2tzvp 方法。通过频率分析来表驻点全部为实频而过渡态结构（TS）有且仅有一个虚频。基于 Gonzalez-Schlegel[30] 方法，利用 IRC 用于验证 TS 结构是否连接目标反应物和产物。

本文，根据以下方程式获得了反应自由能（G_P）和自由能垒（$\Delta G^{\neq}$）：

$$\Delta G_P = G_P - G_R \tag{7-1}$$

$$\Delta G^{\neq} = G_{TS} - G_R \tag{7-2}$$

根据以下公式获得反应路径的最高自由能垒（$\Delta G^{\neq}_{TS}$）：

$$\Delta G^{\neq}_{TS} = \mathrm{Max}\{\Delta G^{\neq}\} \tag{7-3}$$

其中 G_R，G_P 和 G_{TS} 分别是相应反应物（R），产物（P）和过渡态结构（TS）的吉布斯自由能。

7.1.2 速率常数计算

根据等式[31] 获得速率常数 $k(T)$：

$$k(T) = \frac{k_B T}{h} \times \frac{Q_{TS}}{Q_R} \times \exp\left(\frac{-E_a}{RT}\right) \tag{7-4}$$

其中 h，k_B，T，E_a，Q_{TS} 和 Q_R 分别表示普朗克常数、玻尔兹曼常数、温度、活化能以及每单位体积的分配函数。

7.1.3 MBO 键级分析

煤热解脱硫反应在很大程度上受 C-S 键强度的影响。键离解焓（BDE）[32] 通常被用于测量化学键的强度。但是，对于环状化合物的某些重要化学键（例如噻吩的 C-S 键），很难使用 BDE 准确表征其键强度。Mayer 键级（MBO）[33] 可以用作 BDE 的补充，以分析相同类型的环化合物的化学键强度。MBO 可以对化学键进行定量描述，且已广泛用于理解化学反应的性质并预测分子的反应性和稳定性。对于相同的化学键，MBO 值越高，键强度越高。本文 C-S 键的 MBO 值选用 M062X/6-311G (d) 方法由 Multiwfn3.3.8 程

序[34] 计算，其中原子 A 和原子 B 之间的 MBO 键级定义如下，

$$I_{AB}=I_{AB}^{\alpha}+I_{AB}^{\beta}=2\sum_{a\in A}\sum_{b\in B}[(P^{\alpha}\boldsymbol{S})_{ba}(P^{\alpha}\boldsymbol{S})_{ab}+(P^{\beta}\boldsymbol{S})_{ba}(P^{\beta}\boldsymbol{S})_{ab}] \tag{7-5}$$

其中和是分别为 $\boldsymbol{\alpha}$ 和 $\boldsymbol{\beta}$ 密度矩阵，$\boldsymbol{S}$ 是重叠矩阵。

7.2 惰性气氛 2-甲基噻吩（2-MT）的脱硫机理

7.2.1 分子性质分析

7.2.1.1 2-甲基噻吩（2-MT）的键解离焓（BDE）

图 7.1(a) 为 2-MT 的几何构型，灰色、蓝色和黄色分别代表 H、C 和 S 原子。图 7.1(b) 为 2-MT 的 C-H 和 C-C 键解离焓，2-MT 的 C-H 键 BDE 范围为：86.5～118.0kcal/mol。C-H 键 BDE 的顺序为：C5-H7＞C3-H9＞C4-H8＞C6-H10［如图 7.1(b)］。因此，2-MT 的 C6-H10 键的 BDE 的值最低，而最高的值来自于 C5-H7 的键断裂，表明与 $C_{thiophene}$-H 相比，$C_{aliphatic}$-H 键更容易断裂，一定程度说明 2-MT 热解过程中·H 可能主要来源于 2-MT 的 C_{methyl}-H 断裂。

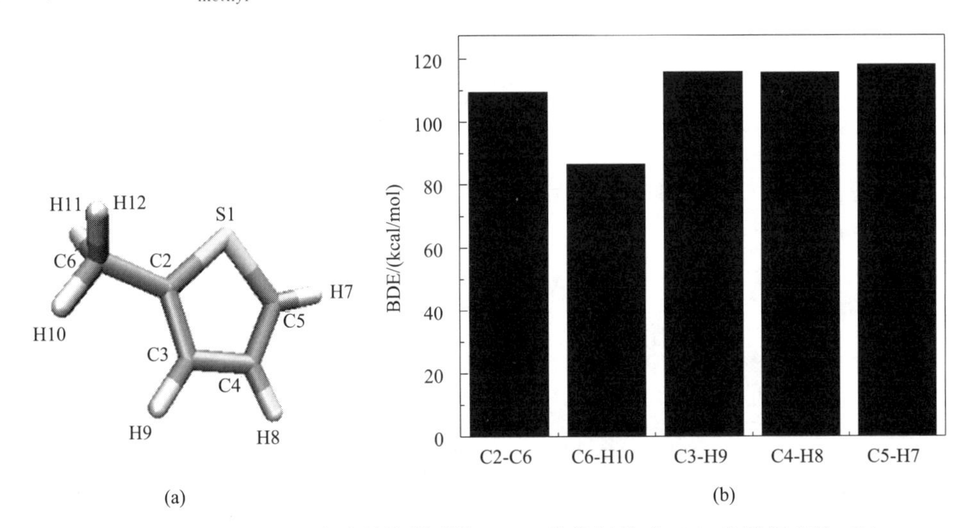

图 7.1 由 CBS-QB3 方法计算得到的 2-MT 的几何构型（a）和键解离焓（b）

7.2.1.2 2-MT 的 ESP 和 ACID 分析

图 7.2(a) 为 2-MT 的 ACID 等值面图，可以看到在整个噻吩环的外轮廓上形成明显连续的顺时针感应闭合环电流（箭头方向顺时针），表明 2-MT 的噻吩环具有全局芳香性。图 7.2(b) 和图 7.2(c) 分别为 2-MT 和·H、·S·的加成化合物，加成后的化合物的中间噻吩五元环上的电流（箭头）方向杂乱无章，没有形成顺时针的闭合环电流，说明·H 和·S·加成到 2-MT 噻吩的噻吩环会破坏其芳香性，使 2-MT 分子稳定性下降。

图 7.3 为 2-MT 分子范德华（vdW）表面静电势的正视图和俯视图，如图两个极大值点位于 C2 和 C5 原子附近，分别为 9.31kcal/mol 和 12.83kcal/mol，其他的极大值点主要位于 H 原子附近，说明 C2 和 C5 位点相对于 2-MT 的其他位点更容易被氧气（O_2）和羟基（·OH）等

亲核试剂进攻。因此，氧化气氛下 2-MT 的活性碳位点主要位于其 C2 和 C5 上。

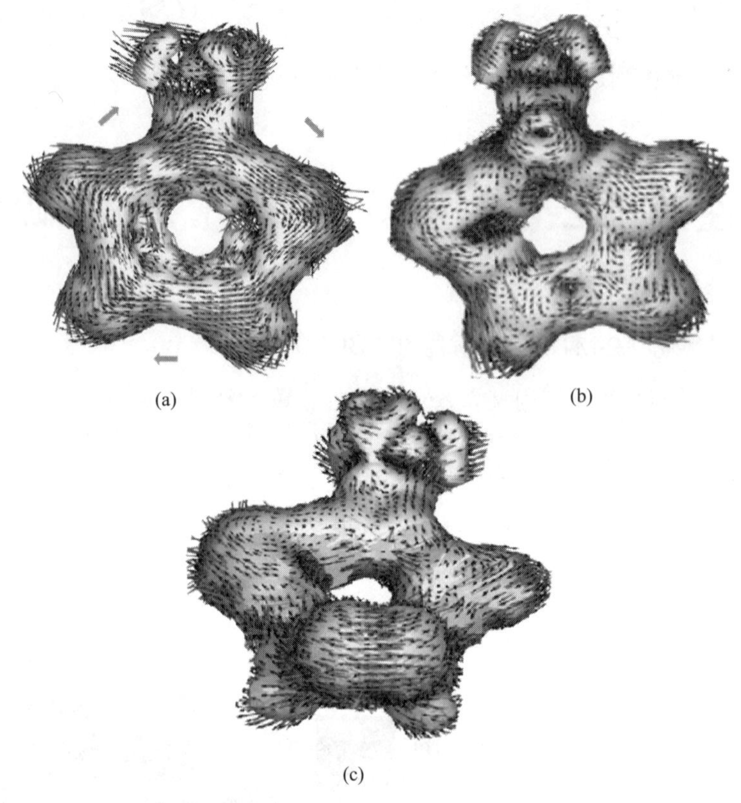

图 7.2 2-MT（a）分子以及复合物 2-MT-H（b）、2-MT-S（c）的 ACID 等值面图

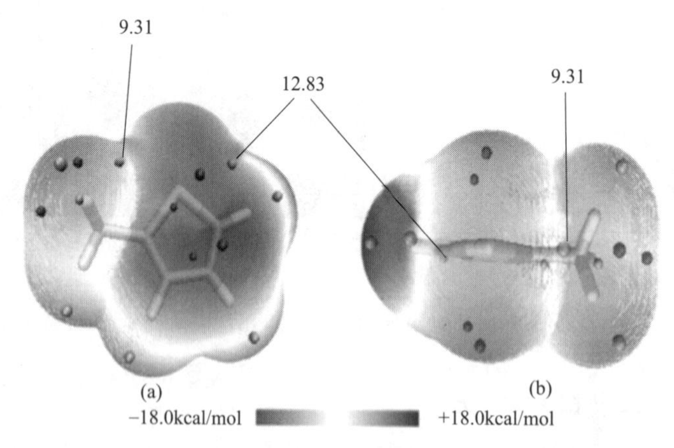

图 7.3 2-MT 分子范德华表面 ESP 的正视图（a）和俯视图（b）
（ESP 映射分子范德华表面的局部极小值和最大值分别用黑色和灰色球体表示）

7.2.1.3 2-MT 的电荷分析

原子电荷是化学体系电荷分布最简单直观的表现形式，能定量地显示出每个原子所带净电荷。研究化学体系的原子电荷有助于考察分子的性质、不同化学环境中的原子状态、预测反应位点等。一般，原子所带负（正）电荷越多，则受到亲电（核）试剂进攻的可能性越大。

从表 7.1 中可以看出，2-MT 分子的硫原子 Becke 电荷的值为 −0.2017，而与硫原子直接相连接的 C2 和 C5 分别为 0.2144 和 0.0717，而噻吩环上其他碳原子的 Becke 电荷值都小于 C2 和 C5 的电荷值。由于分子中原子的电荷越正越容易被亲核试剂进攻发生亲电反应，所以 2-MT 的碳原子中，C2 和 C5 原子是最容易发生亲核反应的活性位点。

表 7.1　2-MT 分子的 Becke 电荷分布

原子	Becke 电荷	原子	Becke 电荷
S1	−0.2017	H7	0.0473
C2	0.2144	H8	0.0424
C3	−0.1102	H9	0.0381
C4	−0.0874	H10	0.0591
C5	0.0717	H11	0.0864
C6	−0.2467	H12	0.0864

7.2.1.4　2-MT 的 HOMO 和 LUMO 轨道成分分析

日本科学家福井谦一提出了前线轨道理论[35]，认为体系的最高占据轨道（HOMO）和亲电反应有关，体系的最低空轨道（LUMO）和亲核反应有关。根据原子对 HOMO（LUMO）轨道的贡献在一定程度上可以预测亲核（电）反应主要发生的位点[36,37]。

由表 7.2 可以看出，S1 对 2-MT 分子的最高已占分子轨道（HOMO）的贡献为 6.47%，位于 S1 原子邻位的 C2 和 C5 原子的贡献比较大，分别为 25.50% 和 27.22%，明显高于噻吩环上的其他碳原子和氢原子对 HOMO 的贡献。其次，位于噻吩环间位上（相对于 S 原子）的 C3 和 C4 原子的贡献分别为 13.91% 和 14.42%。而甲基侧链的 C6 原子的贡献非常少，仅为 4.12%。因此，2-MT 分子的 C2 和 C5 为最可能发生亲电反应的位点。对于最低未占分子轨道（LUMO），S1、C2 和 C5 原子贡献比较大，分别为 19.98%、20.58% 和 22.22%。其次为间位（相对 S 原子）的 C3 和 C4 分别为 11.60% 和 12.82%。所以 S1、C2 和 C5 为 2-MT 分子中最有可能的亲核反应活性位点。

表 7.2　2-MT 分子 HOMO 和 LUMO 轨道成分分析

Atom	HOMO 含量/%	LUMO 含量/%	Atom	HOMO 含量/%	LUMO 含量/%
S1	6.47	19.98	H7	2.19	2.66
C2	25.50	20.58	H8	1.00	1.29
C3	13.91	11.60	H9	0.93	1.09
C4	14.42	12.82	H10	0.28	0.23
C5	27.22	22.22	H11	1.98	1.93
C6	4.12	3.67	H12	1.98	1.93

7.2.2　惰性气氛下 2-MT 的热解脱硫机理

实验表明，惰性气氛下 2-MT 热解含硫产物[31,38] 主要为硫化氢（H_2S），烃类产物在 1100K 时无乙炔和乙烯，在 1600K 时烃类产物主要为 C_3H_4、C_4H_3、C_4H_6、C_4H_4 和 C_4H_2。·S· 和 H· 可能来源于煤热解过程中脂肪侧链和官能团的断裂，但是 ·S· 和

H·自由基不稳定易与煤热解过程的其他物质结合，影响煤的热解机理。因此，本文提出了 2-MT 可能的脱硫机理以及 H·和·S·自由基与 2-MT 的反应机理，从热力学和动力学的角度分析了 2-MT 热解的优势反应路径以及 H·和·S·自由基对 2-MT 热解脱硫机理的影响。2-MT 热解脱硫可能的反应如下：

(1) $\xrightarrow{\cdot H}$ 环戊二烯 + $\dot{S}H$,$\dot{S}H$+$H^{\cdot}$ ⟶ H_2S (R 1)

(2) $\xrightarrow{\cdot S\cdot}$ S＝C＝S + 1,3-丁二炔 (R 2)

(3) H—S—H + 1,4-戊二炔 (R 3)

(4) CS + 乙烯 + 乙炔 (R 4)

(5) CS + 1-丁炔 (R 5)

(6) 丙炔 + S＝C＝ (R 6)

其中 R3 为 2-MT 热解生成 H_2S 和 1，4-戊二炔，R1 为 2-MT 和 H·反应生成 H_2S 和 1，4-戊二炔。R4、R5 和 R6 为 2-MT 热解生成 C_xS（x＝1 或 2）和煤热解常见的烯、炔烃产物。R2 是 2-MT 和·S·反应生成 CS_2 和 1，3-丁二炔的过程。

图 7.4 为 2-MT 和 H·反应生成·SH 自由基和 1,3-环戊二烯的能量图。基于 BDE 分析，2-MT 热解过程的 H·可能来源于 2-MT 的 C_{methyl}-H 键的断裂，而对于煤的热解过程，H·可能来源于脂肪族化合物的 C-H 键断裂[39]。如图 7.4 所示，R1 的反应过程：首先，2-MT 和 H·结合形成复合物 2-MT-H（IM1），其能量比反应物的总能量低 2.3kcal/mol。2-MT-H（IM1）的 C2-S 键拉长生成脂肪链化合物 S（CH）$_4$CH$_3$（IM2）克服能垒 26.0kcal/mol。随后，位于 S（CH）$_4$CH$_3$（IM2）的 C6 上的 H 迁移到 S 原子上，需克服能垒 13.7kcal/mol，生成脂肪硫醇 SH（CH）$_4$CH$_2$（IM3）。SH（CH）$_4$CH$_2$（IM3）继续发生闭环反应生成相对稳定的 SH（C_5H_6）（IM4）。最后，SH（C_5H_6）消除末端的—SH 基团生成了稳定的产物 1,3-环戊二烯。R1 的 $\Delta G^{\neq}_{TS}$ 为 42.0kcal/mol（IM3→TS4）。·SH 自由基是硫迁移过程中不稳定的中间体，易与煤中的烷、烯和炔烃化合物发生抽氢反应，最终以稳定产物 H_2S 形式存在。热力学上，R1 的 ΔG_P 值为－4.9kcal/mol，说明在 1000K 时 2-MT 和 H·反应可生成 1,3-环戊二烯和·SH。

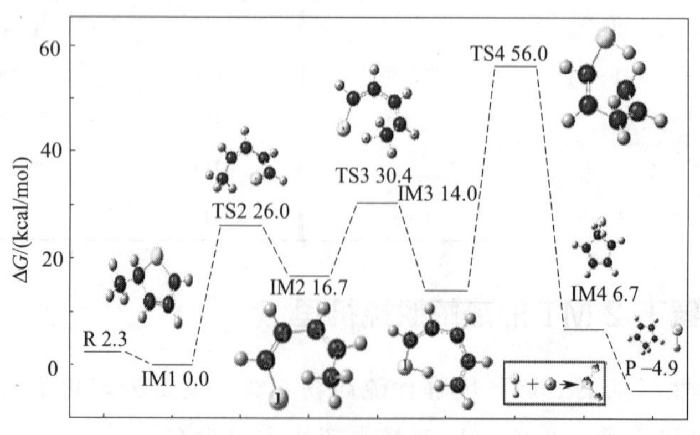

图 7.4　1000K 时 R1 反应的能量图

然而，2-MT 热解生成 H_2S 的反应能量图，如图 7.5 所示。R3 反应过程见图 7.5。热力学上，R3 的 ΔG_P 值为 13.6kcal/mol，且 R3 具有很高的 $\Delta G_{TS}^{\neq}$（105.4kcal/mol）。说明在高温 1600K 时 2-MT 热解不能自发生成 H_2S 和 1,4-戊二炔。

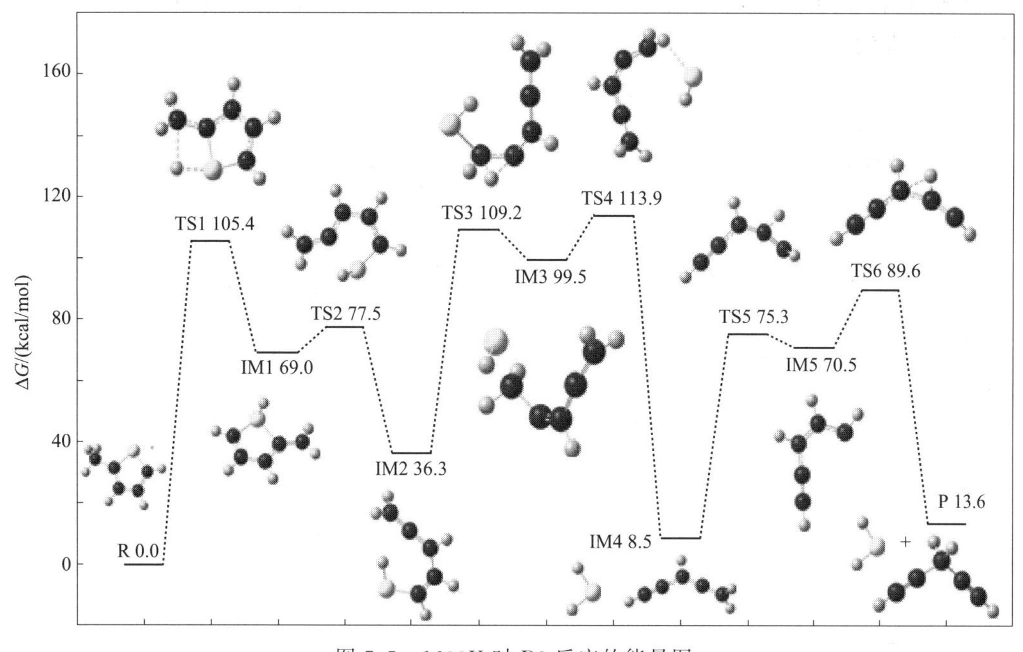

图 7.5　1600K 时 R3 反应的能量图

综上所述，热解脱硫过程中 H·自由基的存在有利于 2-MT 热解生成 H_2S。当有供氢物种参与 2-MT 的热解过程，2-MT 热解的反应温度和最高能垒都显著下降，与煤热解过程中 H_2S 在氢气气氛下容易释放实验结论相一致。如图 7.2（b）的 ACID 分析，2-MT-H 复合物无顺时针、逆时针连续的感应环电流在 2-MT-H 的噻吩环中形成，说明 H·参与导致 2-MT 的噻吩环上的芳香性消失，降低了其结构稳定性。

如图 7.6 所示（曲线从左到右依次为 path3、path2、path1），2-MT 热解生成丙炔和双烯硫酮的路径有：path1、path2 和 path3。反应过程中的反应物、过渡态和中间体等物种的结构参数如表 7.3、表 7.4、表 7.5 所示。噻吩、呋喃类化合物的初始热解过程主要通过迁移引发，相对于断键反应氢迁移的能垒小很多。如图 7.6 所示，path1 的反应过程：反应物 2-MT 的 C1 上的 H 迁移到 C2 上（R→TS1：68.3kcal/mol），生成卡宾中间体 CH_3CCHCH_2CS（IM1）。IM1 的 S12-C1 键长分别由 1.8Å 通过 TS2 拉长到 2.6Å，生成产物双烯硫酮和丙炔。path1 路径的 $\Delta G_{TS}^{\neq}$ 为 68.3kcal/mol。path2 的反应过程：位于 C2 上的 H 迁移到 C1 上（R→TS1：75.6kcal/mol），生成开环的 $CH_2CCHCSCH_3$（IM1），IM1 通过 TS2 生成 $CH_2CCHCSCH_3$（IM2）。IM2 的 C9 位点上的 H 迁移到末端 C1，生成产物双烯硫酮和丙炔。path2 的 $\Delta G_{TS}^{\neq}$ 为 75.6kcal/mol。path3 的反应过程：首先，C1 上的 H 迁移到 S5 上生成卡宾中间体 $CCHCHCCH_3SH$（IM1）。IM1 的 S5 原子所连接的 H 迁移到 C4 经历第二次氢迁移。$SCHCH_3CHCHC$（IM2）的 C4-S5 键通过 TS3 拉长，由 1.8Å 拉长到 2.4Å（如表 7.3），发生开环反应生成脂肪链化合物 $CH_3CHCHCHCS$（IM3）。随后，IM3 经历一系列的氢迁移生成 CH_3CCHCH_2CS（IM5）。最后，

CH_3CCHCH_2CS（IM5）发生开环反应通过 TS6 生成丙炔和双烯硫酮。由于 path1、path2 和 path3 的 $\Delta G_{TS}^{\neq}$ 分别为 68.3kcal/mol、75.6kcal/mol 和 98.1kcal/mol，因此 path1 的最大反应能垒在三条路径中最小，为优势反应路径。热力学上，2-MT 热解生成丙炔和双烯硫酮的 ΔG_P 为－0.8kcal/mol，说明 2-MT 热解生成 H_2S 和双烯硫酮的反应在 1600K 下是可以自发的。

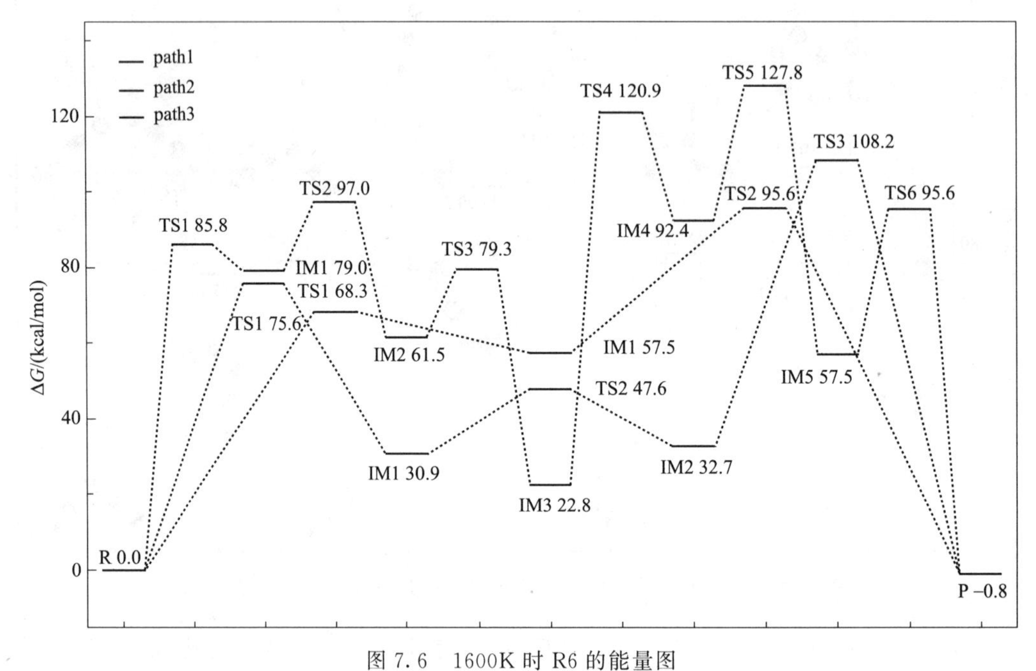

图 7.6　1600K 时 R6 的能量图

表 7.3　R6 的 path1 物种的结构参数

物种	键长/Å	键角/°	二面角/°
TS1	R(1,6)1.4	A(5,1,2)104.5	A(2,3,4,9)－179.8
	R(2,6)1.2	A(1,6,2)66.0	A(1,2,3,4)－3.0
IM1	R(3,12)1.6	A(5,1,2)130.5	A(1,2,9,3)0.0
	R(1,12)1.8	A(12,3,9)106.5	A(12,3,9,2)0.0
TS2	R(5,1)1.5	A(1,2,4)146.3	A(1,2,9,3)0.0
	R(1,12)2.6	A(12,3,9)135.9	A(12,3,9,2)0.0
双烯硫酮	R(5,1)1.6	A(1,2,3)120.4	A(2,2,1,5)90.0
	R(2,3)1.1		

续表

物种	结构参数		
	键长/Å	键角/°	二面角/°
丙炔	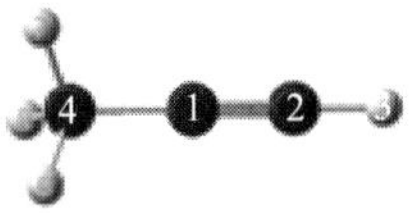 R(4,1)1.5 R(1,2)1.2	A(1,4,5)110.6	A(3,4,5,6)－61.5 A(1,2,3,4)－2.5

表 7.4　R6 的 path2 物种的结构参数

物种	结构参数		
	键长/Å	键角/°	二面角/°
TS1	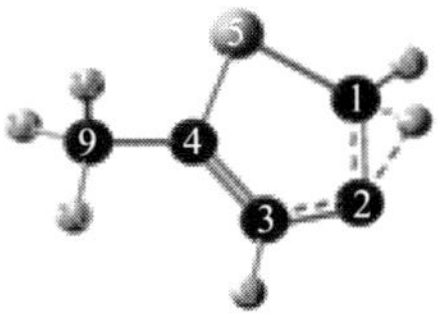 R(1,5)1.8 R(4,5)1.7	A(1,2,3)105.8 A(1,5,4)89.5	A(3,4,5,1)0.3 A(1,2,3,4)6.5
IM1	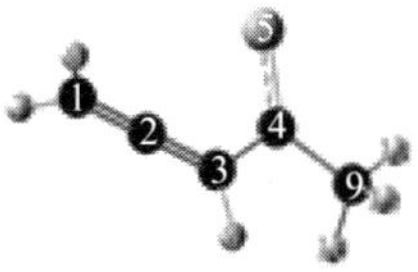 R(1,5)1.1 R(4,5)1.6	A(2,3,4)124.4 A(4,9,11)109.6	A(1,2,3,4)-0.2 A(1,2,3,4)179.8
TS2	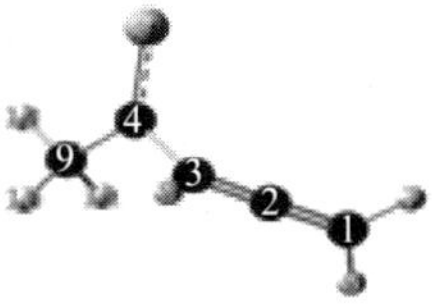 R(1,7)1.1 R(4,5)1.6	A(2,3,4)123.1 A(4,9,11)108.8	A(1,2,3,4)43.6 A(1,2,3,8)－137.0
IM2	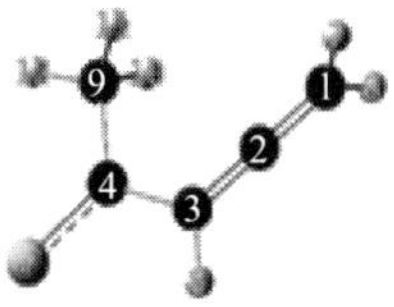 R(1,7)1.1 R(4,5)1.6	A(2,3,4)123.0 A(4,9,11)110.0	A(1,2,3,4)－0.2 A(1,2,3,8)179.8
TS3	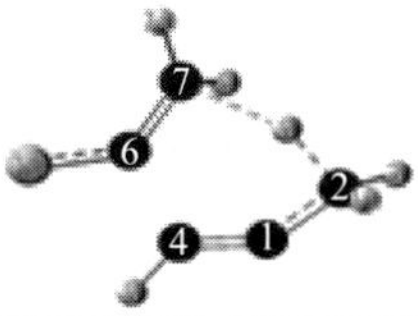 R(1,7)2.8 R(4,5)1.1 R(2,8)1.2	A(2,1,4)144.8 A(7,6,12)134.2	A(4,1,2,3)－118.1 A(1,2,3,8)98.6

表 7.5　R6 的 path3 物种的结构参数

物种	结构参数		
	键长/Å	键角/°	二面角/°
TS1	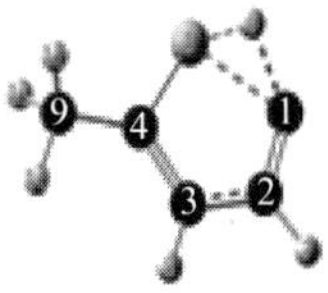 R(5,6)1.4 R(4,6)1.6	A(1,5,6)101.6 A(3,4,9)132.1	A(2,3,4,9)172.8 A(1,2,3,8)－177.1
IM1	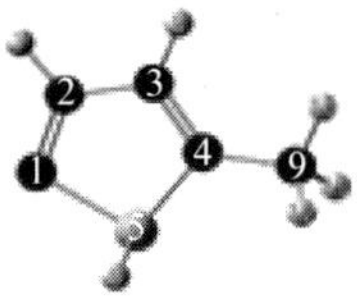 R(5,6)1.3 R(4,5)1.8	A(1,5,6)99.4 A(3,4,9)131.6	A(2,3,4,9)178.1 A(1,2,3,8)－179.4

续表

物种	结构参数		
	键长/Å	键角/°	二面角/°
TS2	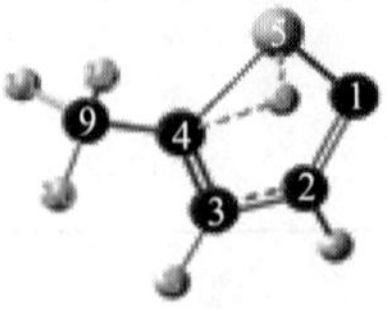 R(5,6)1.4	A(1,5,6)59.1	A(2,3,4,9)−178.1
	R(4,5)1.7	A(3,4,9)129.3	A(1,2,3,8)179.5
IM2	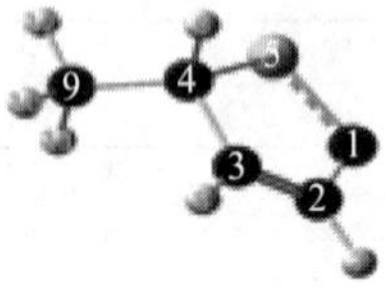 R(5,1)1.7	A(1,5,4)98.8	A(2,3,4,9)122.3
	R(4,5)1.8	A(3,4,9)114.2	A(1,2,3,8)180.0
TS3	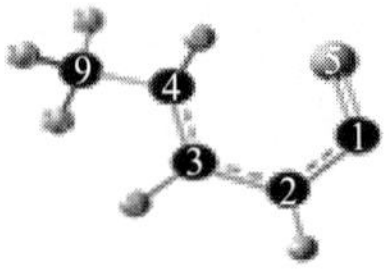 R(4,5)2.4	A(3,4,9)121.1	A(2,3,4,9)153.0
	R(4,3)1.4	A(3,4,6)117.1	A(1,2,3,8)172.3
IM3	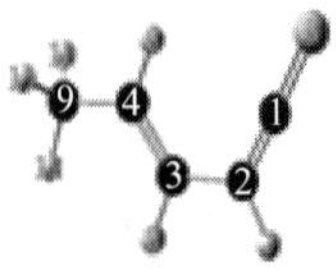 R(3,8)1.1	A(1,2,3)125.0	A(2,3,4,9)180.0
	R(2,7)1.1	A(3,4,9)124.1	A(1,2,3,8)180.0
TS4	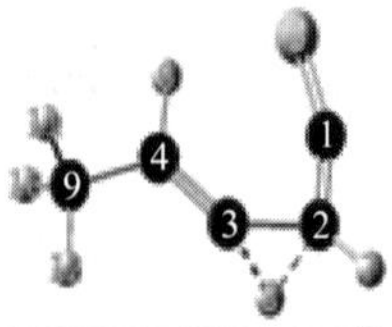 R(5,1)1.5	A(1,2,3)125.0	A(2,3,4,9)180.0
	R(3,4)1.3	A(3,4,9)124.1	A(1,2,3,8)0.0
IM4	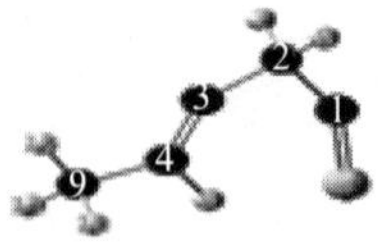 R(5,1)1.5	A(2,1,3)147.2	A(2,3,4,9)180.0
	R(4,9)1.5	A(3,4,9)127.8	A(1,2,3,4)0.0
TS5	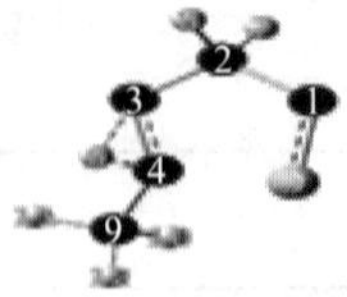 R(4,5)1.9	A(1,5,4)96.3	A(2,3,4,9)−162.5
	R(3,6)1.5	A(3,4,9)127.8	A(1,2,3,4)2.4
IM5	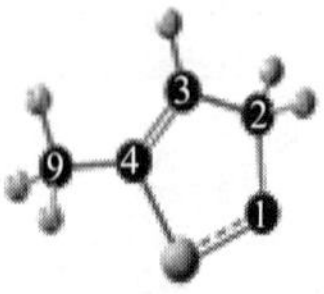 R(5,1)1.6	A(1,5,4)98.9	A(2,3,4,9)180.0
	R(4,5)1.8	A(3,4,9)130.5	A(5,1,2,7)−124.3

图 7.7 是 2-MT 和·S·于 1000K 生成二硫化碳（CS_2）和 2-丁炔的反应能量图。·S·是形成 CS_2 等挥发性硫的重要中间体。如图 7.7 所示，2-MT 和·S·首先结合形成稳定的双环 SC（CH_3）（CH）$_3$S（IM1），其能量比反应物的总能量低 12.4kcal/mol。随后，SC（CH_3）（CH）$_3$S（IM1）的 C5 原子所连接的 H 迁移到 C4 并克服能垒 73.3kcal/

mol，形成了六元环 $CS_2CH_2CHCCH_3$（IM2）。IM2 经历了第二次分子内氢迁移，C3 上的 H 迁移到 C2，消除一分子 CS_2，生成 CH_2CHCCH_2（IM3）。最后，CH_2CHCCH_2 通过 TS3 克服能垒 73.9kcal/mol，生成 1,3-丁二烯。1,3-丁二烯也可异构化成 2-丁炔（图 7.7）。热力学上，在温度为 1000K 时，R2 的 ΔG_{P1} 和 ΔG_{P2} 分别为 −27.5kcal/mol 和 −21.1kcal/mol，表明 2-MT 和 ·S· 在 1000K 反应可生成二硫化碳（CS_2）、1,3-丁二烯和 CS_2、2-丁炔。生成 1,3-丁二烯的 ΔG_P 值比生成 2-丁炔低 6.4kcal/mol，说明生成产物 1,3-丁二烯比生成 2-丁炔更稳定。

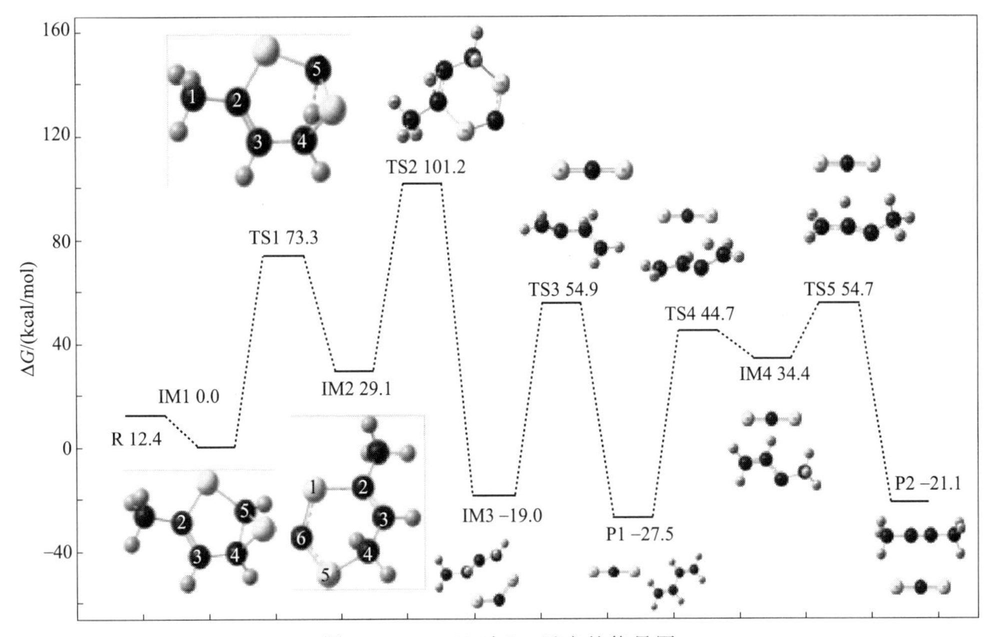

图 7.7　1000K 时 R2 反应的能量图

当没有 ·S· 参与的情况下，2-MT 热解生成一硫化碳（CS）、乙烯和乙炔或 CS、1-丁炔的 ΔG_P 值分别为 0.4kcal/mol 和 21.5kcal/mol，两者均大于零，如图 7.8（左侧曲线为 R4，右侧为 R5）所示。这与 HURD 的实验结果即 2-MT 在温度范围为 1073～1098K 的热分解不能产生乙烯和乙炔非常一致。R4 由甲基迁移引发：首先 2-MT 的甲基由 C2 位点迁移到 C3 位点通过 TS1 克服能垒 88.5kcal/mol，生成 $SCCHCH_3CHCH$（IM1）；随后，$SCCHCH_3CHCH$（IM1）的噻吩环的 C3-C4、C5-S 的键拉长通过过渡态 TS2 克服能垒 34.5kcal/mol，消除了乙炔，生成 $CSCHCH_3$（P1）。R5 氢迁移引发：首先 C3 位点上的氢迁移到 C2 位点上通过过渡态 TS1，克服能垒 77.2kcal/mol，生成脂肪链的 SCHCHC-$CHCH_3$（IM1），$SCHCHCCHCH_3$ 通过 TS2 发生了构象变化，克服能垒 12.5kcal/mol，生成了 S 间位 C 上的 H 和 S 在同一方向的中间体 $SC_2H_2CCHCH_3$（IM2）。随后，$SCHCHCCHCH_3$ 经历氢迁移，C5 上的氢迁移到 C2 通过过渡态 TS3，克服能垒 66.3kcal/mol，生成 $CSCHCCH_2CH_3$（IM3）。最后，$CSCHCCH_2CH_3$ 消除三元环中的 CS 通过过渡态 TS4，克服能垒 44.0kcal/mol，生成 1-丁炔和一硫化碳。2-MT 经历了一系列的分子内氢迁移，键断裂和异构化反应生成了 CS、乙烯和乙炔或者 CS 和 1-丁炔。R4 和 R5 的 $\Delta G_{TS}^{\neq}$ 分别为 88.5kcal/mol 和 77.2kcal/mol。与 2-MT 和 H· 的热解反应相似，在惰性气氛下，当有 ·S· 参与 2-MT 热解脱硫过程，反应温度和最高能垒都显著下降。·S· 有助于 2-MT 热解过程中 CS_2 的形成。

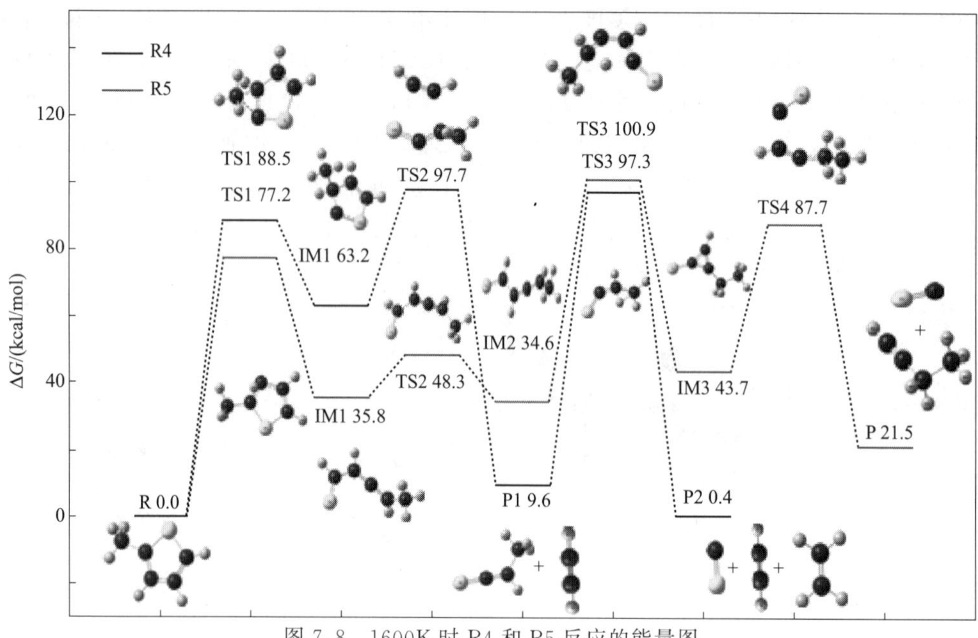

图 7.8 1600K 时 R4 和 R5 反应的能量图

7.2.3 惰性气氛下各反应途径热解过程的热力学分析

表 7.6 为在 M06-2X/def2tzvp 水平计算得到的 R1-R6 的反应能（$\Delta G^{\ominus}$）和反应焓（$\Delta H^{\ominus}$）。$\Delta H^{\ominus}$ 和 $\Delta G^{\ominus}$ 可用来衡量反应的吸放热和自发性。$\Delta H^{\ominus}$ 等于产物和反应物之间的焓值差值，$\Delta G^{\ominus}$ 等于产物与反应物之间的吉布斯自由能的差值，与反应过程无关。

表 7.6 不同温度下的 R1～R6 的标准热力学值 单位：kcal/mol

T/K	⊖	600	700	800	900	1000	1100	1200	1300	1400	1500	1600
R1	$\Delta H^{\ominus}$	26.1	25.9	25.7	25.5	25.3	25.0	24.8	24.5	24.2	24.0	23.7
	$\Delta G^{\ominus}$	7.4	4.2	1.2	−1.9	−4.9	−7.9	−10.9	−13.9	−16.8	−19.7	−22.7
R2	$\Delta H^{\ominus}$	20.3	20.1	19.8	19.5	19.2	18.9	18.6	18.3	18.0	17.7	17.4
	$\Delta G^{\ominus}$	−7.6	−12.2	−16.8	−21.4	−25.9	−30.4	−34.9	−39.3	−43.8	−48.2	−52.5
R3	$\Delta H^{\ominus}$	86.1	86.1	86.0	85.8	85.6	85.4	85.1	84.9	84.6	84.2	83.9
	$\Delta G^{\ominus}$	58.6	54.0	49.5	44.9	40.4	46.8	31.3	26.9	22.4	18.0	13.6
R4	$\Delta H^{\ominus}$	120.3	120.1	119.8	119.4	119.0	118.5	118.0	117.5	117.0	116.4	115.9
	$\Delta G^{\ominus}$	74.6	67.0	59.4	51.9	44.4	37.0	29.6	22.3	14.9	7.7	5.2
R5	$\Delta H^{\ominus}$	90.7	90.5	90.4	90.2	89.9	89.7	89.4	89.1	88.9	88.6	88.3
	$\Delta G^{\ominus}$	65.4	61.3	57.1	52.9	48.8	44.7	40.6	36.6	32.5	28.5	24.5
R6	$\Delta H^{\ominus}$	71.5	71.3	71.1	70.9	70.6	70.3	70.0	69.6	66.9	68.9	68.6
	$\Delta G^{\ominus}$	43.9	39.3	34.7	30.1	25.6	21.2	16.7	12.3	7.9	3.5	−0.9

如表 7.6 所示，R1 的 $\Delta H^{\ominus}$ 大于零且随温度的升高缓慢减小，说明 2-MT 在有 H· 参与的情况下生成 H_2S 的反应是吸热反应，并且随着反应温度的升高吸收的热量有少许降低，其 $\Delta G^{\ominus}$ 在温度约为 900K 时小于零，并随着温度的升高显著降低，说明 2-MT 和 H· 反应生成 H_2S 反应在温度高于 900K 热力学自发，且温度升高反应的自发性显著增加。然而无 H· 自由基参与的情况下（R3），2-MT 热解生成 H_2S 的 $\Delta H^{\ominus}$ 大于零且同样随温度的升高而减小，说明 2-MT 在没有 H· 参与的情况下生成 H_2S 的反应依旧是吸热反应，但其 $\Delta H^{\ominus}$ 比有 H· 自由基参与生成 H_2S 反应的 $\Delta H^{\ominus}$ 大很多，例如在 1200K，有 H· 参

与的 $\Delta H^{\ominus}$ 为 24.8kcal/mol，无 H・参与的 $\Delta H^{\ominus}$ 为 85.1kcal/mol。表明 2-MT 和 H・自由基反应生成 H_2S 比 2-MT 单独热解生成 H_2S 吸收的热量少很多；温度为 1600K 时，R3 的 $\Delta G^{\ominus}$ 为 13.6kcal/mol，说明在没有 H・参与的情况下，2-MT 热解生成 H_2S 即使在高温 1600K 依旧为热力学上非自发。综上所述，H・自由基可以显著减少 2-MT 热解生成 H_2S 所吸收的热量以及降低自发反应的初始温度。

对于有・S・自由基参与的 2-MT 的反应也可以发现相似的规律，即有・S・参与的 2-MT 的热解反应（R2），其 $\Delta H^{\ominus}$ 在 600～1600K 一直大于零，说明有・S・与 2-MT 的反应一直是吸热反应。$\Delta G^{\ominus}$ 在 600K 时小于零说明有・S・和 2-MT 反应生成 CS_2 在温度为 600K 已经可以自发。对于没有・S・自由基参与的 2-MT 的热解反应（R4、R5 和 R6），R4 和 R5 反应的 $\Delta G^{\ominus}$ 在 1600K 分别为 5.2kcal/mol 和 24.5kcal/mol，说明 2-MT 热解生成 CS、乙烯和乙炔或 CS、1-丁炔在 1600K 的高温都不能自发，R6 反应的 $\Delta G^{\ominus}$ 在 1600K 开始小于零，说明 2-MT 热解生成丙炔和双烯硫酮的反应在 1600K 高温才开始自发发生。因此，计算结果从理论上证明了 2-MT 热解在有 H・自由基和・S・自由基参与的情况下，反应的吸热量和反应自发的初始温度显著降低，有利于 2-MT 热解生成 H_2S 和 CS_2，进一步说明氢气气氛有助于 H_2S 的生成，・S・有助于挥发性硫 CS_2 的生成。

7.3 噻吩和苯并噻吩的脱硫机理

煤中噻吩和其他芳香环化合物会经历一系列缩聚反应并释放出 H_2[9,10]。随后，H_2 在惰性气氛下参与煤脱硫反应。由于 H_2 可攻击噻吩类化合物的 S 原子或 C-S 键进行脱硫，因此应在惰性气氛下考虑 H_2 对噻吩的去除作用。此外，噻吩、苯并噻吩分子的自身环加成可能通过 Diels-Alder 反应发生，并生成 H_2S 和苯并噻吩或其他 PAHs。因此，在惰性气氛下，本文提出的噻吩和苯并噻吩的脱硫反应路径如下：

S + H2 → { S/H2 → 2 ≡ + H2S (R1); S/H2 → HS (R3) }

S + H2 → { S/H2 → 2 ≡–≡ + ≡ + H2S (R2); S/H2 → SH (R4) }

S, S —Diels-Alder reaction→ { S + H2S (R5); S + H2S (R6) }

7.3.1 噻吩、苯并噻吩+ H_2 反应的脱硫机理

图 7.9 为 R1 在 1000K 时仅通过 H_2 攻击噻吩的 S 原子形成 H_2S 的反应能量图。动力学上，通过 TS1，H_2 分子键连到噻吩的 S 原子上，形成了中间体 $C_4H_4H_2S$（IM1）。然后，$C_4H_4H_2S$ 中间体的 C3-S7、C6-S7 和 C4-C5 键再通过 TS2 断裂而打开，并形成乙炔和 H_2S。在热力学上，R1 的 ΔG_P 为 33.6kcal/mol。因此，H_2 不可能仅通过攻击噻吩的 S 原子而产生 H_2S。如图 7.10 所示，H_2 同样也不可能仅通过攻击苯并噻吩的 S 原子生成 H_2S。

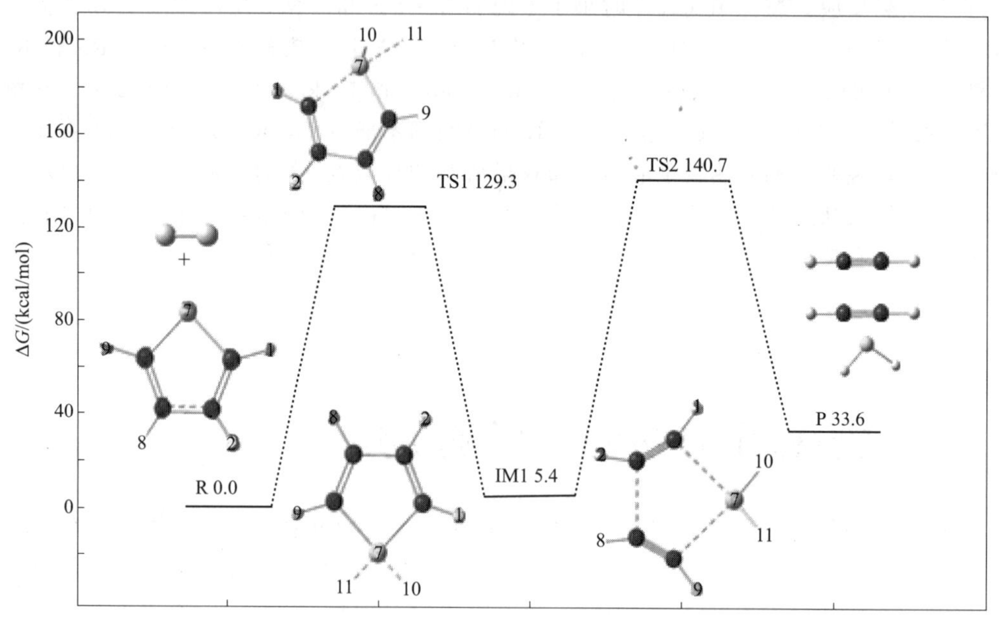

图 7.9　R1 在 1000K 时仅通过 H_2 攻击噻吩的 S 原子形成 H_2S 的反应能量图

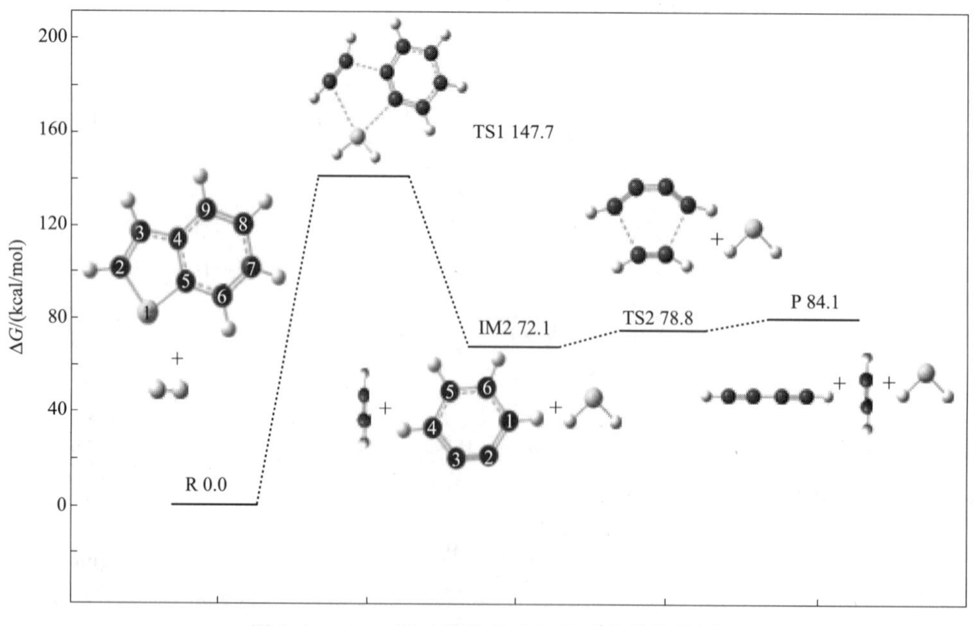

图 7.10　1000K 时苯并噻吩加氢反应的能量图

实验研究表明，噻吩可以先被氢化成硫醇和硫醚[40]，然后硫醇和硫醚再进行更容易的二次热解脱硫。因此，本文进一步考虑了 H_2 攻击噻吩（R3）和苯并噻吩（R4）中的 C-S 键后生成硫醇的反应。如图 7.11 所示，动力学上，H_2 通过 TS1 加到 C2 和 S1 原子上，生成相应的硫醇。在热力学上，两个反应（R3 和 R4）的 ΔG_P 分别为 32.1kcal/mol 和 27.7kcal/mol。因此，噻吩和苯并噻吩也不可能仅通过 H_2 攻击 C-S 键而生成相应的硫醇。

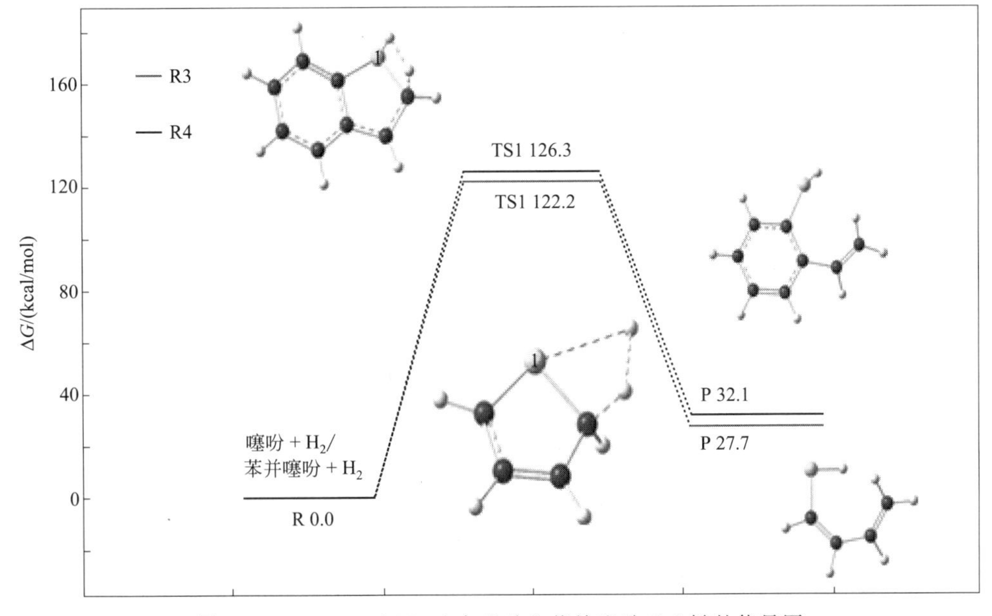

图 7.11　1000K 时 H_2 攻击噻吩和苯并噻吩 C-S 键的能量图

综上所述，H_2 直接攻击噻吩的 S 原子以生成 H_2S 或 H_2 攻击噻吩的 C-S 键以生成相应的硫醇在理论上是不可行的。因此，噻吩的脱硫机理可能通过 Diels-Alder 反应发生，下面将进行讨论。

7.3.2　噻吩、苯并噻吩的 Diels-Alder 反应脱硫机理

图 7.12（R5）、图 7.13（R6）为 1000K 时噻吩、苯并噻吩分别通过 Diels-Alder 反应脱硫的反应能量图。由于 R5 与 R6 的反应过程非常相似，因此以 R5 为例阐述双分子噻吩的 Diels-Alder 反应。双分子噻吩的脱硫机理有两种途径，动力学上，首先，双分子噻吩在克服了 89.6kcal/mol 的能垒后形成三元环 $(C_4H_4S)_2$（IM1）。随后，$(C_4H_4S)_2$ 通过 TS2 克服了 111.3kcal/mol 能垒，消除 C2 和 C3 上的两个 H 原子，并生成了 H_2 和 $C_8H_6S_2$ 分子（IM2）。最后，H_2 可以被 $C_8H_6S_2$ 的 S6 原子吸附，而没有任何能垒，不会产生苯并噻吩并释放 H_2S。另外，$(C_4H_4S)_2$（IM1）也可以直接与多余的 H_2 反应形成 C_8H_8S（IM2）并释放 H_2S，而没有任何能量障碍。最后，C_8H_8S 克服了 TS2 的 89.2kcal/mol 能垒，消除了 C2 和 C3 上的两个 H 原子，然后形成了苯并噻吩和 H_2。对于 R5 和 R6，路径 2 在动力学上比路径 1 更有利。在热力学上，这两个反应的 ΔG_P 分别为 −14.0kcal/mol 和 −11.0kcal/mol，这意味 1000K 时双分子噻吩、苯并噻吩可通过 Diels-Alder 反应来实现 H_2S 的形成。与 H_2 + 噻吩热力学上非自发性脱硫反应相比，噻吩通过

Diels-Alder 进行脱硫在热力学上可自发。然而，R5 和 R6 的分别为 89.6kcal/mol 和 94.5kcal/mol。尽管它们远低于已报道的氢迁移反应机理的能垒[12-14] 和 C-S 键断裂机理[11]，但它们在动力学上仍然能垒较高。因此，只有在惰性气氛下开发有效的催化剂来减少能垒的情况下，Diels-Alder 反应机理才可能成为噻吩的一种潜在的脱硫方法。此外，本文提出的 Diels-Alder 反应过程（仅包括两个基元反应）比氢迁移过程和 C-S 键断裂简单得多，该机理可为催化脱硫工艺提供一些理论依据。

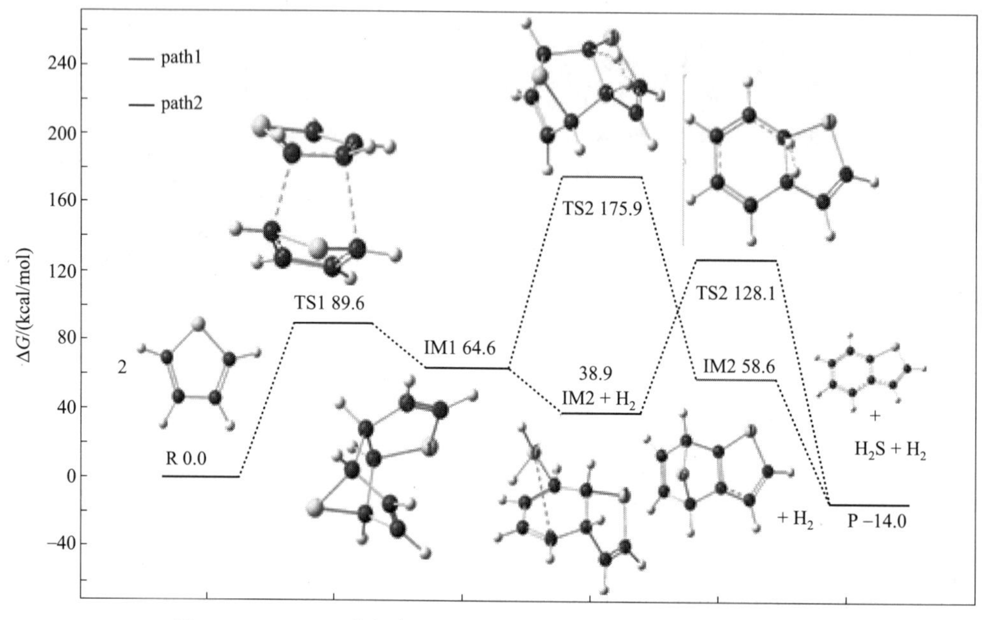

图 7.12　1000K 时噻吩通过 Diels-Alder 反应脱硫的反应能量图

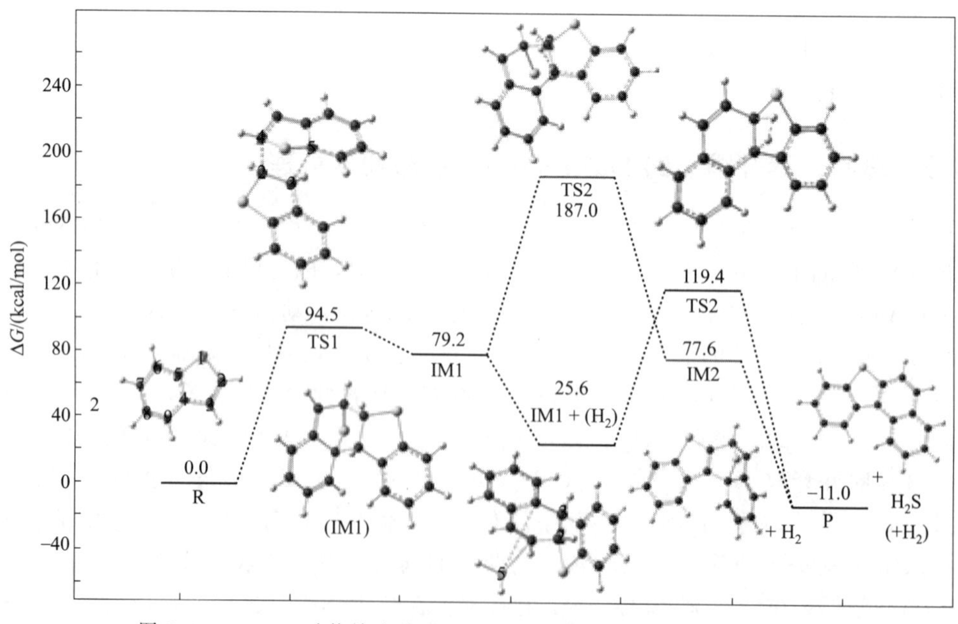

图 7.13　1000K 时苯并噻吩通过 Diels-Alder 反应脱硫的反应能量图

7.3.3 氧化性气氛噻吩、苯并噻吩的脱硫机理

噻吩氧化脱硫过程中，SO_2 是含硫气体的主要释放形式[8,15]。许多科学家发现，在氧化气氛下，同时也存在氧化剂大量羟基自由基（·OH），起到氧化引发剂的作用[41,42]。因此，噻吩的氧化可以通过 O_2 或·OH 引发。此外，砜（噻吩氧化物）的脱硫反应也在氧化气氛下发生。因此，在氧化性气氛下，噻吩、苯并噻吩氧化脱硫的可能途径如下：（注意：红色标出的 R1、R2 和 R12 均为与张福荔大论文重复的反应式）

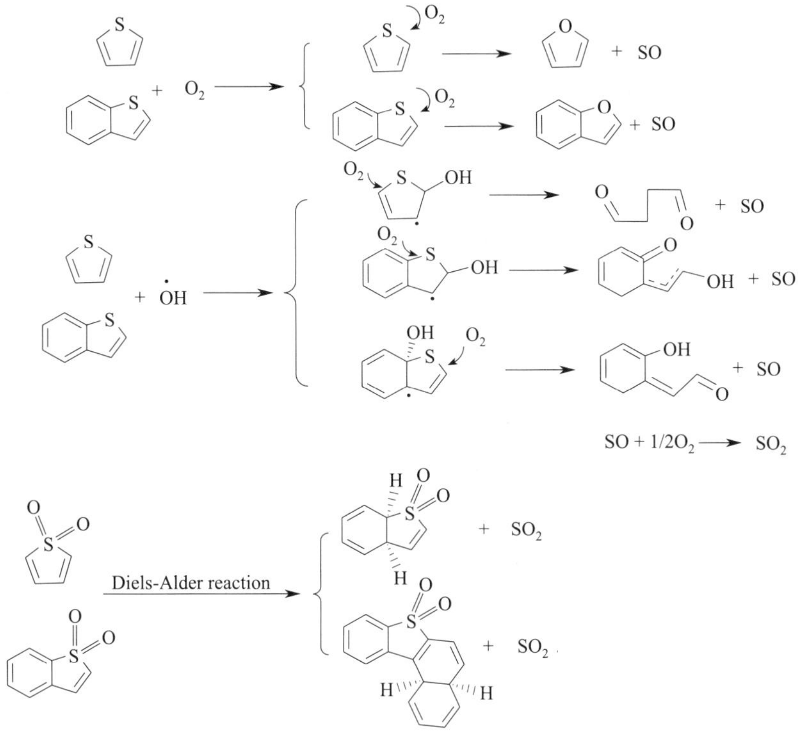

$$SO + 1/2O_2 \longrightarrow SO_2$$

7.3.3.1 噻吩、苯并噻吩+ O_2 反应的脱硫机理

图 7.14 为 1000K 时噻吩和 O_2 生成呋喃和 SO 的反应能量图（R7）。动力学上，首先，O_2 通过 TS1 在克服 109.3kcal/mol 的高能垒后攻击噻吩的 C-S 键并产生中 $C_4H_4SO_2$（IM1）。随后，脂族亚砜 $C_4H_4SO_2$ 通过 TS2 进行闭环反应以形成稳定的六元亚砜 C_4H_4OSO（IM2），需要克服非常低的 2.5kcal/mol 的能垒。最终，六元环 C_4H_4OSO 从 S-O 键打开，同时 S-C 键通过 TS3 延长，并带有 SO 释放和呋喃生成。氧化性气氛，SO 最终以稳定的 SO_2 形式存在。R7 的初始步骤的 $\Delta G^{\neq}_{TS}$ 为 109.3kcal/mol。热力学上，该反应的 ΔG_P 为−5.9kcal/mol，表明噻吩和 O_2 生成呋喃和 SO 是可行的。但是，高反应能垒（109.3kcal/mol）表明此反应发生动力学上较为困难，这意味着噻吩的 C-S 键不能像已有文献报道的那样容易被 O_2 直接攻击破坏[8]。

图 7.15 为 1000K 时苯并噻吩和 O_2 生成苯并呋喃和 SO 的反应能量图。类似地，O_2 首先攻击苯并噻吩的 C-S 键，通过 TS1 克服能垒 104.2kcal/mol 生成中间体亚砜 $C_8H_6SO_2$（IM1）。然后，$C_8H_6SO_2$ 通过 TS2 克服了 12.3kcal/mol 的超低能垒发生闭环

反应，生成了稳定的六元亚砜 $C_6H_4CHCHSO_2$（IM2）。最终，$C_6H_4CHCHSO_2$ 六元环通过 TS3 从 O-S 键、S-C 键同时打开随着 SO 的释放和苯并呋喃。R8 的 $\Delta G_{TS}^{\neq}$ 为 104.2kcal/mol。热力学上，R8 的 ΔG_P 为－6.9kcal/mol。但是，其高能垒（104.2kcal/mol）在动力学上也是不利的。因此，没有任何自由基的参与，噻吩的氧化脱硫就不能通过 O_2 直接攻击噻吩的 C-S 键来实现。

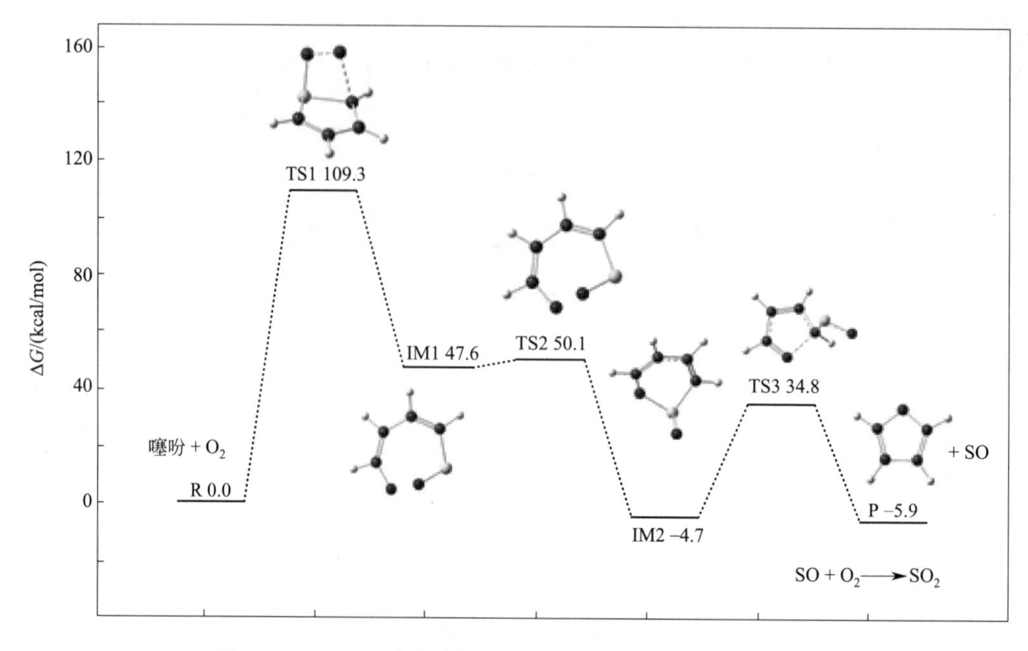

图 7.14　1000K 时噻吩和 O_2 生成呋喃和 SO 的反应能量图

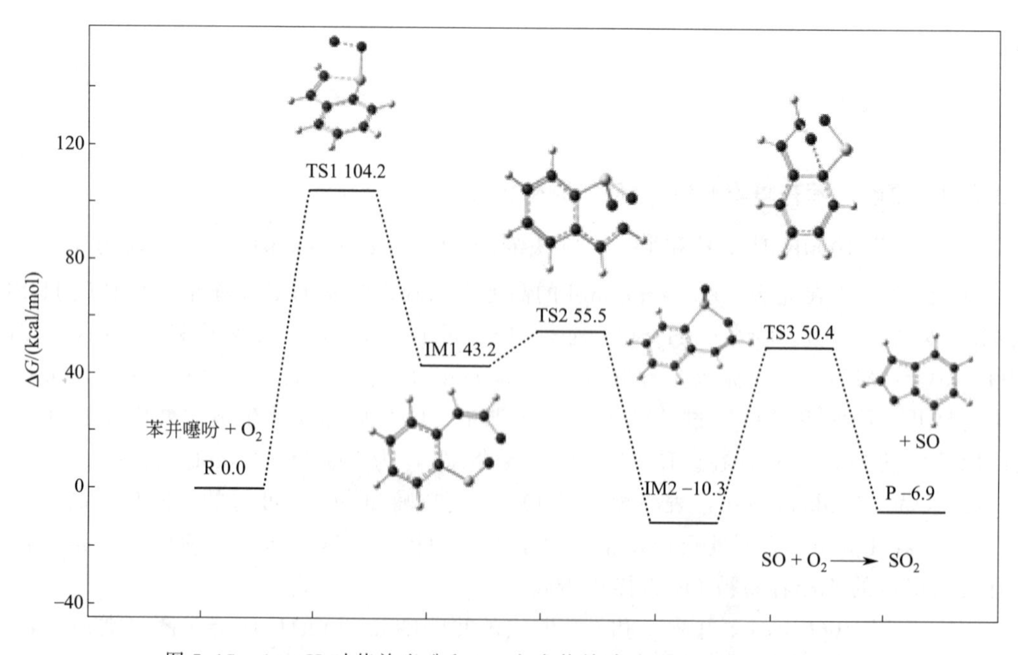

图 7.15　1000K 时苯并噻吩和 O_2 生成苯并呋喃和 SO 的反应能量图

综上所述，由于 O_2 直接攻击噻吩的 C-S 键以生成 SO_2 和呋喃的初始基元反应步骤中具有很高的能垒，所以，就动力学角度而言这两类反应在动力学上较难发生。在初始反应步骤之后，噻吩和苯并噻吩可以通过亚砜（IM1）更容易地脱硫。因此，如果能够开发出有效降低反应能垒的催化剂，O_2 攻击 C-S 键将是噻吩在氧化气氛下的一种有前途的氧化脱硫机理。

7.3.3.2 噻吩、苯并噻吩+ O_2+ ·OH 反应的脱硫机理

我们以前的工作[15] 发现，噻吩中 S 原子的邻位碳原子更易被·OH 攻击。因此，下面主要计算了 OH-TH 复合物、OH-BT 复合物（·S 原子的邻碳加成 OH）的进一步氧化脱硫机理，下面将对其进行讨论。

图 7.16 为 1000K 时 O_2 与 OH-TH 复合物的反应能量图（R9）。首先，·OH 通过 TS1 克服 30.7kcal/mol 的低能垒与 C2 原子结合生成 OH-TH（IM1）。然后，O_2 的其中一个 O 原子添加到 OH-TH 的噻吩环的 C5 位克服低能垒 39.6kcal/mol，生成过氧化物 $C_4H_4OHSO_2$（IM2）。最后，$C_4H_4OHSO_2$ 的末端氧克服 38.8kcal/mol 的能垒添加到 S 原子上生成了 SO 和脂族醇（$CHOC_2H_2CHOH$）。氧化性气氛 SO 容易被 O_2 氧化成稳定的 SO_2。R9 的 $\Delta G^{\neq}_{TS}$ 为 39.6kcal/mol。热力学上，R9 的 ΔG_P 为 −28.1kcal/mol。这意味着 OH-thiophene 复合物和 O_2 在 1000K 下就已经能形成 SO 和 $CHOC_2H_2CHOH$。

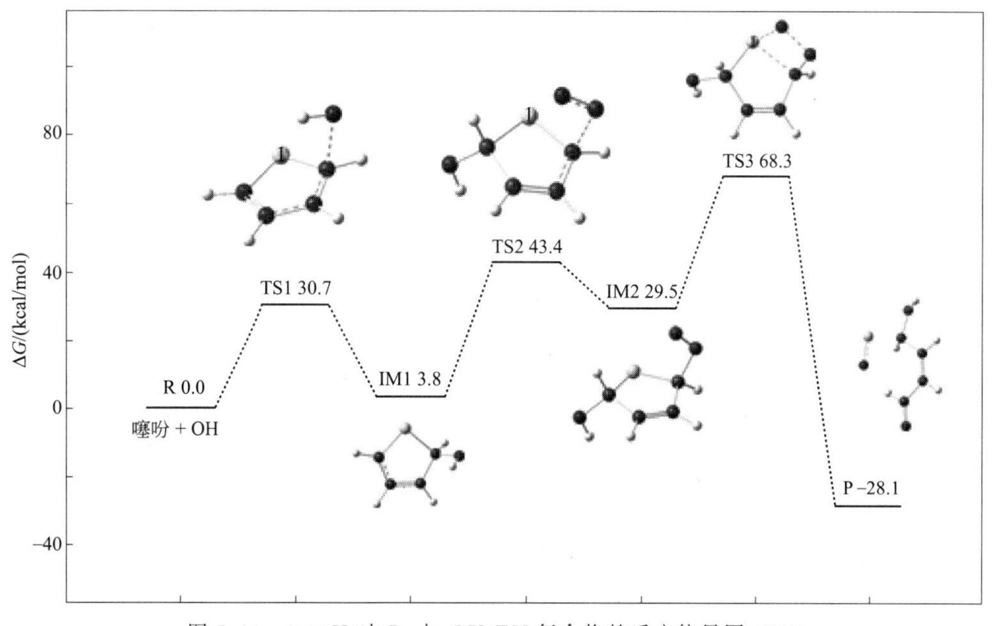

图 7.16　1000K 时 O_2 与 OH-TH 复合物的反应能量图（R9）

图 7.17 为 1000K 时 O_2 和 BT-OH 复合物的反应能量图（上面曲线是 R10，下面是 R11）。首先，·OH 添加到 C2（C5）原子上，生成 BT-OH 中间体（Com-1）。然后，O_2 的 O 原子克服较低能垒 46.7kcal/mol（56.1kcal/mol）添加到苯并噻吩的 C5（C2）位。对于 R11，过氧化物的末端氧 $C_8H_7SO_3$（IM1）克服 39.6kcal/mol 的低能垒添加到 S 原子上伴随着 SO 的释放和 $C_6H_4OHCHCHO$ 形成。对于 R10，$C_8H_7SO_3$（IM1）的末端氧

添加到 S 原子上形成 IM2 需要克服 34.1kcal/mol 的低能垒。R10 和 R11 的分别为 56.1kcal/mol 和 46.7kcal/mol。热力学上，R10 和 R11 的 ΔG_P 分别为－8.3kcal/mol 和－10.1kcal/mol。这意味着 1000K 时可以通过苯并噻吩的 C（2）OH 或 C（5）OH 与 O_2 反应生成 SO。与没有·OH 参与的噻吩的脱硫机理相比，OH 参与时的最高能垒要低得多。如表 7.7 所示，OH-thiophene 复合物（2-OH-TH）和 BT-OH 复合物的 C-S 键的 MBO 低于噻吩和苯并噻吩中的 C-S 键的 MBO。这表明·OH 的添加可以显著削弱噻吩环的 C-S 键强度。这也证明了氧化性气氛下，·OH 参与的噻吩的氧化脱硫机理在动力学上比没有·OH 参与的噻吩的氧化动力学更有利。

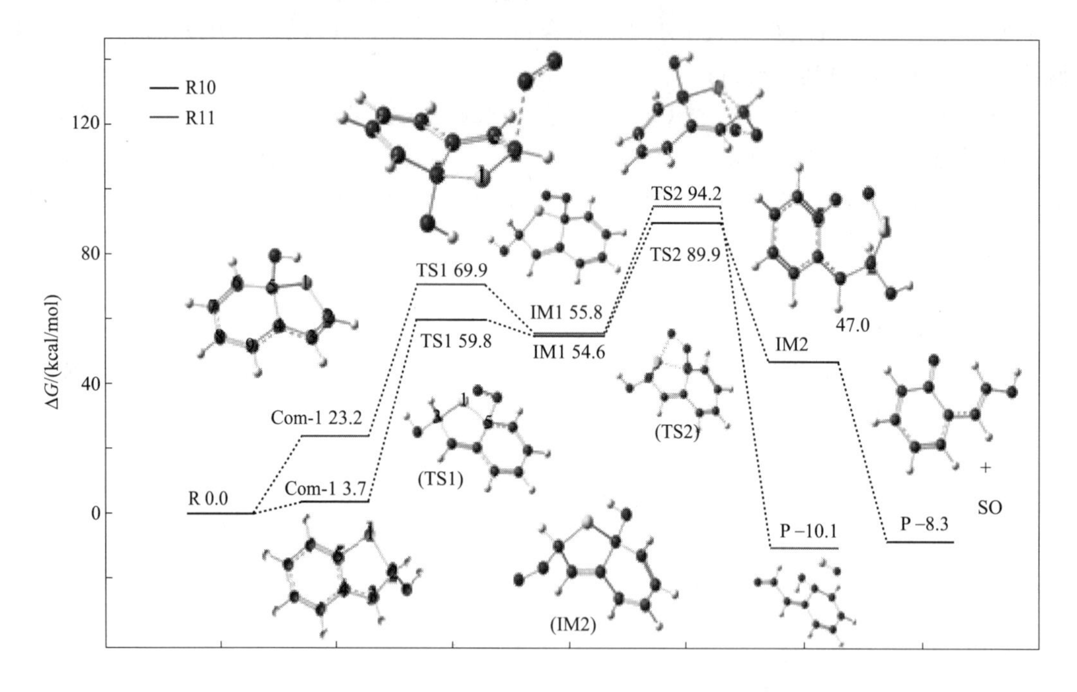

图 7.17　1000K 时 O_2 和 BT-OH 复合物的反应能量图

7.3.3.3　噻吩砜、苯并噻吩砜的 Diels-Alder 脱硫机理

图 7.18、图 7.19 分别为 1000K 时噻吩、苯并噻吩砜的 Diels-Alder 反应脱硫的能量图。热力学上，双分子噻吩砜可自发反应生成 SO_2 和 $C_8H_8SO_2$（R12）。同样，双分子苯并噻吩砜也可以自发形成 SO_2 和苯并噻吩砜-H_2 复合物（R13）。由于 R12 的过程与 R13 的反应过程非常相似，因此以噻吩砜（R12）为例来阐述 Diels-Alder 反应过程。动力学上，双分子噻吩砜在克服 56.8kcal/mol 的能垒后会发生 Diels-Alder 环加成反应生成三环 $(C_4H_4SO_2)_2$（IM1）。随后，$(C_4H_4SO_2)_2$ 通过 TS2 克服了 9.8kcal/mol 的能垒，伴随着 SO_2 和 $C_8H_8SO_2$（P）的形成。R12 和 R13 的 $\Delta G^{\neq}_{TS}$ 分别为 56.8kcal/mol 和 78.0kcal/mol。热力学上，R12 和 R13 的 ΔG_P 分别为－38.2kcal/mol 和－33.5kcal/mol。这意味着氧化气氛下双分子砜在 1000K 以下通过 Diels-Alder 反应释放 SO_2 是非常可能的。与噻吩在惰性气氛噻吩通过 Diels-Alder 反应生成 H_2S（R5 和 R6）的机理相比，砜通过 Diels-Alder 反应生成 SO_2 的 $\Delta G^{\neq}_{TS}$ 能垒要低得多，由噻吩砜的 C-S 键具有最低的 MBO 可证明这一点（表 7.7）。

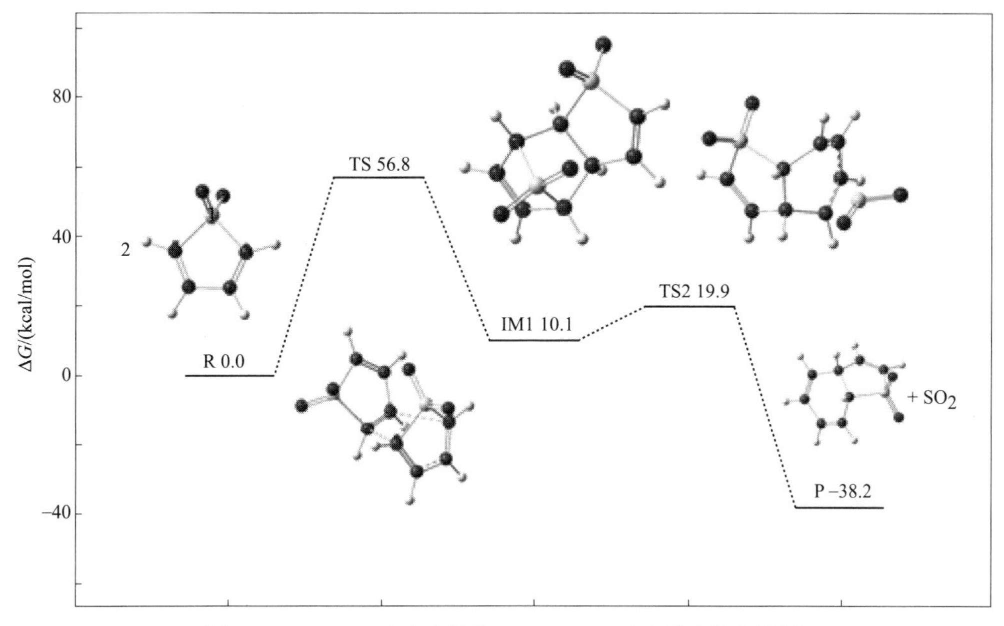

图 7.18　1000K 时噻吩砜的 Diels-Alder 反应脱硫的能量图

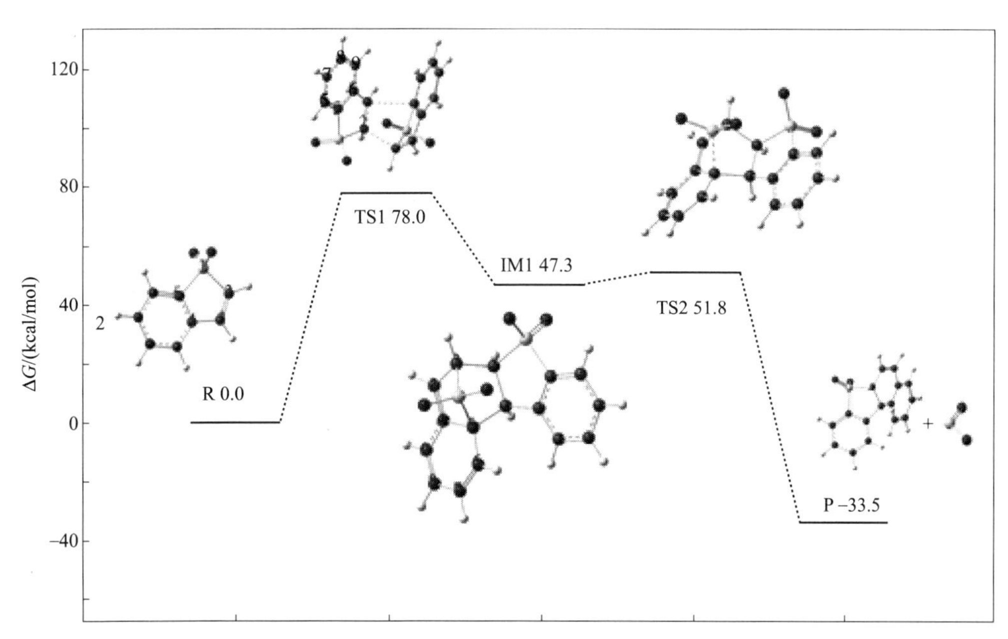

图 7.19　1000K 时苯并噻吩砜的 Diels-Alder 反应脱硫的能量图

表 7.7　M062X/6-311g（d）计算水平下 C-S 键的 MBO 值

结构	物种	C1-S5 键级	C4-S5 键级
噻吩（S5，C1—C4 编号）	TH	1.15	1.15
2-羟基噻吩（S5，C1—C4 编号，C1 上连 OH）	2-OH-TH	0.98	1.08

续表

结构	物种	C1-S5 键级	C4-S5 键级
	TH-sulfone	0.82	0.82
	BT	1.10	1.10
	1-OH-BT	1.03	1.07
	4-OH-BT	1.06	1.00
	BT-sulfone	0.81	0.81

7.3.3.4 速率常数

为了研究反应温度和气氛对噻吩、苯并噻吩的脱硫机理的影响，通过 Eyring 的过渡态理论（TST）研究了最高的能垒消耗途径[43,44]。先前的实验结果表明，噻吩热解的反应温度主要为 1000K 至 1400K[7,16]。因此，噻吩脱硫的速率常数也考虑在 1000～1400K 之间，并列于表 7.8 中。

表 7.8　R5～R13 的反应速率常数

反应	E_a/kcal/mol)	反应速率常数 k/s^{-1}		
		1000K	1200K	1400K
R5	128.1	2.1×10^{-15}	1.2×10^{-10}	3.0×10^{-7}
R6	119.4	1.7×10^{-13}	4.5×10^{-9}	6.7×10^{-6}
R7	109.3	2.7×10^{-11}	3.1×10^{-7}	2.5×10^{-4}
R8	104.2	3.5×10^{-10}	2.6×10^{-6}	1.6×10^{-3}
R9	68.3	2.5×10^{-2}	9.1	6.4×10^{2}
R10	89.9	4.7×10^{-7}	1.1×10^{-3}	2.7×10^{-1}
R11	94.2	5.4×10^{-8}	1.7×10^{-4}	5.8×10^{-2}
R12	56.8	8.0	1.1×10^{3}	4.0×10^{4}
R13	78.0	1.9×10^{-4}	1.6×10^{-1}	2.0×10^{1}

R1～R4 即使在 1000K 下也是热力学上不可行的，因此不考虑其反应速率常数。如表 7.8 所示，所有这些速率常数都随着反应温度从 1000K 到 1400K 的升高而增加。对于噻吩，在一定的反应温度下，速率常数的等级为：k［R12］＞k［R9］＞k［R7］＞k［R5］。在 1000K 下，R9 中 SO_2 形成的速率常数约为 R7 的 9.3×10^9 倍。这进一步证明·OH 参与在噻吩氧化过程中，对 SO_2 形成更有利。在噻吩的这四个速率常数中，k［R5］最低。这进一步证明了噻吩在惰性气氛下难以脱硫。与噻吩相似，苯并噻吩的速率常数等级为：k［R13］＞k［R10］＞k［R11］＞k［R8］＞k［R6］。值得一提的是，在一定温度下，R12 和 R13 的速率常数都远高于它们自己的其他速率常数。这可以进一步暗示噻吩的脱硫反应主要通过在氧化气氛下的 Diels-Alder 反应进行。

7.3.3.5 热力学参数

如表 7.9 所示，惰性气氛下，R1、R2、R3 和 R4 的 $\Delta H^{\ominus}$ 随温度升高而缓慢减小，大于零，说明噻吩、苯并噻吩和 H_2 反应为吸热反应，$\Delta G^{\ominus}$ 大于零，说明在中高温 1000K 时 H_2 直接进攻噻吩、苯并噻吩的 S 原子或 C-S 键仍为非自发反应。600～1000K 时，R5、R6 为噻吩、苯并噻吩发生 Diels-Alder 环加成生成大环含硫 PAHs，其 $\Delta H^{\ominus}$、$\Delta G^{\ominus}$ 均小于零，两反应均为放热反应且自发，表明噻吩、苯并噻吩在惰性气氛下更容易通过 Diels-Alder 反应脱硫。氧化性气氛下，反应的 $\Delta H^{\ominus}$、$\Delta G^{\ominus}$ 均小于零，说明氧化性气氛相对于惰性气氛噻吩、苯并噻吩脱硫热力学上较为容易，脱硫主要受动力学因素反应能垒控制。

表 7.9　R1～R13 反应的标准热力学量变值　　单位：kcal/mol

T/K		600	700	800	900	1000
R1	$\Delta H^{\ominus}$	80.6	80.4	80.3	80.0	79.8
	$\Delta G^{\ominus}$	54.6	47.6	42.9	38.2	33.6
R2	$\Delta H^{\ominus}$	179.2	179.1	178.9	178.6	178.2
	$\Delta G^{\ominus}$	125.1	112.5	103.0	93.5	84.1
R3	$\Delta H^{\ominus}$	8.4	8.3	8.3	8.4	8.4
	$\Delta G^{\ominus}$	24.8	25.0	27.5	29.7	32.1
R4	$\Delta H^{\ominus}$	6.7	6.6	6.7	6.8	6.9
	$\Delta G^{\ominus}$	19.3	21.4	23.5	25.6	27.7
R5	$\Delta H^{\ominus}$	−18.4	−18.3	−18.3	−18.2	−18.2
	$\Delta G^{\ominus}$	−11.2	−15.3	−14.9	−14.5	−14.0
R6	$\Delta H^{\ominus}$	−31.2	−14.6	−71.0	−14.4	−14.4
	$\Delta G^{\ominus}$	−12.4	−12.1	−11.8	−11.4	−11.0
R7	$\Delta H^{\ominus}$	−14.0	−15.8	−16.1	−16.3	−16.6
	$\Delta G^{\ominus}$	−4.4	−6.5	−6.3	−6.1	−5.9
R8	$\Delta H^{\ominus}$	−15.4	−17.1	−17.4	−17.7	−18.0
	$\Delta G^{\ominus}$	−7.8	−7.6	−7.3	−7.1	−6.9
R9	$\Delta H^{\ominus}$	−104.3	−105.8	−105.6	−105.4	−105.2
	$\Delta G^{\ominus}$	−55.7	−51.4	−44.8	−38.2	−31.7
R10	$\Delta H^{\ominus}$	−44.2	−45.9	−45.9	−45.9	−46.0
	$\Delta G^{\ominus}$	−20.1	−17.1	−14.1	−11.2	−8.3
R11	$\Delta H^{\ominus}$	−176.	−77.4	−77.2	−77.0	−76.7
	$\Delta G^{\ominus}$	−33.7	−27.7	−21.8	−15.9	−10.1
R12	$\Delta H^{\ominus}$	−42.8	−41.9	−41.1	−43.5	−43.6
	$\Delta G^{\ominus}$	−40.3	−39.8	−39.3	−38.7	−38.2
R13	$\Delta H^{\ominus}$	−38.9	−28.8	−17.5	−39.3	−39.6
	$\Delta G^{\ominus}$	−36.3	−35.7	−35.1	−34.5	−33.5

7.4 本章小结

利用 M06-2X/6-311g (d) //M06-2X/def2tzvp 方法研究了噻吩类煤基模型化合物在惰性和氧化性气氛的脱硫机理。得出以下结论：

① 在惰性气氛下，噻吩通过攻击其 S 原子和 C-S 键的 H_2 分子进行脱硫在理论上是不可行的。如果可以开发一种有效的催化剂来降低 Diels-Alder 反应的能垒，那么在惰性气氛下，噻吩的 Diels-Alder 反应就热力学而言可能成为一种潜在的脱硫方法。此外，仅具有两个基元反应的 Diels-Alder 脱硫过程比氢迁移过程和 C-S 键断裂过程简单得多。该机

理可以为催化脱硫工艺提供一些理论依据。

② 在氧化性气氛下，噻吩的脱硫反应主要通过 Diels-Alder 反应进行。另外，噻吩的脱硫机理很可能是由氧化剂·OH 引起的，而不是由 O_2 在氧化气氛下直接攻击噻吩的 C-S 键引起的。

参考文献

[1] Zhang X, Cheng X. Energy consumption, carbon emissions, and economic growth in China [J]. Ecol Econ, 2009, 68: 2706-2712.

[2] Yang Y, Tao X, Kang X, et al. Effects of microwave/HAc-H_2O_2 desulfurization on properties of Gedui high-sulfur coal [J]. Fuel Process Technol, 2016, 143: 176-184.

[3] Makishima A, Nakamura E. Determination of total sulfur at microgram per gram levels in geological materials by oxidationof sulfur into sulfate with in situ generation of bromine using isotope dilution high-resolution ICPMS [J]. Anal. Chem., 2001, 73: 2547.

[4] Calkins W. The chemical forms of sulfur in coal: a review [J]. Fuel, 1994, 73 (4): 475-484.

[5] Maes I, Gryglewicz G, Machnikowska H, et al. Rank dependence of organic sulfur functionalities in coal [J]. Fuel, 1997, 76: 391-396.

[6] Yan J, Yang J, Liu Z. SH Radical: The key intermediate in sulfur transformation during thermal processing of coal [J]. Environ. Sci. Technol, 2005, 39: 5043-5051.

[7] Yang N, Guo H, Liu F, et al. Effects of atmospheres on sulfur release and its transformation behavior during coal thermolysis [J]. Fuel, 2018, 215: 446-453.

[8] Liu F, Xie L, Guo H, et al. Sulfur release and transformation behaviors of sulfur-containing model compounds during pyrolysis under oxidative atmosphere [J]. Fuel, 2014, 115: 569-596.

[9] 高晋升. 煤的热解、炼焦和煤焦油加工 [M]. 北京：化学工业出版社，2010.

[10] 谢克昌. 煤的结构和反应性 [M]. 北京：科学出版社，2002.

[11] Memon H, Williams A, Williams P. Shock tube pyrolysis of thiophene [J]. Int. J. Energy Res, 2003, 27: 225-239.

[12] Li T, Li J, Zhang H, et al. DFT Research on Benzothiophene Pyrolysis Reaction Mechanism [J]. J. Phys. Chem. A, 2019, 123: 796-810.

[13] Ling L, Zhang R, Wang B, et al. Density functional theory study on the pyrolysis mechanism of thiophene in coal [J]. THEOCHEM, 2009, 905: 8-12.

[14] Song X, Parish C. Pyrolysis mechanisms of thiophene and methylthiophenein asphaltenes [J]. J. Phys. Chem. A, 2011, 115: 2882-2891.

[15] Zhang F, Guo H, Liu Y, et al. Theoretical study on desulfurization mechanisms of a coal-based model compound 2-methylthiophene during pyrolysis under inert and oxidativeatmospheres [J]. Fuel, 2019, 257: 1-9.

[16] Wynberg H, Bantjes A. Pyrolysis of thiophene [J]. J Org Chem, 1959, 24: 1421-1423.

[17] Katritzky A, Balasubramanian M. Aqueous high-temperature chemistry of carbo and heterocycles thiophene, tetrahydrothiophene, 2-methylthiophene, 2, 5-dimethylthiophene, benzothiophene, and dibenzothiophene [J]. Energy&Fuels, 1992, 6: 431-438.

[18] Bordwell F, McKellin W, Babcock D. Benzothiophene Chemistry. V. The Pyrolysis of Benzothiophene 1-Dioxide [J]. J Am ChemSoc, 1951.

[19] Li G, Li L, Jin L, et al. Experimental and theoretical investigation on three α, ω-diarylalkane pyrolysis [J]. Energy&Fuels, 2014, 28 (11): 6905-6910.

[20] Wang M, Zuo Z, Ren R, et al. Theoretical study on catalytic pyrolysis of benzoic acid as a coal-based model compound [J]. Energy&Fuels, 2016, 30 (4): 2833-2840.

[21] Kong L, Li G, Jin L, et al. Pyrolysis behaviors of two coal-related model compounds on a fixed-bed reactor [J]. Fuel Process Technol, 2015, 129: 113-119.

[22] Wang X, Guo H, Liu F, et al. Effects of CO_2 on sulfur removal and itsrelease behavior during coal pyrolysis [J]. Fuel, 2016, 165: 484-489.

[23] Tang L, Wang S, Guo J, et al. Exploration on the removal mechanism of sulfur ether model compounds for coal by microwave irradiation with peroxyacetic acid [J]. Fuel Process Technol, 2017, 159: 442-447.

[24] Hurd C D, Levetan R V, Macon A R. Pyrolytic formation of arenes. II. benzene and other arenes from thiophene, 2-methylthiophene and 2- (methyl-14C) -thiophene [J]. J Am Chem Soc, 1962, 84 (23): 4515-4519.

[25] Memon H, Williams A, Williams P T. Shock tube pyrolysis of thiophene [J]. Int J Energ Res, 2003, 27 (3): 225-239.

[26] Vasiliou A K, Hu H, Cowell T W, et al. Modeling oilshale pyrolysis: high-temperature unimolecular decomposition pathways for thiophene [J]. J Phys ChemA, 2017, 121 (40): 7655-7666.

[27] Frisch M J, Trucks G B, Schlegel H B, et al. Gaussian 09, Revision E. 01. Wallingford, CT: Gaussian Inc, 2013.

[28] Zhao Y, Truhlar D G. The M06 suite of density functionals for main group thermochemistry, thermochemical kinetics, noncovalent interactions, excited states, andtransition elements: two new functionals and systematic testing of four M06-classfunctionals and 12 other functionals [J]. Theor Chem Acc, 2008.

[29] Zhao Y, Truhlar D G. Density functionals with broad applicability in chemistry [J]. Acc Chem Res 2008; 41 (2): 157-167.

[30] Gonzalez C, Schlege H B. Reaction path following in mass-weighted internal coordinates [J]. J Phys Chem, 1990, 94: 5523-5527.

[31] Canneaux S, Bohr F, Henon E. Kisthelp: a program to predict thermodynamic properties and rate constants from quantum chemistry results [J]. J Comput Chem, 2014, 35 (1): 82-93.

[32] Hemelsoet K, Speybroeck V, Waroquier M. Bond dissociation enthalpies of large aromatic carbon-centered radicals [J]. J Phys Chem A, 2008, 112 (51): 13566-13573.

[33] Mayer I. Charge, bond order and valence in the ab initio SCF theory [J]. Chem. Phys. Lett, 1985, 117: 396.

[34] Lu T, Chen F. Multiwfn: a multifunctional wave function analyzer [J]. J Comput Chem, 2012, 33 (5): 580-592.

[35] Fukui. Theory of orientation and stereoselection. reactivity&structure concepts in organic chemistry [M]. Springer, 1970.

[36] 卢天，陈飞武. 分子轨道成分的计算 [J]. 化学学报，2011，69 (20)：2393-2406.

[37] 付蓉，卢天，陈飞武. 亲电取代反应中活性位点预测方法的比较 [J]. 物理化学学报，2014，30 (4)：628-639.

[38] Hurd C, Leveta R, Macon A. Pyrolytic formation of arenes. benzene and other arenes from thiophene, 2-methylthiophene and 2- (methyl-1 4C) -thiophene [J]. Journal of the American Chemical Society, 1962, 84: 4515-4519.

[39] Shao D, Hutchinson E, Heidbrink J, et al. Behavior of sulfur during coal pyrolysis [J]. Journal of Analytical and Applied Pyrolysis, 1994, 30 (1): 91-100.

[40] Li T, Li J, Zhang H, et al. DFT study on the dibenzothiophene pyrolysis mechanism in petroleum. Energy&Fuels, 2019, 33: 8876-8895.

[41] Sai N, Leung K, Zador J, et al. First principles study of photo-oxidation degradation mechanisms in P3HT for organic solar cells [J]. Phys Chem Chem Phys, 2014, 16 (17): 8092-8099.

[42] Manceau M, Gaume J, Rivaton A, et al. Further insights into the photodegradation of poly (3-hexylthiophene) by means of X-ray photoelectron spectroscopy [J]. Thin Solid Films, 2010, 518 (23): 7113-7118.

[43] Choi Y M, Liu P. Mechanism of ethanol synthesis from syngas on Rh (111) [J]. J Am Chem Soc, 2009, 131 (36): 13054-13061.

[44] Zuo Z, Li J, Han P D, et al. XPS and DFT studies on the autoxidation process of Cu sheet at room temperature [J]. J Phys Chem C, 2014, 118 (35): 20332-20345.